"十二五"高等院校规划教材

CPLD/FPGA 设计与应用高级教程

郭利文　邓月明　编著

黄智伟　主审

北京航空航天大学出版社

内 容 简 介

本书结合目前主流的CPLD/FPGA产品以及最流行的设计理念,系统、详细地介绍CPLD/FPGA的硬件结构、硬件描述语言与验证语言的基础应用以及高级应用;详细介绍如何使用Verilog HDL语言进行有限状态机设计和testbench设计,以及如何使用Modelsim进行功能仿真和时序仿真;简要介绍验证方法学的基本概念以及验证语言的比较,并就CPLD/FPGA的系统应用进行了详细探讨,包括DSP设计、嵌入式处理器设计、HardCopy设计、嵌入式逻辑分析仪的使用以及CPLD/FPGA的板级设计。

本书既可作为电子信息、通信工程以及相关工科专业的本科高年级学生和研究生教材,也可作为全国大学生电子设计竞赛的培训教材,以及从事电子电路系统设计与CPLD/FPGA/ASIC设计的工程技术人员的参考用书。

图书在版编目(CIP)数据

CPLD/FPGA设计与应用高级教程 / 郭利文,邓月明编著. --北京:北京航空航天大学出版社,2011.1
ISBN 978-7-5124-0246-1

Ⅰ.①C… Ⅱ.①郭… ②邓… Ⅲ.①可编程序逻辑器件—教材 Ⅳ.①TP332.1

中国版本图书馆CIP数据核字(2010)第209231号

版权所有,侵权必究。

CPLD/FPGA设计与应用高级教程
郭利文 邓月明 编著
黄智伟 主审
责任编辑 冯 颖

*

北京航空航天大学出版社出版发行
北京市海淀区学院路37号(邮编100191) http://www.buaapress.com.cn
发行部电话:(010)82317024 传真:(010)82328026
读者信箱:bhpress@263.net 邮购电话:(010)82316936
北京市松源印刷有限公司印装 各地书店经销

*

开本:787×1092 1/16 印张:20 字数:512千字
2011年1月第1版 2011年1月第1次印刷 印数:4 000册
ISBN 978-7-5124-0246-1 定价:39.00元(含光盘1张)

前 言

本书基于当前主流的 CPLD/FPGA 器件及最流行的设计理念,根据作者多年来的实际设计经验,系统介绍了 CPLD/FPGA 的硬件结构、硬件描述语言与硬件验证语言的基础应用以及高级应用,详细介绍了如何在工程中利用 Verilog HDL 语言进行有限状态机设计和 Testbench 设计,以及如何使用 Modelsim 进行功能仿真和时序仿真;通过相关实例具体阐述了怎样实现 SOPC 的设计以及 Nios II 的应用开发,并就 CPLD/FPGA 的系统应用进行了详细探讨,包括 DSP 设计、嵌入式处理器设计、HardCopy 设计、嵌入式逻辑分析仪的使用以及 CPLD/FPGA 的板级设计,从而很好地满足了可编程逻辑器件工程应用整个流程的知识需要。全书实例丰富、图文并茂,由浅入深、由易到难详细介绍了 CPLD/FPGA 的设计与应用。

全书共分 11 章:第 1 章简要介绍了 CPLD/FPGA 的发展历程、设计语言与设计方法、主要产品以及前景展望,介绍了硬件语言和软件语言的区别与联系,重点阐述了 CPLD/FPGA 的设计、验证流程及其注意事项;第 2 章分别从传统和最新 CPLD/FPGA 的硬件结构阐述了乘积项和查找表的基本原理以及 CPLD/FPGA 的选择指导,重点讲述了最新 CPLD/FPGA 的硬件结构(这是本书紧扣最新技术发展的体现之一);第 3、4 章主要讲述了目前工程界中使用最为广泛的 Verilog HDL 硬件描述语言,从工程实践的角度具体介绍了它的基本语法及其主要特点,重点讲述了 Verilog HDL 语言的高级编程应用以及参数化设计;第 5 章通过实例说明着重阐述了有限状态机的特点、设计和使用——包括目前最流行的设计方法;第 6 章简单地介绍了约束的基本概念以及约束的方式应用,重点阐述了在 CPLD/FPGA 设计中的时延设计与分析;第 7 章是对前面几章的概括,总结了采用硬件描述语言进行 CPLD/FPGA 设计时的一些基本设计原则和技巧,特别提出了组合逻辑和时序逻辑设计设计时的注意事项,以及代码风格的重要性;第 8 章主要讲述了仿真原理、Testbench 设计以及如何通过采用 Modelsim 软件来实现仿真;第 9 章主要就验证与测试进行了探讨,简要介绍了 HVL(硬件验证语言)和断言的重要性;第 10 章就 CPLD/FPGA 的高级应用(包括 DSP、嵌入式 CPU、嵌入式逻辑分析仪等方面的知识)进行分析阐述,通过相关的实例详细说明了 DSP 和 SoPC 的相关应用;第 11 章是对整个 CPLD/FPGA 设计的总结,重点阐述了 CPLD/FPGA 的系统应用,包括信号完整性、电源完整性、功耗与热设计、PCB 设计等方面的内容。

与其他教材相比,本书的主要特点体现在以下 5 个方面:

① 内容新 知识体系以及技术设计理论都是近年来最新、最常用的,实例所使用的实验软硬件平台也都是最近两年三大公司的主流平台;

前 言

② 技术实用 全书侧重实例讲解以及应用设计,其中的实例都是从工程实践中提取的,读者可直接使用;

③ 适用面广 一方面指读者面广,适用于高校学生和工程技术人员,另一方面是指教材中的程序实例大部分适用于3个主流可编程逻辑器件公司的软硬件平台(个别实例是平台相关的,已在书中特别指出);

④ 适合教学 通过加入大量的短小实例使读者及时理解消化所讲的理论知识点,保证知识点教与学的完整性,同时在每章最后一节加入一个较完整的实例,使得读者能对本章内容进行系统性的掌握和应用;

⑤ 知识点全面 将产品开发所需的基础知识、编程技巧、开发调试、验证测试及最终系统设计的整套技术流程都进行了介绍,特别是CPLD/FPGA的验证和系统开发方面的知识目前大多数CPLD/FPGA书籍中很少涉及,但对于系统设计来说又是必不可少的部分,这也是本书的重点和主要特色之一。

本书另附配套光盘1张,提供了本书的多媒体课件以及书中所有示例的设计源代码,供读者参考。

全书由郭利文、邓月明编写,由黄智伟教授主审。林韦成(中国台湾)、王康斌、高芳莉和邱树林等工程师为本书的编写付出了诸多努力,提供了许多详细的建议和第一手工程实践资料;Tomonori Hirai博士(美国)、Jyhming Zhong博士(美国)和Mario Lee博士(美国)等在信号完整性、高速信号与PCB设计、功耗与热设计等方面给予了大量的指导;成都电子科技大学楚佩斯、湖南师范大学胡强、贺洪平、王赟、李青、刘斌、欧阳亚、李慧琳、张谦、袁纯、潘律、唐波以及中南大学肖成等同学也为本书的编写做了大量的工作,从而促成了本书的迅速问世。在此一并表示衷心的感谢。同时还要感谢湖南省师范大学青年基金项目课题组(编号:71003)和教学改革研究项目课题组对本书出版的支持。

在本书的编写过程中,作者参考了大量的国内外著作和资料,听取了多方面的宝贵意见和建议,在此对他们致以衷心的感谢。

由于作者水平有限,书中错误和不足之处在所难免,敬请各位读者批评斧正。

作　者

2011年1月

目 录

第1章 概 述 ·· 1

1.1 数字电路基础及发展演变 ·· 1
1.2 CPLD/FPGA 的介绍 ·· 2
1.3 设计语言及其方法的介绍 ·· 3
1.4 硬件语言与软件语言的区别 ··· 4
1.5 设计与验证流程 ··· 5
1.6 CPLD/FPGA 的前景与展望 ··· 6
1.7 本章小结 ·· 9
1.8 思考与练习 ··· 9

第2章 CPLD/FPGA 硬件结构 ··· 10

2.1 PLD 的分类 ··· 10
2.2 乘积项结构的基本原理 ··· 12
2.3 查找表结构的基本原理 ··· 14
2.4 传统 CPLD 的基本结构 ·· 14
2.5 传统 FPGA 的基本结构 ·· 18
2.6 最新 CPLD 的基本结构 ·· 21
2.7 最新 FPGA 的基本结构 ·· 25
2.8 CPLD 与 FPGA 的选择 ·· 27
2.9 CPLD/FPGA 的配置 ·· 27
2.10 本章小结 ·· 28
2.11 思考与练习 ··· 30

第3章 Verilog HDL 语法基础 ··· 31

3.1 Verilog HDL 的特点 ··· 31
3.2 Verilog HDL 的描述方式 ·· 32
3.3 模块和端口 ·· 32
3.4 注 释 ··· 34

目 录

- 3.5 常量、变量与逻辑值 ... 34
- 3.6 操作符 ... 35
- 3.7 操作数 ... 38
- 3.8 参数指令 ... 38
- 3.9 编译指令 ... 38
- 3.10 系统任务和系统函数 ... 39
- 3.11 实例1:串并转换程序设计 ... 41
- 3.12 本章小结 ... 43
- 3.13 思考与练习 ... 43

第4章 Verilog 的描述与参数化设计 ... 45

- 4.1 数据流描述 ... 45
  - 4.1.1 数据流 ... 46
  - 4.1.2 连续赋值语句 ... 46
  - 4.1.3 延时 ... 48
- 4.2 行为级描述 ... 48
  - 4.2.1 initial 赋值语句 ... 48
  - 4.2.2 always 赋值语句 ... 49
  - 4.2.3 时序控制 ... 51
  - 4.2.4 语句块 ... 54
  - 4.2.5 过程赋值语句 ... 55
  - 4.2.6 过程性连续赋值语句 ... 60
- 4.3 结构化描述 ... 60
  - 4.3.1 实例化门 ... 61
  - 4.3.2 实例化其他模块 ... 61
- 4.4 高级编程语句 ... 63
  - 4.4.1 if...else 语句 ... 63
  - 4.4.2 case、casex、casez 语句 ... 65
  - 4.4.3 for 语句 ... 69
  - 4.4.4 while 语句 ... 69
  - 4.4.5 forever 语句 ... 71
  - 4.4.6 repeat 语句 ... 71
- 4.5 参数化设计 ... 72
- 4.6 混合描述 ... 75
- 4.7 实例2:I^2C Slave 控制器的设计 ... 77
  - 4.7.1 I^2C 总线简介 ... 77
  - 4.7.2 I^2C Slave 可综合代码设计 ... 77
- 4.8 本章小结 ... 87
- 4.9 思考与练习 ... 87

第 5 章 有限状态机设计 ·········· 89

5.1 有限状态机的基本概念 ·········· 89
5.1.1 Moore 型状态机 ·········· 90
5.1.2 Mealy 型状态机 ·········· 90
5.1.3 状态机的描述 ·········· 90
5.2 状态机描述的基本语法 ·········· 91
5.3 状态编码 ·········· 93
5.3.1 二进制码(Binary 码) ·········· 93
5.3.2 格雷码(Gray 码) ·········· 93
5.3.3 独热码(one-hot 码) ·········· 94
5.3.4 二—十进制码(BCD 码) ·········· 95
5.4 状态初始化 ·········· 96
5.5 Full Case 与 Parallel Case ·········· 97
5.6 状态机的描述 ·········· 100
5.6.1 一段式状态机 ·········· 100
5.6.2 两段式状态机 ·········· 103
5.6.3 三段式状态机 ·········· 105
5.6.4 小 结 ·········· 108
5.7 实例 3：PCI Slave 接口设计 ·········· 109
5.7.1 PCI 协议简介 ·········· 109
5.7.2 PCI Slave 可综合代码设计 ·········· 112
5.8 本章小结 ·········· 119
5.9 思考与练习 ·········· 119

第 6 章 约束与延时分析 ·········· 120

6.1 约束的目的 ·········· 120
6.2 引脚约束及电气标准设定 ·········· 121
6.2.1 引脚约束文件 ·········· 121
6.2.2 代码注释约束 ·········· 122
6.3 时序约束的基本概念 ·········· 124
6.3.1 路 径 ·········· 125
6.3.2 时序约束参数 ·········· 128
6.4 时序约束的本质 ·········· 130
6.5 静态延时分析 ·········· 131
6.6 统计静态延时分析 ·········· 132
6.7 动态延时分析 ·········· 133
6.8 实例 4：建立时间和保持时间违例分析 ·········· 133
6.9 时序违例及解决方式 ·········· 134

目 录

- 6.10 实例 5：四角测试中的时序分析 ………………………………………… 135
- 6.11 实例 6：LPC Slave 接口设计 …………………………………………… 136
  - 6.11.1 LPC 协议简介 ………………………………………………… 136
  - 6.11.2 LPC Slave 可综合性代码设计 ………………………………… 139
  - 6.11.3 LPC 协议约束设置 …………………………………………… 144
- 6.12 本章小结 ………………………………………………………………… 144
- 6.13 思考与练习 ……………………………………………………………… 144

第 7 章 RTL 设计原则及技巧 …………………………………………………… 146

- 7.1 RTL 设计的主要原则 …………………………………………………… 146
  - 7.1.1 硬件原则 ………………………………………………………… 146
  - 7.1.2 面积与速度原则 ………………………………………………… 147
  - 7.1.3 系统原则 ………………………………………………………… 147
  - 7.1.4 同步原则 ………………………………………………………… 148
- 7.2 RTL 设计的主要技巧 …………………………………………………… 148
  - 7.2.1 乒乓操作 ………………………………………………………… 148
  - 7.2.2 流水线操作 ……………………………………………………… 149
  - 7.2.3 资源共享操作 …………………………………………………… 150
  - 7.2.4 逻辑复用操作 …………………………………………………… 153
  - 7.2.5 串并转换操作 …………………………………………………… 153
  - 7.2.6 异步时钟域数据同步化操作 …………………………………… 153
  - 7.2.7 复位操作 ………………………………………………………… 154
- 7.3 组合逻辑设计 …………………………………………………………… 157
  - 7.3.1 锁存器 …………………………………………………………… 157
  - 7.3.2 组合逻辑反馈环路 ……………………………………………… 161
  - 7.3.3 脉冲产生电路 …………………………………………………… 162
- 7.4 时序逻辑设计 …………………………………………………………… 162
  - 7.4.1 门控时钟 ………………………………………………………… 162
  - 7.4.2 异步计数器 ……………………………………………………… 162
  - 7.4.3 次级时钟的产生 ………………………………………………… 163
  - 7.4.4 亚稳态 …………………………………………………………… 163
  - 7.4.5 实例 7：T_{co} 引起的亚稳态分析 ……………………………… 163
- 7.5 代码风格 ………………………………………………………………… 165
- 7.6 实例 8：信号消抖时的亚稳态及解决方案 …………………………… 165
  - 7.6.1 信号消抖基本介绍 ……………………………………………… 165
  - 7.6.2 基于 CPLD/FPGA 的信号消抖设计 …………………………… 168
- 7.7 本章小结 ………………………………………………………………… 170
- 7.8 思考与练习 ……………………………………………………………… 170

第8章 仿真与Testbench设计 171

8.1 仿真概述 171
8.1.1 周期驱动 171
8.1.2 事件驱动 172
8.1.3 混合语言仿真 172
8.2 仿真器的选择 173
8.3 Modelsim简介与仿真 173
8.3.1 Modelsim简介 173
8.3.2 功能仿真 174
8.3.3 时序仿真 180
8.4 Testbench设计 182
8.4.1 时 钟 182
8.4.2 值序列 184
8.4.3 复 位 186
8.4.4 任 务 187
8.4.5 函 数 188
8.4.6 事 件 188
8.4.7 并行激励 189
8.4.8 系统任务和系统函数 189
8.5 Testbench结构化 189
8.6 实例9：基于Modelsim的I^2C SlaveTestbench设计 191
8.7 实例10：基于Modelsim的LPC Slave接口仿真设计 195
8.8 实例11：基于Modelsim的信号消抖程序仿真设计 201
8.9 本章小结 203
8.10 思考与练习 203

第9章 CPLD/FPGA的验证方法学 204

9.1 验证与仿真 204
9.2 验证与测试 205
9.3 验证的期望 205
9.4 验证的语言 206
9.4.1 e语言 207
9.4.2 SystemVerilog 207
9.4.3 SystemC 207
9.4.4 验证语言的分类 208
9.5 断 言 208
9.6 验证的分类 208
9.6.1 形式验证 209

目 录

9.6.2 功能验证 ………………………………………………………………… 210
9.7 代码覆盖 ……………………………………………………………………… 211
9.8 验证工具 ……………………………………………………………………… 212
9.9 验证计划 ……………………………………………………………………… 212
9.10 DFT ………………………………………………………………………… 213
9.11 版本控制 ……………………………………………………………………… 214
9.12 实例12：基于FSM的SVA断言验证设计 …………………………………… 214
    9.12.1 SVA简介 …………………………………………………………… 214
    9.12.2 基于FSM的SVA断言设计 ………………………………………… 215
9.13 本章小结 ……………………………………………………………………… 221
9.14 思考与练习 …………………………………………………………………… 221

第10章 CPLD/FPGA的高级应用 …………………………………………………… 222

10.1 基于DSP的FPGA设计 …………………………………………………… 222
    10.1.1 DSP的发展及解决方案 …………………………………………… 224
    10.1.2 基于DSP的FPGA设计 …………………………………………… 225
    10.1.3 实例13：基于DDS的正弦波信号发生器的设计 ………………… 229
10.2 基于嵌入式处理器的FPGA设计 …………………………………………… 232
    10.2.1 硬核、固核与软核 ………………………………………………… 233
    10.2.2 基于嵌入式处理器的FPGA设计流程 …………………………… 234
    10.2.3 基于嵌入式处理器的FPGA设计应用 …………………………… 235
10.3 典型的SOPC运用：Nios II简介及应用 …………………………………… 237
    10.3.1 Nios II简介 ………………………………………………………… 237
    10.3.2 实例14：基于Nios II软核处理器PWM控制器设计 …………… 242
10.4 基于HardCopy技术的FPGA设计 ………………………………………… 248
    10.4.1 HardCopy简介 ……………………………………………………… 248
    10.4.2 基于HardCopy技术的FPGA设计流程 ………………………… 249
10.5 嵌入式逻辑分析仪 …………………………………………………………… 250
10.6 本章小结 ……………………………………………………………………… 252
10.7 思考与练习 …………………………………………………………………… 252

第11章 CPLD/FPGA系统设计 ……………………………………………………… 254

11.1 常用电平标准及其接口设计 ………………………………………………… 254
    11.1.1 常用电平标准 ……………………………………………………… 254
    11.1.2 接口设计 …………………………………………………………… 256
    11.1.3 接口设计的抗干扰措施 …………………………………………… 256
    11.1.4 OC/OD门 …………………………………………………………… 257
    11.1.5 三态门 ……………………………………………………………… 257
11.2 信号完整性概述 ……………………………………………………………… 258

11.2.1	信号完整性的基本原则	259
11.2.2	传输线的基本理论	259
11.2.3	反射与阻抗匹配	261
11.2.4	串　扰	263
11.2.5	EMI	264
11.2.6	芯片封装	264
11.2.7	信号完整性的工具	265

11.3 高速设计与SERDES ………………………………………………………… 265
  11.3.1 高速设计的基本原则和注意事项 ……………………………………… 265
  11.3.2 SerDes …………………………………………………………………… 266
11.4 电源完整性概述 ……………………………………………………………… 268
  11.4.1 电源噪声 ………………………………………………………………… 268
  11.4.2 PCB PDS 设计技巧与挑战 ……………………………………………… 268
  11.4.3 电源完整性的基本原则和注意事项 …………………………………… 278
  11.4.4 实例 15：采用 Altera PDN 工具的电源耦合电容设计 ………………… 279
11.5 功耗与热设计 ………………………………………………………………… 284
  11.5.1 功耗设计 ………………………………………………………………… 284
  11.5.2 热设计 …………………………………………………………………… 286
11.6 PCB 设计与 CPLD/FPGA 系统设计 ………………………………………… 288
11.7 实例 16：基于 μC/OS-II 的 FPGA 系统设计 ……………………………… 292
  11.7.1 μC/OS-II 简介 ………………………………………………………… 292
  11.7.2 系统设计要求简介 ……………………………………………………… 292
  11.7.3 设计思路及步骤 ………………………………………………………… 292
11.8 本章小结 ……………………………………………………………………… 305
11.9 思考与练习 …………………………………………………………………… 305

参考文献 …………………………………………………………………………… 307

第 1 章 概述

本章重点介绍数字电路设计的建模以及可编程逻辑器件的一些基本概念,简单介绍 CPLD/FPGA 的设计理念及其验证流程。

本章主要内容如下:
- 数字电路的发展演变;
- CPLD/FPGA 的介绍;
- 设计语言及其方法的介绍;
- 硬件语言与软件语言的区别;
- 设计与验证流程;
- CPLD/FPGA 的前景与展望。

1.1 数字电路基础及发展演变

1904 年英国科学家弗莱明为自己发明的电子管弗莱明"阀"申请了专利,人类历史上第一只电子管诞生了,世界从此迈入了电子时代。图 1-1 就是当时较为流行的一款电子管。1906 年德福雷斯特在此基础上发明了三极管,从此三极管成为了被广泛应用的电子器件。而今随着电子技术的不断发展,数字电路相继从晶体管、中小规模集成电路、超大规模集成电路(VLSIC)发展到今天的专用集成电路(ASIC),数字逻辑器件也由从前简单的逻辑门发展到了复杂的 SOC(System On Chip)。

随着科学技术及其工艺的发展,体积小、功耗低、集成度高成为了 IC 设计所追求的目标。系统的逻辑复杂度、规模与日俱增,日新月异。20 世纪 60 年代,Gordon Moore 预测一块芯片上集成的晶体管的数量将呈指数规律增长,即所谓的"摩尔定律"。他认为芯片上的晶体管的集成度每 18 个月将会翻一番,换一句话来说,就是在单位面积上逻辑门的数量每 18 个月翻一番,即呈指数级数增长,累计到现在已经超过 2^{30}。到目前为止,这个定律依然正确。目前一个 Levin 超大规模的集成电路芯片,集成度一般达到了十几亿门。而这样高的集成度也要求人

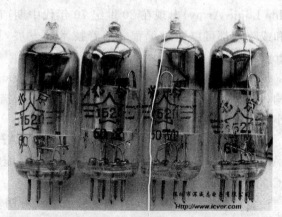

图 1-1 电子管

们思考:该把芯片设计成固定功能,还是设计成可以灵活地选择功能呢? 于是集成电路芯片便朝着两个方向并行发展,一个是专用集成芯片(Application Specific Integrated Circuit,ASIC),另一个是可编程逻辑器件。ASIC 一般应用于固定场合。人们设计线路时,需要按照它的要求进行设计,这就要求电子工程师具有一定的技术和经验。另外,有些 ASIC 功能复杂且繁多,而实际上具体应用只需要其中的一部分,这样就造成了逻辑资源的浪费。而可编程逻辑器件功能强大,人们可以通过编程来实现自己想要的功能,去除不需要的冗余功能。只要了解编程软件和硬件的编程语言就可以实现对芯片的设计,这样可以加速芯片设计并缩短其上市时间(Time To Market,TTM)。

另一方面,这样复杂的集成度也就意味着传统的设计方法和设计理念已经不能适应芯片的产业发展,这就要求人们去变革和更新现有的设计理念以及设计方法。在早期简单的逻辑门设计阶段,电子辅助设计(EDA)的作用并不明显,人们往往习惯于使用卡诺图来简化设计,然后通过单板等试验进行系统设计验证。计算机的出现及发展带动和加速了软件产业的发展,从而使利用软件编程方法完成硬件芯片电路设计成为现实。这时,工程师开始使用 EDA 工具来对原理图进行仿真分析化简,分析其性能特征,可是因为原理图的可移植性差、维护起来费时费力的缺点,它只适用于一些比较简单的集成电路芯片,而当集成度复杂到 ASIC 和可编程逻辑器件时,一种抽象性更高、应用起来更简单的设计语言——硬件描述语言(Hardware Design Language,HDL)便应运而生。硬件描述语言的出现加速了芯片设计的速度,缩短了上市时间,而硬件描述语言本身也在日益丰富与壮大。

1.2 CPLD/FPGA 的介绍

CPLD/FPGA 是用户根据需要自行构造逻辑功能的数字集成电路。CPLD/FPGA 基本设计方法就是借助集成开发软件平台,用画原理图或者硬件描述语言编程的方法生成相应的网表文件,然后通过布局布线以及时序约束下载到目标芯片中,实现设计的数字系统。

CPLD/FPGA 的产生是集成电路的不断发展带动了计算机的高速发展,从而带动了软件技术更新、EDA 技术飞速发展的结果。历史上,第一个可编程逻辑阵列器件 PLA(Programmable Logic Array)出现在 20 世纪 70 年代中期,它的主要结构是由"与或"阵列组成的,与阵列和或阵列都可以同时编程。随着技术的发展,可编程逻辑器件已经从 PLA 发展到 PAL(Programmable Array Logic)再到 GAL(Generic Array Logic),目前已发展到 CPLD/FPGA。

传统的 CPLD(Complex Programmable Logic Device)发展来自于典型的 PAL、GAL 器件结构,任何一个组合逻辑可以用"与或"表达式来描述,能够实现大量的组合逻辑功能,适合于中小规模通用数字集成电路。

传统的 FPGA(Field Programmable Gate Array)基于查找表结构,绝大多数都是基于 SRAM 的结构,相对而言集成度比 CPLD 要高,能够快速实现许多复杂的逻辑功能,甚至用于 SOC 的设计。

注意:目前 CPLD/FPGA 的定义一直没有明确,不同厂家的叫法也不尽相同。Xilinx 公司把基于查找表技术、SRAM 技术和要外挂配置用的 E^2PROM 的 PLD 叫作 FPGA;把基于乘积项技术、Flash 工艺的 PLD 叫作 CPLD。Altera 公司把自己的 PLD 产品——MAX 系列(乘积项技术、Flash 工艺)、FLEX 系列(查找表技术,SRAM 工艺)都叫作 CPLD。事实上,随着技术的发展,最新的 CPLD 和 FPGA 结构已经越来越相似,特别是 Lattice 公司的 XO 系列和 Altera 公司的 MAXII 系列问世后,人们很难用一个明确的定义去区分 CPLD 和 FPGA。

经过几十年的发展,许多公司都开发出了 CPLD/FPGA 可编程逻辑器件,而经过行业的调整和整合,目前 Altera、Lattice 和 Xilinx 公司的 CPLD/FPGA 产品已经占到了市场份额的 80%以上。

Altera 公司在 20 世纪 90 年代以后发展迅猛,是最大的可编程器件供应商之一。在 CPLD 产品方面连续推出了 MAX3000/7000、FLEX10、MAXII、MAXIIZ 系列,而在 FPGA 产品方面也不断推陈出新,推出了 Cyclone、Stratix、Arria 等系列。

Xilinx 公司是 FPGA 的发明者,是老牌的 FPGA 公司,也是最大的可编程逻辑器件供应商之一,其产品丰富,种类齐全,主要有 XC9500、Coolrunner、CoolrunnerII 等系列的 CPLD 产品以及 Spartan、Virtex 系列的 FPGA 产品,目前最新款的 FPGA 是 Artix-7、Kinex-7、Virtex-7 系列的产品。

Lattice 公司是 ISP(In System Program,在系统编程)技术的发明者,而这一项技术极大地促进了 PLD 产品的发展。在 20 世纪 90 年代末、21 世纪初,相继收购了 Vantis(原 AMD 子公司)和 Agere 公司(原 Lucent 微电子部),从而成为了第三大可编程逻辑器件供应商。它可以提供从 PAL 到 FPGA 的一系列产品,甚至包括模拟器件,其中 CPLD 比较有特色,特别是 XO 系列。目前,该公司的主要的产品有 ispMACH4000 系列、XO 系列 CPLD、EC 系列、XP 系列 FPGA,以及可编程模拟器件等。

通常而言,在欧美市场使用 Xilinx 的人较多,而在亚太地区使用 Altera 的人相对较多。全球 60%的 CPLD/FPGA 产品都是由 Altera/Xilinx 公司提供的。

除此之外,目前世界上还有几家比较有影响的 CPLD/FPGA 公司,如 Actel、Qlogic 等,另外 2008 年新成立了一家 CPLD/FPGA 公司——SiliconBlue 公司。不过短时间内,它们还无法与上述三家公司匹敌。

1.3 设计语言及其方法的介绍

随着计算机技术和 EDA 技术的不断发展,各家可编程逻辑器件公司开发了各种硬件描述语言,如 AHDL(Analog Hardware Description Language,模拟硬件描述语言,Altera 公司为自家产品而开发的)、ABEL(Advanced Boolean Equation Language 即高级布尔方程语言,Lattice 公司专为其产品而开发的)。

1981 年美国国防部提出了一种新的标准化语言——VHDL(Very high speed integrated circuit Hardware Description Language,超高速集成电路硬件描述语言)。它的语法丰富,语句类型繁多,功能强大,结构严谨,并且能够在高层次上进行仿真描述,成为了最受欢迎的硬件描述语言之一,于 1987 年成为了 IEEE 标准。

1983 年,美国 GDA(Gateway Design Automatic)公司的 Phi Moordy 创立了 Verilog HDL 语言,并在 1984~1985 年期间设计出了仿真器 VerilogXL,之后又于 1986 年提出了用于快速门级仿真的 XL 算法。1989 年 GDA 公司被 Cadence 公司收购,1990 年 Cadence 公司决定开发 Verilog HDL 语言,并成立了 OVI(Open Verilog International)组织来促进 Verilog HDL 语言的发展。它吸收了 VHDL 和 C 语言的长处,有着类似于 C 语言的语法体系,设计

人员只要有C语言基础就可以入门。1995年，IEEE制定了Verilog HDL的IEEE标准即Verilog HDL1364-1995,之后又于2001年发布了Verilog1364-2001标准。

Verilog HDL和VHDL作为最流行的HDL,两者之间孰优孰劣一直是设计工程师不断争论的话题。二者在设计上都能胜任数字电路设计的任务,目前几乎所有的CPLD/FPGA设计综合和仿真软件平台都支持这两种语言。

硬件描述语言一直在这两种语言的基础上发展和演化着,之后又出现了许多更为抽象的硬件描述语言,如SystemVerilog、SystemC、Superlog和CoWare C等语言。这些高级HDL的语法结构更加丰富,更适合系统级、功能级等高层级的设计描述与仿真。图1-2所示为HDL适用层次示意图。

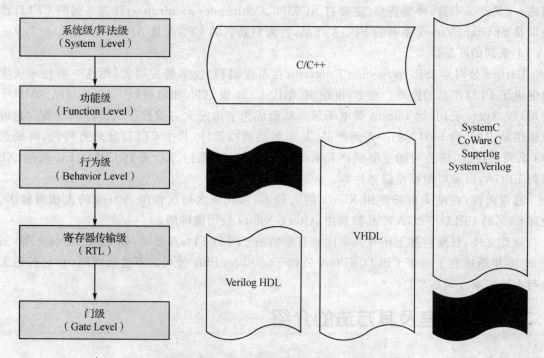

图1-2 设计语言与设计层次的关系

1.4 硬件语言与软件语言的区别

硬件语言与软件语言有着本质的区别。Verilog和VHDL语言作为硬件语言,其本质是在描述硬件。虽然从某种意义上来说,Verilog HDL借鉴了许多C语言的要素,可是它描述出来的结果就是芯片内部实际的电路,所以一段HDL代码的优劣就在于它转化成所描述电路性能是否合理和流畅,而非代码是否简洁。

硬件语言与软件语言相比较,最大的区别在于软件语言缺乏了以下3个基本概念。

① 互连(Connectivity):互连是硬件系统中的一个基本概念,而软件语言并没有这样的描述。Verilog HDL中的wire变量可以很好地表达这样的功能。

② 并发(Concurrency):软件语言天生就是串行的,只有执行了上一行程序才能进入下一行程序,这样与硬件系统的设计理念相违背的,硬件语言基于并行,能够有效地描述硬件系统。

③ 时序(Timing)：软件语言的运行没有一个严格的时间时序概念，程序运行的快慢取决于处理器本身的性能，而硬件语言可以通过时间度量与周期的关系来描述信号之间的关系。

但是硬件描述语言在抽象程度上比起软件语言相对差一些，语法也不如软件语言灵活，特别是文件的输入/输出。为了克服这些缺陷，PLI(Programmable Language Interface，编程语言接口)也就应运而生，这样就可以在仿真器里面实现 C 语言程序和 Verilog HDL 程序的相互通信，或者是 Verilog HDL 调用 C 语言的函数库，提高了 Verilog HDL 的灵活性和抽象能力。

1.5 设计与验证流程

当硬件系统进入软件编程设计阶段时，基本上之前所有传统的设计理念和手段都需要更新和变革。传统上采用的"自下向上(Bottom Up)"的设计方法已经不再适应 CPLD/FPGA 的设计需求。CPLD/FPGA 的设计需要从系统整体要求出发，自上向下逐步将设计内容细化，最后完成系统硬件的整体设计，这就是所谓的"自顶向下(Top Down)"的设计方法，也就是从抽象到具体的一种设计方法。与传统的设计方法相比较，自顶向下的方法不仅节约了大量的设计时间，也大大减少了调试时间，整体上缩短了系统的设计时间，节省了大量的人力与物力，加速了产品上市。图 1-3 所示为 HDL 硬件设计与验证的流程，有些步骤可以根据系统的复杂程序进行适当的修剪、省略。

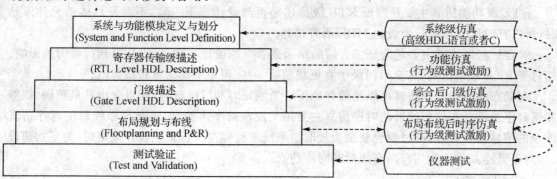

图 1-3 设计层次及任务要求

1. 系统与功能模块定义

在大型系统的设计与视线中，首先需要对整个系统进行详细的系统规划与描述，并且通过系统级的仿真来整体权衡和考量系统的性能和功能实现。这时侧重于系统的规划与实现，而此时使用的仿真语言也多用高级描述语言，如 C/C++、SystemVerilog、SystemC 等。

当确定了系统的整体功能后，系统工程师就要对整个系统进行功能划分，定义接口及其主要模块(如时钟、协议等)，并且通过仿真比较不同的方案所达到的性能优劣，根据市场和系统性能指标要求从整体上优化实现方案，以满足设计要求。

2. 寄存器传输级描述

当系统功能模块和接口定义好以后，逻辑工程师就开始规划描述寄存器到寄存器之间的逻辑功能实现。寄存器传输级描述不同于门级描述，它比门级更加抽象，它不关心寄存器与组合逻辑之间的细节关系，实现的语言也比门级简单。

当然，如果系统比较复杂，则从系统级到寄存器传输级之间还需要进行行为级的仿真实现，可以通过延时定义、监视断言等来实现。

3. 逻辑综合

所谓综合，就是把寄存器传输级的 HDL 语言翻译成由基本的与、或、非门等组成的门级网表，并根据设计的具体要求进行优化。随着各种综合工具不断发展，寄存器传输级的描述也越来越方便，其中比较有影响的综合软件公司有 Synopsys(Design Compiler)、Cadance(Synplity) 和 Mentor(Leonardo) 公司等。

4. 布局布线

综合后的门级网表结果最终需要映射到目标库或者目标器件中。对于普通的 CPLD 或者低速 FPGA 系统，布局布线考虑得相对较少，可以直接通过相关的平台软件自动布局布线；对于高速数字系统，布局布线的优劣将会影响到系统性能的好坏以及稳定度。

5. 仿　真

每个级别完成后都需要有相应的仿真。譬如说系统级别，一般采用高级描述语言来进行仿真，而行为级也有行为级的仿真。我们通常把仿真分成两种：一类为功能仿真（也叫前仿真）；另外一类为时序仿真（也叫后仿真）。有时候会把综合后仿真归类为功能仿真，有时候也会把综合后仿真归类为时序仿真。

RTL 级功能仿真主要是验证 RTL 级描述是否与设计意图一致，不涉及具体的元件库延时，所以有时候会采用行为级的 HDL 语言描述。

综合后门级仿真主要是验证综合后的结果是否与原设计一致，可以估算到门延时的影响。相对于 RTL 级的仿真，综合后门级仿真更加精确一些，但是不能估算布线延时。

布局布线后的时序仿真可以比较好地反映走线延时和门级延时，所以它也就最精确，能够发现时序违例。布局布线后的时序仿真主要用于发现时序违例，但是布局布线后的时序仿真涉及的信息量太大，仿真过程也就最为耗时。系统工程师在进行系统设计规划时，为了加速设计，对于低速系统不使用布局布线后的时序仿真。

6. 测试验证

工程师往往有种思维就是所有的仿真做完了，芯片就已经安全保险了。事实上，即使做完了以上所有的仿真，我们还是需要针对整个芯片进行测试验证，以保证它的电气特性、物理特性符合设计的需求。另外，对于测试验证而言，需要考虑的是代码覆盖率；而对于一个大型设计来说，达到代码覆盖率 100% 就意味着程序中的每一条语句都必须执行到、每一种状况都必须考虑到，这对于系统工程师和验证工程师是一个较大的挑战，特别是目前的产品越来越复杂，在上市时间和验证完整度方面都追求完美的话就会特别困难。因此，系统工程师和验证工程师需要就此做一个权衡，另外设计工程师在设计代码中增加适当的验证程序，也就是所谓的 DFT，已经成了产品设计的一种趋势，特别是在可重用的设计或者 IP 设计中显得尤为重要。

1.6　CPLD/FPGA 的前景与展望

如果回到二十年前，我们根本无法想像今天 CPLD/FPGA 如此迅猛的发展速度，硬件描述语言和验证语言会有如此丰富。几年前的电路设计工程师、系统设计工程师以及 PCB 工程师并不太愿意采用 CPLD/FPGA 而宁愿采用更多的组合逻辑和时序逻辑 IC 来实现同样的功能。可是随着设计的复杂度越来越高,设计的工艺越来越先进,PCB 的面积不变甚至有减小但叠层却不断增加的趋势,采用更多的组合逻辑和时序逻辑 IC 只会带来更大的面积和时序约束的复杂度,更重要的是 CPLD/FPGA 在很多方面的性能是普通的逻辑 IC 所无法比拟的。到了今天,系统设计工程师和电路设计工程师的态度几乎有了一个 180°的转弯,越来越多的板级开始采用 CPLD/FPGA 设计。

在过去的十多年里,CPLD/FPGA 器件不断推陈出新。在电子工艺的不断推进下,目前芯片已经步入了 28 nm 的时代。工艺的发展带动了器件可集成度的发展,一个 FPGA 里面集成十几亿甚至几十亿个晶体管,下一代的 FPGA 将会在这方面有更好发展。CPLD/FPGA 的界限也越来越模糊,传统上 CPLD/FPGA 的定义(只能是一个大概的定义)不再适用于 CPLD/FPGA。FPGA 开始借鉴 CPLD 的结构,CPLD 也在向 FPGA 慢慢渗透,在高端 CPLD 和低端的 FPGA 之间将会没有界限,也将无法定义。

另外随着工艺的发展,集成模拟器件(如 A/D、D/A 模块)采用混合信号设计将成为可能,这样,FPGA 和 SOC 的界限将会越来越模糊,FPGA 也将成为系统芯片之一。目前一些 FPGA 公司已经推出类似的产品。ASIC 中嵌入 FPGA 也会变成可能,或者互相嵌套,FPGA 也可以嵌入 ASIC。这样不仅加速了 ASIC 的上市速度,也提高了 ASIC 的性能。

FPGA 的性能之一主要体现在其速度上,包括超快速 I/O、超快速的配置、超快速的信息处理等。目前,许多高端的 FPGA 都配置有多通路的 SerDes,每个 SerDes 的收发速度都达到了 2.5 Gbit/s,可以用来支持 PCI-E1.0 协议。而随着标准化进程的不断发展以及工艺不断进步,目前很多协议的速度达到甚至超过 10 Gbit/s,FPGA 的 I/O 也必定会因此而提速,能够单通路就实现更快速率信号的采集。而对于 FPGA 配置速度相对较慢的情况,完全可能采用另外一种方式,在不增加专用配置引脚的前提下实现快速配置。快速 I/O 需要 FPGA 内部快速的信息处理速度,FPGA 的发展进程也是通过不断提高 F_{max}(最大工作效率)来实现更多、更实时的信号处理。

FPGA 的性能还体现在未来将有更多的硬 IP 集成到 FPGA 里面以此来实现更多功能模块。随着 FPGA 单位面积集成的晶体管越来越多,采用硬 IP 设计成为一种可能,可以直接调用芯片的硬 IP 核,就好像画线路一样方便。而晶体管的增多,为实现更多复杂性的功能设计提供了可能,更多的功能模块可以由此实现。

由于速度和工艺的原因,传统的 FPGA 在功耗方面不会遇到太大的挑战。而随着技术的不断进步及工艺的不断发展,未来的 FPGA 需要在功耗方面进行设计和革新。低功耗和低成本的 FPGA 设计,将成为未来 FPGA 设计的发展方向。怎样降低 FPGA 的功耗?怎样在 FPGA 的硬件结构上就解决泄露电流的问题以及怎样在代码设计、综合、映射甚至之后的布局布线上来尽量降低功耗? 这都将会成为 FPGA 厂商和 FPGA 工程师不断探索的动力。近期各家 FPGA 公司推出的产品都考虑到了这一点,有些公司甚至推出了号称零功耗的产品。

二十年前,FPGA 属于一些大公司的专利,普通的公司不敢问津,原因在于 FPGA 的成本高昂。在 PCB 面积不是设计中的主要因素的时候,人们往往会采用逻辑 IC 来实现相应的功能。而在过去的二十年内,FPGA 的工艺从 130 nm 到 90 nm、65 nm 再到目前的 28~45 nm,成本也在不断地降低,CPLD/FPGA 应用得越来越普及。

第 1 章 概 述

在 CPLD/FPGA 设计初期,人们往往习惯于电路设计的思维,采用原理图输入和波形仿真,而对硬件设计语言和验证语言不太重视。随着设计复杂度的增加、设计难度的不断增大,硬件描述语言和验证语言开始取代原理图而成为设计主流。目前应用最为广泛的莫过于 VHDL 和 Verilog HDL,这两种语言孰优孰劣的争论也一直延续至今。事实上,VHDL 和 Verilog HDL 语言的学习所花费的时间和精力都是一样的,只是 VHDL 刚开始学习的时候会让人感觉比较晦涩,而 Verilog HDL 因为与 C 语言较为接近而让人感觉入门容易,可随着人们逐渐深入地学习以及实现复杂设计的需要,Verilog HDL 语言的很多应用又需要重新审视。

这两种语言的缺点在于它们的抽象层次都不高,数据类型不够丰富,模块之间的互连也比较复杂,最重要的是没有高级的断言能力。一个简单的断言往往需要花费十多行或者几十行的 Verilog 代码,如例 1-1 所示。这样对于复杂的验证设计来说,无疑是不能接受的。而目前最为混乱的是,没有任何标准化组织提出一个详细的验证方法学的标准。为了克服 Verilog HDL 和 VHDL 硬件描述语言的缺点,各家公司和组织提出了五花八门的硬件验证和设计语言(如 SystemC、SystemVerilog、e 等),而 FPGA 设计工程师和验证工程师需要为了这些没有标准的验证方法学不断充电学习。相信在不久的将来,会有一个比较完善的验证方法学的标准出炉。

对于下一代硬件验证和设计语言来说,SystemVerilog 无疑是最具影响力的,毕竟它是从 Verilog 语言中发展出来的,硬件逻辑设计者不需要花费太多的时间去熟悉它的语法结构,而且它也是一门验证语言,有很强的断言能力。SystemC 的抽象程度则更高,更适合软件工程师转向硬件设计方面的工作。而 e 语言的影响也不容忽视。因此,不管谁能够成为下一代语言,或者将集成目前多种语言而提出的更新的一种语言,它都必须包含有三个方面:可以约束的随机发生器、时间断言以及功能覆盖率检查。

【例 1-1】 采用 Verilog HDL 和 SVA 实现断言实例。

分别采用 Verilog HDL 和 SVA 来实现一个断言,验证当信号 in 在当前时钟周期为低电平的时候,在接下的 1~10 个周期内,信号 out 应该变成低电平。

```
//采用 Verilog HDL 实现断言
always @(negedge in)
  begin
      repeat(1)
        @(posedge clk)
          fork: in_to_out
              begin
                  @(negedge out)
                    $display("SUCCESS:out disabled in time\n", $time);
                    disable in_to_out;
              end
              begin
                  repeat(10) @(posedge clk)
                    $display("EEROR:out did not disable in time\n", $time);
                    disable in_to_out;
              end
          join
```

```
    end
//采用 SVA 实现断言
in_to_out_chk:
  assert property
    @(posedge clk) $fell(in)|->##[1:10] $fell(out);
```

目前,语言的标准化进程一直在进行,而综合和仿真工具的支持却显得稍有滞后。相信在不久的将来,综合和验证工具将会对这方面进行加强。另外,在代码优化、代码覆盖、断言和属性、系统性能评估方面也会持续加强。

十多年前,DFT 与 FPGA 似乎没有什么关系,毕竟绝大多数的测试在 FPGA 出厂之前就已经验证过,但是到了今天,单位面积集成的晶体管更多,功能的复杂度更高,引脚的电平标准越来越丰富,数量越来越多,引脚间距越来越小,芯片速度越来越快,芯片封装和尺寸也越来越小,传统的测试显然已经不能符合现代测试的要求。FPGA 的测试也开始需要像 ASIC 那样进行功能测试和信号测试。而最重要的是,FPGA 的设计理念需要改变。过去设计工程师只需要考虑逻辑的正确性,而现在 FPGA 设计工程师需要在设计阶段就开始考虑测试要求和测试能力,在满足性能的前提下,尽量增加测试的内容。这就要求 FPGA 工程师需要掌握更多的测试验证技术和电路设计技术。

1.7 本章小结

现代电子技术的发展让人们无限神往于下一项新技术是否很快就可以在 CPLD/FPGA 中实现,有些技术甚至将超乎人们的预期。CPLD/FPGA 设计验证工程师最期望的是有更多、更好、更有利于设计和验证的产品、工具和语言的问世。要成为一个优秀的 CPLD/FPGA 工程师,我们需要了解数字电子系统的基础知识,能够熟练运用硬件描述语言设计数字系统并进行仿真,同时能够运用验证方法学进行验证测试,这些将在后面的章节中详细讨论。

1.8 思考与练习

1. 目前世界上主要有哪几家 CPLD/FPGA 厂商?
2. CPLD/FPGA 的主流开发软件和开发语言分别有哪几种?
3. CPLD/FPGA 的设计与验证流程主要有哪几步?每一步主要实现哪些功能和验证?
4. CPLD/FPGA 开发的基本法则是什么?
5. 仿真有哪几种?有何区别?
6. 什么是自顶向下?什么是自下向上?它们之间有什么区别和联系?
7. 什么是逻辑综合?目前主要有哪几家主要的逻辑综合公司?
8. 布局布线的主要作用是什么?
9. 为什么要进行测试验证?测试验证主要包括哪些方面?
10. 为什么功耗会成为 CPLD/FPGA 进一步发展的瓶颈之一?

第 2 章

CPLD/FPGA 硬件结构

学好 CPLD/FPGA 设计的基础是数字逻辑,它有助于克服传统器件的设计弊端,增加设计的灵活性,加快上市速度,减少电路设计的繁琐和难度,从而提高工作效率。

本章重点介绍 CPLD/FPGA 的硬件结构基础和分类,通过了解其硬件特点,逐步开始理解后续硬件设计。

本章主要内容如下:
- PLD 的分类;
- 乘积项结构的基本原理;
- 查找表结构的基本原理;
- 传统 CPLD 的硬件结构;
- 传统 FPGA 的硬件结构;
- 最新 CPLD 的硬件结构;
- 最新 FPGA 的硬件结构;
- CPLD/FPGA 的选择指导;
- CPLD/FPGA 的配置。

2.1 PLD 的分类

PLD 的分类有很多种不同的方式。

1. 按照集成度分类

① 低密度 PLD:集成度低(少于 1 000 门),如 PAL、PLA、GAL。
② 高密度 PLD:集成度高(多于 1 000 门),如 CPLD、FPGA。

2. 按照结构分类

① 乘积项结构:其基本结构是"与或阵列"。大部分简单的 PLD 和 CPLD 都属于此类。
② 查找表结构:其基本结构是简单的查找表(Look Up Table,LUT),通过查找表构成阵列形式。通常有 4 输入、5 输入、甚至 6 输入的查找表,FPGA 都属于这个范畴,不过目前有一些 CPLD 也开始采用这种结构,如 Lattice 的 XO 系列、Altera 的 MaxII 系列。

3. 按照编程工艺分类

① 熔丝(Fuse)型:如图 2-1 所示,采用熔丝型结构的可编程逻辑器件的基本原理是根据设计的熔丝图文件烧断对应的熔丝来达到编程的目的,早期的 PROM 多采用这样的结构。在出厂的时候,所有的熔丝都是通的,即存储单元存 1。使用时,当要把这些单元存 0 时,只需要接

通足够大的电流,把熔丝熔断即可,这样数据就会固定下来。但是这样的编程方式对于 PROM 来说只能使用一次,一旦编好程序就不能再作修改,而且熔丝需要另外占用面积,芯片的面积会变大,不利于集成度的提高。

② 反熔丝(Anti-Fuse)型:通过击穿漏层使得两点之间导通——与熔丝烧断获得开路正好相反。某些 FPGA 采用这种编程方式,如 Actel 公司的 FPGA 器件,它具有体积小、集成度高、互连特性电阻低、寄生电容小以及可以获得较高的速度等优点。另外,它还具有加密位、反复制、抗辐射能力强、不需要外加 PROM 等特点。但是与熔丝型一样,它只能一次编程,一旦将数据烧录到芯片中以后,就不能再修改设计。因此,比较适合于定型产品和大批量的应用。

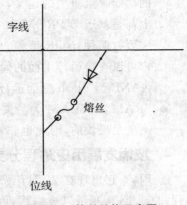

图 2-1 熔丝结构示意图

熔丝和反熔丝结构都只能一次性编程,所以又被称之为 OTP(One Time Programming) 器件,有以下 4 种类型:

- EPROM 型:它的全称为可擦可编程存储器(Erasable PROM),采用紫外线擦除,电可编程,但编程电压较高,可多次编程。如果重复编程则需要先用紫外线擦除。有时为降低生产成本,在制造时不加用于紫外线擦除的石英窗口,故只能编程一次,也被称为 OTP 器件。

- E^2PROM 型:它是电可擦可编程只读存储器的英文缩写,是采用浮栅技术生产的可编程存储器。图 2-2 为浮栅技术的示意图,浮栅延长区与漏区之间的交叠处有一个厚度约为 80 Å 的绝缘层。当漏极接地、控制栅极加上足够大的电压时,交叠区将产生一个很强的电场,从而使电子通过这个薄绝缘层到达栅极,这样就使浮栅带上负电荷,也就是所谓的隧道效应;相反,如果在漏极加上正电压时,则使浮栅放电。这样通过利用浮栅是否积累有负电荷来存储二进制数据。因为采用电可擦除,所以速度较 EPROM 快。E^2RPOM 以字为单位来进行改写,它不仅具有 RAM 的功能,还具有非易失性的特点,可以重复擦写。目前大多数 E^2PROM 内部具有升压电路,只需要单电源供电便能实现读/写擦除等任务。

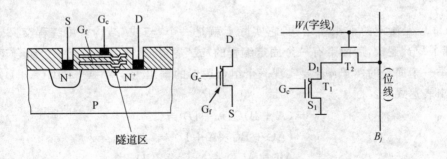

图 2-2 浮栅技术示意图

- Flash 型:与 E^2PROM 相似,结合了 EPROM 和 E^2PROM 的特点,从它们二者中改进而来。同样,Flash 具有非易失性的特点。另外与 E^2PROM 最大的不同是,很多 Flash 都采用雪崩热电子注入的方式来编程,它是按块来擦写,因此它具有快速擦写和读取

第 2 章 CPLD/FPGA 硬件结构

的功能。至于块的定义,不同的厂商有不同的定义。目前,基于乘积项的 CPLD 基本上都是基于 E^2PROM 和 Flash 工艺制造的,上电即可工作,不需要外挂 ROM。Flash 主要有两种:NOR 型和 NAND 型。NOR 型 Flash 的读取和常见的 SDRAM 相似,用户可以直接运行里面的代码。NAND 型以 1 次读取 1 块的形式来运行,不可以直接在 NAND 型 Flash 里面运行程序。相对 NOR 型 Flash 而言,它比较廉价。

- SRAM 型:SRAM 为易失性元件,一旦掉电,被存储的数据便会丢失。但是它的存储速度是最快的,因此也非常昂贵。FPGA 一般都采用这样的结构。

4. 按照发展历史进程分类

① PLA:它出现在 20 世纪 70 年代中期,采用"与或"阵列组成。它最大的特点就是"与"阵列和"或"阵列都可以被编程,因此它可以设计成各种时序逻辑和组合逻辑,并且电路越复杂,它的优越性就越能体现出来。但由于它的"与或"阵列都是可编程的,因而它所要求的软件算法就会过于复杂,运算速度也就相应的下降了。

② PAL:20 世纪 70 年代后期,美国的 MMI 公司推出了第一款 PAL 器件。它是由 PLA 改进而来的,继承了 PLA 的优点,同时兼顾了软件算法的改进。它采用固定的或阵列和可编程的"与"阵列,这样对"与"阵列的编程可以组合成不同的组合逻辑电路,而选用不同的输出电路便可以构成不同的时序电路。

PLA、PAL 都是 OTP 器件,采用熔丝和反熔丝结构,都是基于乘积项的结构。目前,这些器件基本上都不再使用。

③ GAL:1985 年,Lattice 公司以 E^2PROM 为基础,开发了第一款 GAL 即 GAL16V8。因为采用 E^2PROM 工艺,所以它具有了重复编程的特点。另外它沿用了 PAL 的"与或"结构,采用可编程的与逻辑、固定的或逻辑和输出结构组成,但是在输出结构上进行了较大的改进,同时开始采用硬件编程语言 ABEL 编程。

④ CPLD/FPGA:随着工艺的发展,CPLD/FPGA 便应运而生。特别是 20 世纪 90 年代以来,CPLD/FPGA 得到长足的发展,可以实现更大规模的设计。

2.2 乘积项结构的基本原理

图 2-3 就是所谓的乘积项结构,它实际上就是一个"与或"结构。可编程交叉点一旦导通,即实现了"与"逻辑,后面带有一个固定编程的"或"逻辑,这样就形成了一个组合逻辑。

下面举一个简单的例子:若要实现一个组合逻辑的输出为 $y=(A+B)C(A+\bar{D})$,则对应的简化输出表达式为:

$$y = (A+B)C(A+\bar{D}) = \\ (AC+BC)(A+\bar{D}) = \\ AC + AC\bar{D} + ABC + BC\bar{D}$$

图 2-4 为采用乘积项结构来表示的逻辑示意图。

当然,这只是一个简单的乘积项的形式。图 2-5 为真实的 CPLD 乘积项结构状态。当逻辑表达式在乘积项中完成以后,还需要通过可编程触发器以及输出电路把信号输出到芯片引脚,这样才完成了编程。这一系列的过程都是由软件自动完成的。

第 2 章　CPLD/FPGA 硬件结构

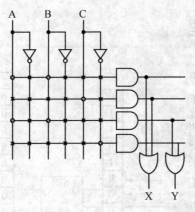

注：⊙ 表示已用的节点；
　　× 表示未用的节点；
　　● 表示固定的节点。

图 2-3　乘积项的基本表示方式

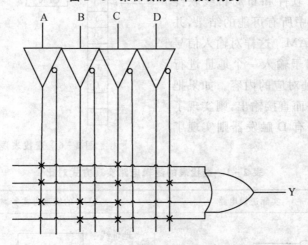

图 2-4　乘积项结构示意图

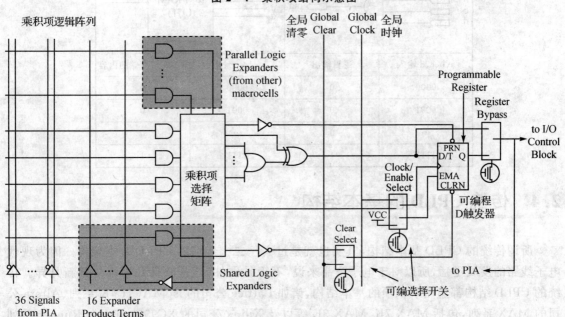

图 2-5　CPLD 内乘积项逻辑示意图

2.3 查找表结构的基本原理

从图2-6和表2-1可以看出,查找表(LUT)结构本质上是一个RAM,它类似于一块有4个输入、16个输出的16位的存储器(当然也有5输入的结构)。这个存储器里面存储了所有可能的结果,然后由输入来选择哪个结果应该输出。用户通过原理图或者HDL语言来描述一个逻辑电路时,CPLD/FPGA的综合软件和布局布线软件会自动计算逻辑电路中所有可能的结果,并且把结果事先写入RAM。这样对输入信号进行逻辑运算就相当于输入一个地址进行查表,找出并输出地址对应的内容。如果把输出的D触发器旁路而直接输出,则实现了组合逻辑;反之,如果有D触发器则实现了时序逻辑。

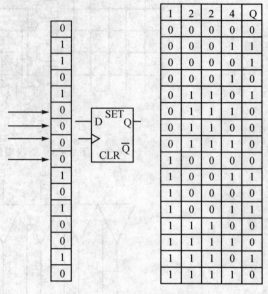

图 2-6 查找表逻辑示意图

表 2-1 查找表的逻辑电路实现方式对比

实际逻辑电路		LUT 的实现方式	
a、b、c、d 输入	逻辑输出	地 址	RAM 中存储的内容
0000	0	0000	0
0001	0	0001	0
...	0	...	0
1111	1	1111	1

2.4 传统CPLD的基本结构

所谓传统的CPLD基本结构,其实也就是过去一二十年前的CPLD基本架构。因为现代电子线路的发展迅猛,所以对于电子产品来说,不管是硬件,还是软件几乎都是日新月异。传统的CPLD结构都遵循乘积项的基本结构,诸如Lattice公司的ispMACH 4K系列、Altera公司的MAX系列,包括MAX 7K、MAX 3K等以及Xilinx公司的XC9500和CoolRunner系列等。这些系列产品的大体结构都比较相似,基本上采用的都是300 nm到180 nm的工艺技

第 2 章 CPLD/FPGA 硬件结构

术,I/O 数量较少,采用 TQFP 封装较多,静态电流比较大,多采用两种供电电压即 5 V 和 3.3 V。在这三家公司中,Lattice 公司集中发展 CPLD 和中低端 FPGA 产品,下面以 Lattice ispMACH 4K 系列芯片来介绍传统的 CPLD 硬件结构。

Lattice ispMACH 4K 系列芯片由于具有使用简单、功耗较低、易于集成等特点迅速在市场上占领了较大的份额,另外它的最大斜率 f_{max} 达到了 400 MHz,T_{pd} 为 2.5 ns,运行速度快。相比于 Altera 和 Xilinx 公司的同类型产品,它采用了 180nm 的工艺。整体而言 ispMACH 4K 的性价比较高。

ispMACH 4K 芯片的根据内部宏单元的不同会分为不同种类的产品,有宏单元少到只有 32 个的 CPLD,也有多达 512 个的 CPLD。同一系列的 CPLD 在设计中有时会完全兼容。另外根据不同的核心电压和 I/O 引脚电压,CPLD 还分为 V 系列、B 系列和 C 系列等。表 2-2 列出了 ispMACH4K 系列芯片的基本信息,包括宏单元、I/O 引脚数、传播延时、建立时间、f_{max} 以及封装等。

表 2-2 ispMACH4K CPLD 芯片基本配置表

项 目	ispMACH 4032V/B/C	ispMACH 4064V/B/C	ispMACH 4128V/B/C	ispMACH 4256V/B/C	ispMACH 4384V/B/C	ispMACH 4512V/B/C
宏单元	32	64	128	256	384	512
I/O+专用输入引脚	30+2/32+4	30+2/32+4/64+10	64+10/92+4/96+4	64+10/96+14/128+4/160+4	128+4/192+4	128+4/208+4
传播延时 t_{PD}/ns	2.5	2.5	2.7	3.0	3.5	3.5
建立时间 t_S/ns	1.8	1.8	1.8	2.0	2.0	2.0
t_{CO}/ns	2.2	2.2	2.7	2.7	2.7	2.7
最大频率 f_{max}/MHz	400	400	333	322	322	322
引脚数/封装	44 TQFP 48 TQFP	44 TQFP 48 TQFP 100 TQFP	100 TQFP 128 TQFP 144 TQFP[1]	100 TQFP 144 TQFP[1] 176 TQFP 256 ftBGA[2]/ fpBGA[2,3]	176 TQFP 256 ftBGA/ fpBGA[3]	176 TQFP 256 ftBGA/ fpBGA[3]

注:
1. 只适合工作电压为 3.3 V 的 ispMATH 4K V 系列 CPLD;
2. 128 和 160 个 I/O 引脚配置情形;
3. 对所有新设计采用 256 引脚 ftBGA 封装不再采用 f_p BGA 封装,详情请参考 PCN#14A-07(www.msc-ge.com/download/pcn/lattice/pcn 14a-0.7.pdf)。

尽管 ispMACH 4K 系列 CPLD 种类众多,但其内部结构基本相似(如图 2-7 所示)。整个 ispMACH 4K 系列 CPLD 的结构可以分为以下 4 部分:通用逻辑块、全局布线池、输入/输出块和输出布线池。和另外两家公司 CPLD 的基本结构不同,ispMACH4K 系列 CPLD 芯片多了一级输出布线池,用于节省布线资源,提高运行速度。

1. 通用逻辑块(GLB)

如图 2-8 所示,GLB 的基本单元是宏单元(Macrocell,具体的宏单元结构如图 2-9 所

第2章 CPLD/FPGA 硬件结构

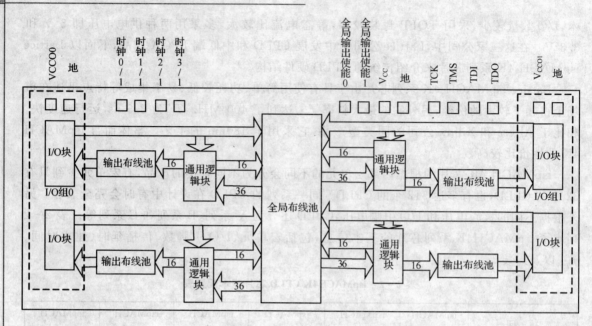

图 2-7 ispMACH4K CPLD 内部结构图

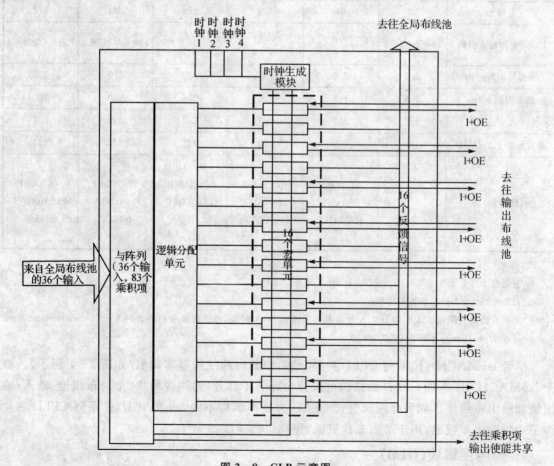

图 2-8 GLB 示意图

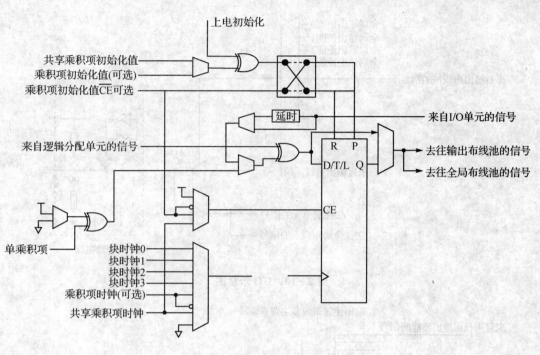

图 2-9 宏单元结构

示),每个 GLB 有 16 个宏单元、36 个来自 GRP 的输入、可编程与阵列、1 个时钟发生器和一些逻辑分配单元。它有 16 个连接到 IRP 的输出,同时会反馈到 GRP。任何输入/输出都必须经过 GRP,这样也就意味着即使来自同一个 GLB 的信号也必须经过 GRP。这种机制确保了 GLB 之间的互连通信有固定的、可预测的延时。

2. 全局布线池(GRP)

GRP 是 GLB 之间互连管理的一个模块,它可以被编程,所有的 GLB 之间的布线都必须经过它。

3. 输入/输出块(IOB)

从图 2-10 中可以看出,IOB 包括输出缓冲、输入缓冲、输出使能多路器、总线保持电路。每个输出引脚都支持一系列不同的输出标准,例如 LVTTL、LVCMOS18、LVCMOS33、LVCMOS25、PCI Compatible 等。它可以被配置成 OD 门。

4. 输出布线池(ORP)

如图 2-11 所示,ORP 允许宏单元的输出连接到一个 IOB 的几个 I/O 单元中,这样可以更加方便灵活地设定引脚的输入/输出逻辑。ORP 也可以像开关一样在宏单元输出和 I/O 单元中进行切换。它由三部分组成:输出布线多路器、输出使能多路器以及输出布线池旁路多路器。相对于传统的 CPLD 架构,ORP 的优点如下:

- 节省全局布线池的编程资源;
- 提高运算速度;
- 增强引脚的约束能力。

第 2 章 CPLD/FPGA 硬件结构

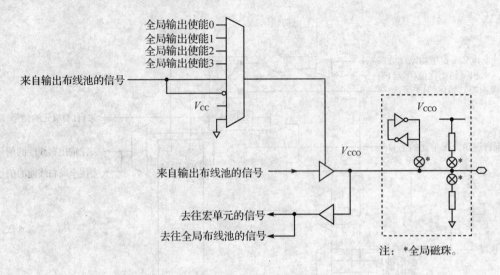

图 2-10 I/O 示意图

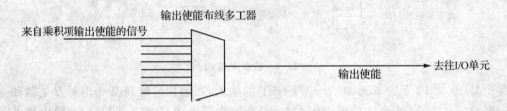

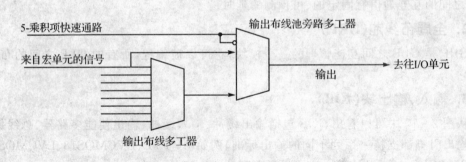

图 2-11 ORP 示意图

2.5 传统 FPGA 的基本结构

从传统 CPLD 的基本结构可以看出,由于其先天的硬件结构限制,CPLD 的速度不可能有很快的提高。传统的 FPGA 由于采用的是不同于 CPLD 的乘积项结构的查找表结构,RAM 的速度比与非门的速度要快很多,所以传统 FPGA 的速度会比传统 CPLD 的速度快很多。而且它们的容量大,运行速度快,集成度高,I/O 引脚多,I/O 电平复杂,IP 丰富。不论是 Lattice 公司的 XP 系列,Altera 的 Cyclone 系列,抑或是 Xilinx 公司的 Spartan-3 系列产品,它们基本上都是采用 4 输入的查找表结构。在现代数字电路设计中,不论是网络产品还是通信设备,不论是工业系统还是汽车电子,FPGA 都被普遍使用。由于 Xilinx 公司是 FPGA 的发明者,我们就以 Xilinx 公司的 Spartan-3A 为例来介绍传统 FPGA 基本结构。

Spartan-3 系列基于 SRAM 的制造工艺,采用 4 输入的查找表结构,需要外接配置芯片来实现芯片的配置。后来出现了一种内嵌配置芯片的 Spartan-3AN 的 FPGA,省去了外挂的配置芯片,节省了空间,提高了安全性能。从图 2-12 中可以看出,Spartan-3 分了很多种,Spartan-3E 着重于内部逻辑,相对而言它的 I/O 引脚比较少;而 Spartan-3A 相反,它的内部逻辑比较少,但是 I/O 引脚相当丰富;Spartan-3 则结合了它们两者的优点,既有丰富的逻辑单元,也有丰富的 I/O 引脚,三种系列都是同样的工艺水平,因此 Spartan-3 是相对来说最贵的一款 FPGA,而 Spartan-3E 和 Spartan-3A 则相对便宜。

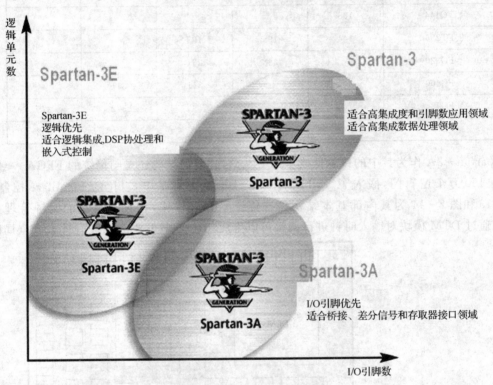

图 2-12　Spartan 系列芯片比较图

Spartan-3A 尽管是一款低成本芯片,但它还有丰富的器件可供选择。尽管它的内部逻辑资源较少,但它的逻辑资源却是传统 CPLD 的几个数量级以上,同样它还有丰富的 DCM 模块和内存模块,并且封装形式相对于传统的 CPLD 更为丰富,不仅有 TQFP 封装,而且还有 BGA 封装等。作为 Spartan-3A 最有优势的 I/O 引脚方面,它的引脚数从最少的 144 根(用户自定义引脚 108 根)到最多的 676 根(用户自定义引脚 502 根),已经不是传统的 CPLD 所能达到的了,并且同系列 FPGA 的不同产品在特定情况下可以兼容。这样当程序过大而造成所选择的 FPGA 内部逻辑不够时,可以直接升级到内部逻辑较大的兼容 FPGA,同时不需要修改 PCB 的布局布线,节省了时间。表 2-3 列出了整个 Spartan-3A 系列芯片的基本信息,包括逻辑门数、块 RAM 数、DCM 数、I/O 数以及封装等。具体的芯片信息需要查询相关的数据手册。

第 2 章　CPLD/FPGA 硬件结构

表 2-3　Spartan-3A 系列芯片基本配置表

器　件	XC3S50A	XC3S200A	XC3S400A	XC3S700A	XC3S1400A
系统门数	50K	200K	400K	700K	1400K
逻辑单元数	1 584	4 032	8 064	13 248	25 344
块 RAM 块数	3	16	20	20	32
块 RAM 比特数	54 000	288 000	360 000	360K	576K
DCM 数	2	4	4	8	8
最大器件 I/O 数	144	248	311	372	502
TQ144	108				
FT256	144	195	195		
FG320		248	251		
FG400			311	311	
FG484				372	375
FG676					502

Spartan-3A 作为其中的一款低成本的 FPGA，其硬件结构还是与传统的 FPGA 一致，它大约有 150 万个逻辑门，嵌入了 32 bit 的 MicroBlaze 处理器和 8 bit 的 PicoBlaze 控制器，图 2-13 和图 2-14 为其内部基本结构。与传统 CPLD 相比，它含有丰富的时钟管理模块 DCM，通过 DCM 模块对输入时钟进行调整可以生成相位频率可控的二级时钟或者全局时钟

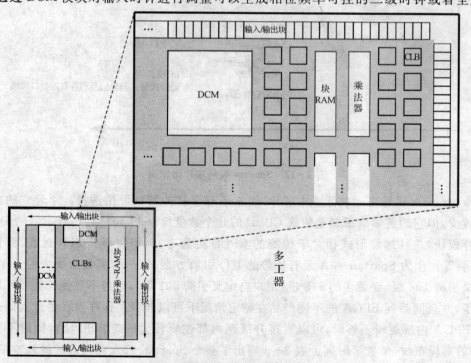

图 2-13　Spartan-3A 的基本结构

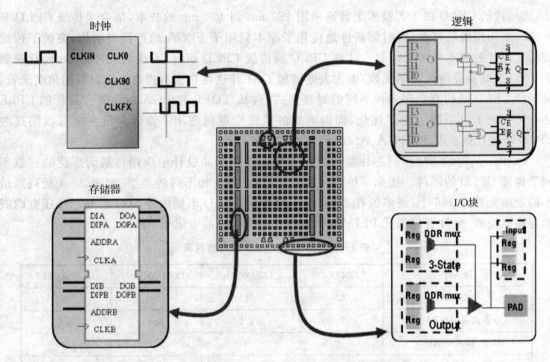

图 2-14　Spartan-3A 芯片内部基本的硬件逻辑图

信号,而丰富的逻辑资源则采用 4 输入的查找表来实现。在 FPGA 里面有着丰富的触发器,所以特别适合用来处理时序逻辑信号。同时它还有丰富的内存资源,可以配置成双口或单口 RAM、ROM 以及 FIFO 等。Spartan-3A 的 I/O 引脚模块比 CPLD 更加丰富,特别是增加了必要的 IP 专用引脚和通用协议引脚(如 DDR 引脚、LVDS、RSDS、miniLVDS、TMDS/PPDS 等类型),并且它的 I/O 引脚具有热插拔(Hot Swap)、驱动电流大(High Output Drive Current)、可编程的输入延时(Programmable Input Delay)等功能。Spartan-3A 还有丰富的 IP 资源,包括 DDR、DDR II、PCI、PCI-E 等协议接口 IP。

Spartan-3A 系列中有一款特殊的芯片,专门用来实现 DSP 功能的,其基本结构与 Spartan-3A 相似。不过相对于普通的 Spartan-3A 芯片而言,它的集成度更高,而且还嵌入了用于实现 DSP 应用的 DSP48A 资源。

2.6　最新 CPLD 的基本结构

随着科技的发展,电子线路越来越复杂,PCB 的集成度越来越高,以前采用分立元件就可以实现的一些功能不得不集成到 CPLD 中来;另外一方面,科技的发展带来了许多对 CPLD 新的功能需求,传统 CPLD 的发展遇到了瓶颈——现有的 CPLD 硬件结构既不能满足设计的速度要求,也满足不了设计的逻辑要求。这样不得不要求 CPLD 从硬件上进行变革,而最好的参考就是 FPGA,它不仅内嵌的逻辑数量巨大,而且实现的速度比传统 CPLD 提高了几个数量级。进入 21 世纪后,电子技术的发展使得 CPLD 和 FPGA 之间的界限越来越模糊。随着 Lattice、Altera 和 Xilinx 三大公司在这方面的不断发展,相继推出了 XO 系列(Lattice 公司)、MaxII 系列(Altera 公司)和 CoolRunnerII 系列(Xilinx 公司)等新产品。与传统的 CPLD 相

第2章 CPLD/FPGA 硬件结构

比,这一代的 CPLD 在工艺技术上普遍采用 180 nm 到 130 nm 的技术,结合了传统 CPLD 非易失和瞬间接通的特性,同时创新性地应用了原本只用于 FPGA 的查找表结构,突破了传统宏单元器件的成本和功耗限制。这些 CPLD 较传统 CPLD 而言,不仅功耗降低了,而且逻辑单元数(也就是等价的宏单元数)也大大地增加了,工作速度也大有提高。从封装的角度来看,最新的 CPLD 结构有着许多种不同的封装形式,包括 TQFP 和 BGA 封装等。最新的 CPLD 还对传统的 I/O 引脚进行了优化,面向通用的低密度逻辑应用。设计人员甚至可以用这些 CPLD 来替代低密度的 FPGA、ASSP 和标准逻辑器件等。

Lattice 公司的 XO 系列芯片是目前在工业设计和产品设计中应用得最为广泛的一款不同于传统 CPLD 的器件。根据等价的宏单元个数,它有 4 种不同的类型(如表 2-4 所列),最小的宏单元数有 256 个,最多的有 2 280 个。与传统 CPLD 不同的是,XO 系列芯片还有内嵌的存储器资源、时钟管理单元 PLL 等结构,而这些结构以前专属于 FPGA。

表 2-4 XO 系列 CPLD 基本信息表

器 件	LCMXO256	LCMXO640	LCMXO1200	LCMXO2280
LUT 数	256	640	1200	2280
分布式 RAM(Kbit)	2.0	6.1	6.4	7.7
EBR SRAM(Kbit)	0	0	9.2	27.6
EBR SRAM 块(9 Kbit)数	0	0	1	3
V_{CC}电压/V	1.2/1.8/2.5/3.3	1.2/1.8/2.5/3.3	1.2/1.8/2.5/3.3	1.2/1.8/2.5/3.3
PLL 数	0	0	1	2
最大 I/O 数	78	159	211	271
封装				
100 脚 TQFP	78	74	73	73
144 脚 TQFP		113	113	113
100 - ball csBGA	78	74		
132 - ball csBGA		101	101	101
256 - ball caBGA		159	211	211
256 - ball ftBGA		159	211	211
324 - ball ftBGA				271

因此最新 CPLD 的硬件结构是介于传统 CPLD 和传统 FPGA 之间,最新的 CPLD 弥补了传统 CPLD 和传统 FPGA 之间的一块空白,通过结合两者之间的优势而实现 CPLD 的功能最大化。图 2-15 清楚地显示出了 XO 系列芯片在 I/O 引脚数和寄存器方面与传统的 CPLD/FPGA 之间的异同,图 2-16 则较好地表现出了 XO 系列芯片在硬件结构上与传统 CPLD 之间的不同。

XO 系列 CPLD 是传统 CPLD 和 FPGA 的混合体。它采用 LUT 结构和非易失性方案,有多达 2 280 个 4 输入的 LUT、2~8 Kbit 的分布式存储器、多达 271 个用户 I/O、内嵌时钟、采用 TransFR 的技术进行逻辑升级。

低端 XO 系列(256 系列、640 系列)只有内部时钟,不带 PLL 结构,而高端 XO 系列(1200

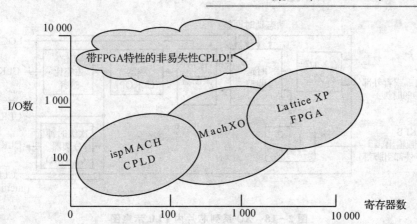

图 2-15 MachXO 系列 CPLD 与传统 CPLD 和 FPGA 的比较

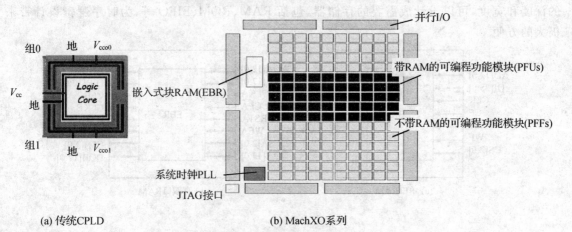

(a) 传统CPLD　　　　　　(b) MachXO系列

图 2-16 MachXO 系列与传统 CPLD 的比较

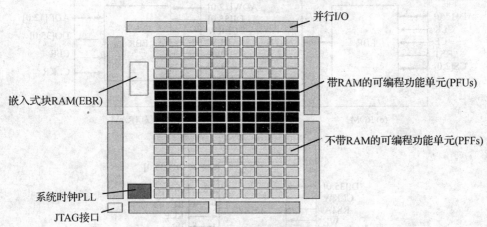

图 2-17 Lattice MachXO 系列结构示意图

系列、2280 系列)均带有 PLL 结构。图 2-18 为 XO 系列芯片中的 PLL 基本结构,它可以产生任意频率和任意相位的时钟,并且有相关辅助信号通知 PLL 输出时钟是否稳定。有时又把低端 XO 系列归类为 CPLD,而高端 XO 系列归类为 FPGA。

第 2 章　CPLD/FPGA 硬件结构

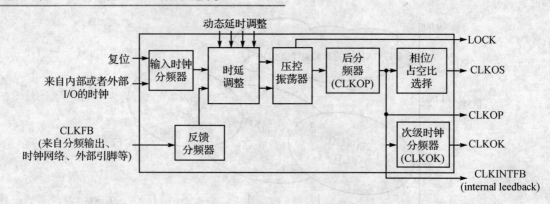

图 2-18　XO 系列芯片内 PLL 示意图

与传统的 CPLD 不同，XO 系列芯片带有丰富的存储器（如图 2-19 所示），通过配置不同的深度和宽度，可以设计成需要的存储器，包括 RAM、ROM、FIFO 等，为时序逻辑设计带来极大的方便。

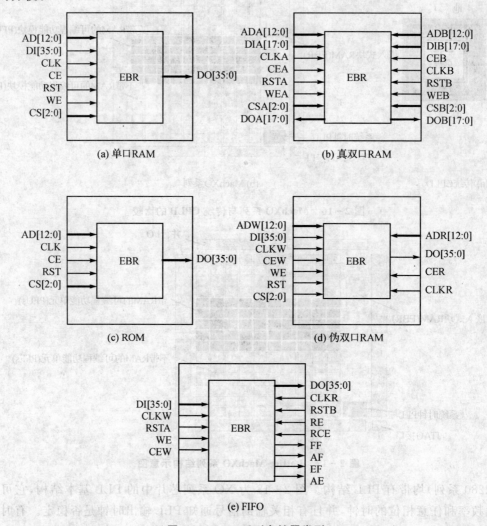

图 2-19　XO 系列存储器类型

顺应低功耗的趋势，XO 系列带有一个休眠的引脚。图 2-20 清楚地描述了休眠引脚与通用的 I/O 引脚之间的关系，一旦这个引脚为低，CPLD 内的所有活动全部停止，所有的 I/O 引脚全部变成高阻态，这样 CPLD 在空闲时的功耗就变得很低。

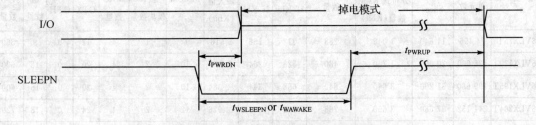

图 2-20　休眠信号的作用和波形示意图

2.7　最新 FPGA 的基本结构

曾经我们以为大容量的 FPGA 可以满足设计复杂功能的要求，包括逻辑和速度，但是随着人们对速度和性能的要求不断提高，特别是最近新的协议层出不穷，许多协议的速度已经接近甚至超过 10 GHz，如 PCI-E 3.0 等，这就要求在传统 FPGA 的硬件结构上进行一系列变革。一方面，针对传统 FPGA 安全性差的特点，许多 FPGA 嵌入了 Flash，增加了 Flash 制程；另一方面，针对速度的提高和容量的增大，FPGA 开始寻求使用与传统 4 输入的查找表相比更快的 6 输入的查找表构成 FPGA 的基本逻辑单元，通过采用 6 输入的查找表可以在提高逻辑密度的同时提高运行的速度。再者，目前 FPGA 设计已经进入了 28~40 nm 工艺设计阶段，去年 Xilinx 公司推出的 Virtex-6 就是基于 40 nm 技术设计的，它不仅可以降低整体的功耗，而且能够集成更多的逻辑门，加速目标设计来满足市场需要。

相比较于 Xilinx 公司传统的 FPGA，Virtex-6 同样也有三种不同的子类型：LXT 系列、SXT 系列和 HXT 系列。从表 2-5~表 2-8 中我们可以知道，Virtex-6 的逻辑性能都很卓越，它们采用 6 输入的查找表结构和双 5 输入的查找表结构，每一个 6 输入的查找表都有 64 bit 或者两个 32 bit 的分布式 RAM。时钟管理模块支持多种时钟管理，包括零延时缓冲、频率同步、时钟相移、输入抖动滤波等。与传统的 FPGA 相比，Virtex-6 的 I/O 引脚更加复杂，它采用高性能并行 SelectIO™ 技术，所有接口采用 ChipSync™ 技术来实现源同步，并且嵌入 DCI 功能来实现终端匹配。Virtex-6 继承了第一代和第二代 PCI Express 设计接口，支持少则 1 通道多则 8 通道的设计。它的封装和 I/O 引脚也变得更加丰富，它采用 FFA 的一种全新 BGA 封装形式，最大的 I/O 引脚数达到了 1 200 个（见表 2-7、表 2-8）。

表 2-5　Virtex-6 LXT、SXT 和 HXT 之间的比较表

系统要求	LXT	SXT	HXT
高性能逻辑	√	√	√
高密度 ASIC 原型逻辑	√		√
通用处理	√	√	
数字信号处理	√	√	√
高性能数字性能处理		√	
低电压串行 I/O	√	√	
串行 I/O 带宽	√√	√√	√√√

第 2 章 CPLD/FPGA 硬件结构

表 2-6 Virtex-6 基本信息表

| 器件 | 逻辑单元数 | 可配置的逻辑块(CLBs) | | DSP48E1 数量 | 块 RAM 数量 | | | MMCM | PCI-E 接口模块数量 | 以太网 MAC 数量 | 收发器数量 | | I/O 组数量 | 用户 I/O 数量 |
		Slices	分布式 RAM 数量(Kbit)		18 Kbit	36 Kbit	最大值(Kbit)				GTX	GTH		
XC6VLX75T	74 496	11 640	1 045	288	312	156	5 616	6	1	4	12	0	9	360
XC6VLX130T	128 000	20 000	1 740	480	528	264	9 504	10	2	4	20	0	15	600
XC6VLX195T	199 680	31 200	3 040	640	688	344	12 384	10	2	4	20	0	15	600
XC6VLX204T	241 152	37 680	3 650	768	832	416	14 976	12	2	4	24	0	18	720
XC6VLX365T	364 032	56 880	4 130	576	832	416	14 976	12	2	4	24	0	18	720
XC6VLX550T	549 888	85 920	6 200	864	1 264	632	22 752	18	2	4	36	0	30	1 200
XC6VLX760	758 784	118 560	8 280	864	1 440	720	25 920	18	0	0	0	0	30	1 200

注意:

① 每个 Virtex-6 FPGA slice 包含有 4 个 LUT 和 8 个触发器,只有部分 slice 可以把它们的 LUT 用作分布式 RAM 或者 SRL;

② 每个 DSP48E1 包含有一个 25×18 的乘法器,一个加法器和一个累加器;

③ 块 RAM 大小为 36 Kbit,一个块 RAM 可以分解成两个 18 Kbit 块使用;

④ 每个 CMT 包含有两个混合模式的时钟管理器(MMCM);

⑤ I/O 组没有包含配置组 0 在内;

⑥ 用户 I/O 数量不包括 GTX 或者 GTH 收发器部分。

表 2-7 Virtex-6 LXT 和 SXT FPGA 器件封装组合和最大的可用 I/O 数量表

封装	FF484 FFG484		FF784 FFG784		FF1156 FFG1156		FF1759 FFG1759		FF1760 FFG1760	
尺寸/mm	23×23		29×29		35×35		42.5×42.5		42.5×42.5	
器件	GTX 数量	I/O 数量	GTX 数量	I/O 数量	GTX 数量	I/O 数量	GTX 数量	I/O 数量	GTX 数量	I/O 数量
XC6VLX75T	8	240	12	360						
XC6VLX130T	8	240	12	400	20	600				
XC6VLX195T			12	400	20	600				
XC6VLX240T			12	400	20	600	24	720		
XC6VLX365T					20	600	24	720		
XC6VLX550T							36	840	0	1 200
XC6VLX760									0	1 200
XC6VSX315T					20	600	24	720		
XC6VSX475T					20	600	36	840		

表 2-8　Virtex-6 HXT FPGA 器件封装组合和最大的可用 I/O 数量表

封　装	FF1154 FFG1154			FF1155 FFG1155			FF1923 FFG1923			FF1924 FFG1924		
尺寸/mm	35×35			35×35			45×45			45×45		
器件型号	GTX数量	GTB数量	I/O数量	GTX数量	GTB数量	I/O数量	GTX数量	GTB数量	I/O数量	GTX数量	GTB数量	I/O数量
XC6VHX250T	48	0	32									
XC6VHX255T				24	12	440	24	24	480			
XC6VHX380T	48	0	320	24	12	440	40	24	720	48	24	640
XC6VHX565T							40	24	720	48	24	640

2.8　CPLD 与 FPGA 的选择

　　从传统意义上来说,CPLD 采用乘积项的结构,组合功能相对较强,而 FPGA 采用 SRAM 的结构,时序逻辑功能更胜一筹。一般来说,一个宏单元可以分解成十几个或者几十个的组合逻辑输入,而 FPGA 包含的 LUT 和触发器的数量非常多。所以传统意义上,一般采用 CPLD 来实现一些复杂的逻辑译码工作,采用 FPGA 设计复杂的时序逻辑。另外在需要上电即工作的情况下一般采用 CPLD,因为 FPGA 需要一个加载的过程,而 FPGA 则可以作为 ASIC 的一种半定制电路出现。

　　对于最新出现的 CPLD 和 FPGA,我们不难看出 CPLD 开始吸取 FPGA 速度快、容量大等优点,而 FPGA 则朝着 ASIC、SOC 的方向发展。这样对于 CPLD/FPGA 的选择指导来说,原来需要采用低端的 FPGA 来实现的设计,现在就可以采用新一代的 CPLD 来进行设计,而真正需要进行比较复杂的系统设计时,CPLD 还是不能替代 FPGA,尤其是涉及到算法方面的程序。不过 CPLD/FPGA 可以同时配合使用。对于一些核心、高速、专用的功能,我们就采用 FPGA 来实现;而对于一些次重要的、全局性的控制信号就可以采用 CPLD 来实现。CPLD 和 FPGA 之间可以采用专用信号来实现互相通信,这样既提高了 FPGA 的工作效率和运行速度,降低了 FPGA 的成本,又使系统更加稳定可靠。再者由于 CPLD 的加入,可以集成系统中更多的分立元件和功能,从而减小 PCB 的尺寸,甚至减少 PCB 的堆叠,使系统的整体成本降低。

2.9　CPLD/FPGA 的配置

　　一般来说,CPLD 的配置相对于 FPGA 来说比较简单。CPLD 的配置普遍采用 JTAG 接口进行配置,因此只要有标准的 JTAG 接口和相关各公司的烧录软件,基本上可以快速地进行配置。现代的数字系统设计涉及到的都是比较复杂的系统,有时候采用 JTAG 电缆进行烧录会比较麻烦,一种替代的方案就是采用嵌入式 CPU 直接对 CPLD/FPGA 进行逻辑升级,这样就可以不用打开机箱而在不知不觉中进行了系统升级,特别是可以远程升级,可以节省很多的人力、物力和财力。

Lattice 公司还有一项比较独特的称为"TransFR"的技术,如图 2-21 所示。它能够在保证不打断 CPLD 正常工作的前提下进行 CPLD 的逻辑升级。它先把要升级的逻辑文件烧到后台的 Flash 里面,然后锁住所有的 I/O 引脚,接着把 Flash 里面的配置复制到 SROM 里面,最后把所有的 I/O 引脚放开,这样逻辑就正式升级了。

图 2-21 TransFR 过程示意图

FPGA 的配置方式有很多种,因而会相对复杂一些。从烧录的方式来看,它有主动式和被动式之分;从数据宽度来说,又有并行和串行之分。在主动模式下,FPGA 在上电以后,会自动将配置数据从相应的外存储器读入到 SRAM 里面实现内部结构映射。而在被动式中,FPGA 是一种从属器件,由相应的控制电路或者微处理器提供配置所需的时序实现配置数据的下载。

相应地,FPGA 的配置引脚比 CPLD 要复杂得多。它分为专用配置引脚和非专用配置引脚,非专用配置引脚在完成配置后可以作为普通的输入/输出引脚使用。而专用的配置引脚包括模式选择引脚、配置逻辑复位引脚、JJTAG 引脚、初始化和完成引脚等。

图 2-22 所示为 Xilinx 公司的 Spartan-3 系列配置线路之一——Master SPI 模式,它还有其他的烧录方式,如 Master BPI 模式、Master Parallel 模式、Slave Serial 模式和 Master Serial 模式等,不同的烧录方式的配置线路各有不同。从图 2-22 中我们可以看到 JTAG 的烧录接口、SPI 接口、SPI 变量选择引脚 VS[2:0]、SPI 模式选择引脚 M[2:0]、初始化引脚 INIT_B、烧录完成引脚 DONE、编程引脚 PROG_B 等,具体的引脚设置可以参考 Xilinx 公司具体的指导手册。Lattice 公司的 FPGA 烧录相对 Xilinx 公司较简单,它没有模式选择等引脚,并且辅助配置引脚都是专用的,不像 Xilinx 公司有些引脚(如 SPI 变量选择引脚)在 FPGA 配置完成以后还可以用作普通的 GPIO,如图 2-23 所示。

2.10 本章小结

本章主要介绍了 CPLD/FPGA 的发展历程,主要 CPLD/FPGA 的硬件结构,它们之间的相同点和不同点,CPLD/FPGA 的配置以及低功耗的设计。随着设计的复杂度越来越高,设计工艺也越来越先进,CPLD/FPGA 的硬件结构也在不断向前发展,CPLD/FPGA 之间也在不断融合。另外不同厂商的 CPLD/FPGA 的硬件结构也有不同,在具体设计时需要找到相关的文档进行了解。

第 2 章 CPLD/FPGA 硬件结构

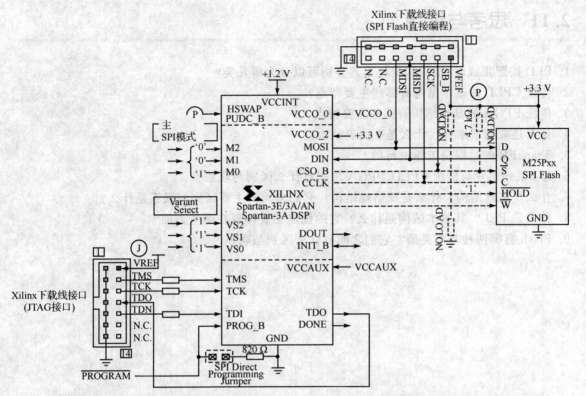

图 2-22 Xilinx Spart-3E/3A/3AN/3A DSP FPGA 配置电路图

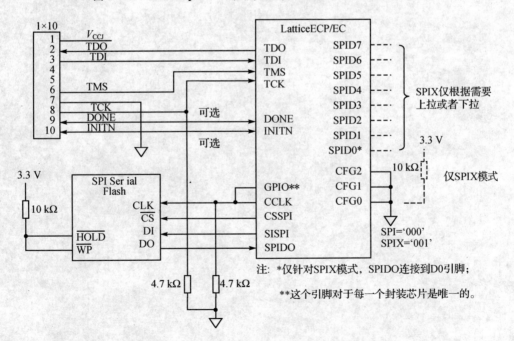

图 2-23 LatticeECP/EC FPGA 配置电路图

2.11 思考与练习

1. PLD 按照集成度、结构和编程工艺分别可以分为哪几类？
2. 传统 CPLD 的基本结构有哪些主要特点？
3. 传统 FPGA 的基本结构有哪些主要特点？
4. 什么是乘积项结构？什么是查找表结构？
5. TransFR 的过程是怎样进行的？
6. XO 系列芯片与传统 CPLD/FPGA 之间有什么区别与联系？
7. 什么是熔丝结构？什么是反熔丝结构？它们之间的主要区别与联系是什么？
8. 什么是 PLL？其基本结构是什么？它的优点主要体现在哪些方面？
9. Flash 有哪两种基本类型？它们之间有什么区别与联系？

第 3 章

Verilog HDL 语法基础

随着电子技术的发展,电子系统开发设计已经离不开 EDA 软件。作为从民间成长起来的曾经是私有语言的 Verilog HDL 现在已经发展成为了 ASIC、CPLD/FPGA 设计领域中一种使用最为广泛的硬件描述语言——硬件设计系统中的 C 语言。

Verilog HDL 最初是为了仿真而创建的,因此它继承和借鉴了 C 语言的许多语法特征,易学易懂,同时也为软件工程师转型到硬件设计提供了便利。

本章将重点介绍 Verilog HDL 语言的语法基础以及相关应用。本章主要内容如下:
- Verilog HDL 语言的特点;
- Verilog HDL 语言的描述方式;
- 模块与端口;
- 注释;
- 常量、变量与逻辑值;
- 操作符;
- 操作数;
- 参数;
- 编译指令;
- 系统任务和函数;

3.1 Verilog HDL 的特点

硬件语言与软件语言的不同主要在于本质的区别:硬件语言描述的是硬件系统,而软件语句主要描述的是具体应用。Verilog HDL 语言作为硬件描述语言之一,它的本质也就是为了描述整个硬件系统。它主要有如下几个特点。

并行性——所谓并行性就是说可以同时做几件事情。Verilog HDL 语言不会顾及代码顺序问题,几个代码块可以同时执行;而软件语言必须按顺序执行,上一句执行不成功,就不能执行下一句。

时序性——Verilog HDL 语言可以用来描述过去的时间和相应发生的事件,而软件语言则做不到。

互连——互连是硬件系统中的一个基本概念,Verilog HDL 语言中的 wire 变量可以很好地表达这样的功能;而软件语言并没有这样的描述。

3.2 Verilog HDL 的描述方式

Verilog HDL 采用自顶向下的设计理念,从设计规格开始入手,然后把规格分解成一个个的硬件模块继续划分,最后采用 HDL 语言来直接描述硬件的行为。图 3-1 为典型的的 Verilog 设计描述方式,可以很清楚地看出模块是 Verilog HDL 的基本单元,所有的 Verilog 设计构成就是各个模块之间的组合和例化。

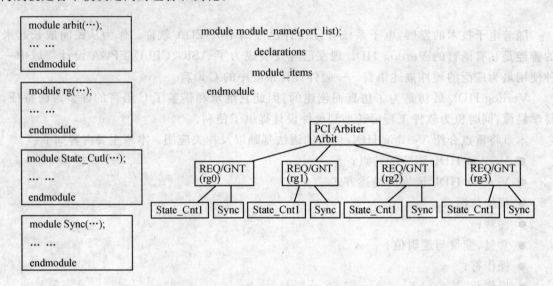

图 3-1 典型的 Verilog 设计描述示意图

Verilog HDL 采用以下三种描述方式来进行设计:
- 数据流描述:采用 assign 语句,连续赋值,数据实时变化,赋值对象一般定义为 wire 型。
- 行为级描述:使用 always 或者 initial 语句,过程赋值,赋值对象一般定义为 reg 型,不一定会形成寄存器。
- 结构化模型:通过实例化已有的功能模块来建模。

在一个设计中我们往往会混合使用这三种描述方式。

Verilog HDL 是对大小写敏感的语言,同样的词汇,大写和小写是不同的符号。比如说 reg 是一个关键字,而 REG 则是一个普通的变量,因此需要特别小心。

3.3 模块和端口

模块是 Verilog 的基本描述单元,可大可小,大到一个复杂的系统,小到一些基本的逻辑门单元,主要用来描述某个设计的功能或结构及其与其他功能模块通信的外部端口。下面是一个模块的基本结构和语法。

```
module 模块名称(端口列表);
    //端口定义声明;
```

```
    input, output, inout
//内部变量及参数声明
    wire, reg, function, task, parameter, define, etc
//模块功能实现
    数据流描述:assign
    行为级描述:initial, always
    结构化描述:module 例化
    其他用户原语
endmodule
```

对于模块而言,需要有一个模块名称来标示模块,在端口列表的括号后面一定要以";"结束。

模块一般都有端口列表,端口与端口之间用","隔开。但是仿真语言没有端口列表,因为仿真是一个封闭的系统,端口已经实例化在内部。

端口声明部分需要声明端口的方向和位宽。

【例3-1】 端口声明。

```
//端口声明
    input [4:0] a;      //信号名为 a 的 5 输入信号
    inout       b;      //双向信号 b
    output [6:0] c;     //信号名为 c 的 7 输出总线信号
```

有些设计会把端口的声明部分和端口列表写在一起,在端口中可以对每个信号进行注释。最新的 Verilog HDL 标准支持这样写法。需要注意的是,端口列表中不存在";"。

【例3-2】 Verilog HDL 2001 端口声明。

```
module counter(
    input clk,              //全局时钟信号
    input reset_l,          //全局复位信号
    output [7:0] cnt        //8 位数据总线
);
```

模块内部变量声明中,wire 型的线网是不具备数据存储功能的。一般而言,input 的默认定义就是 wire 型,output 信号可以是 wire 型,也可以是 reg 型。定义为 wire 型的线网是不能够在 always 语句中被赋值的,只能被连续赋值。而 reg 型的则可以存储最后一次赋给它的值,定义为 reg 型的线网只能在 always 和 initial 语句中被赋值,不能被连续赋值。

注意:

① 所有的关键字都必须小写。

② 定义为 reg 型的线网不一定会生成寄存器。

③ 尽管信号和内部变量定义声明只要出现在被调用的语句之前就行,可是代码风格一般要求在执行语句之前就定义好,这样可以提高代码的可读性。

④ 在声明后便是功能执行语句,功能执行语句包括 always 语句、initial 语句、assign 语句、task、function、模块例化等。可以混合描述,没有先后顺序,但是要注意的是 initial 语句只能用于仿真程序中,不能生成实际的电路。

⑤ 任何一个模块都要以"endmodule"结束。

3.4 注 释

Verilog HDL 提供了两种注释的方式：一种以"//"开始，注释的是一行中的余下部分。

【例 3-3】 以"//"开始的注释。

```
assign a = b ? c : d;          //输出为 a 的两输入选择器
```

另外一种是用"/ * …… * /"来表示，它可以进行多行或者段落注释。

【例 3-4】 以 / * …… * / 表示的注释。

```
assign a = b ? c : d;
 //注释下面的功能语句
 / * always @( * )
    begin
     if(b)
      a = c;
     else
      a = d;
    end
  * /
```

初学者很多时候会认为注释是一件很麻烦的事情，但是从代码风格和可读性来说，注释必不可少。一般建议注释语言不少于整个设计语言的 20%。另外，尽管 Verilog 采用两种注释方式，但是从设计的经验和角度来看，一般推荐采用单行注释"//"的方式以减少出错几率。

3.5 常量、变量与逻辑值

常量就是不变的数值，比如说 4'd8，表示的是一个 4 位宽的十进制整数 8。

在 Verilog HDL 中，有三种不同类型的常量：整数型、实数型以及字符串型。

整数型常量可以直接使用十进制的数字表示，如 23 表示为十进制的数字 23，默认位宽为 32 位。也可以采用基数表示法来表示，基数表示法的格式如下：

长度'+数制简写+数字

如：16'd234 表示为 16 位宽的十进制整数 234；4'b0101 表示 4 位宽的二进制数 0101。（记住长度和数字简写之间有"'"符号！）。当设定的位宽比实际数字的位宽少，则自动截去左边超出的位数，反之则在左边不够的位置补足 0。如果长度不显示，那么数字的位宽则取决于本身的长度，如 5'b100 表示 5 位宽的二进制数 100，左边补两位 0，所以实际为 00100，'b100 则表示 3 位宽的二进制数 100。

注意：如果遇到的是 x 或者 z(如 4'hx)，位宽大于实际数字的位宽，这个时候在左边不是补 0，而是补 x。

变量分为线网型和寄存器型两种。

线网型表示电路之间的互连，没有存储功能。它有许多子类型：wire、tri、tri0、tri1、wor、wand、trireg、supply1、supply0 等。wire 可用于可综合的逻辑设计中，而其他的一般用于仿真程序中。另外,除了 trireg 型的变量在未初始化的状态为 x 态,其他变量都是 z 态。

寄存器型表示数据的存储,在仿真器中会占据一个内存空间。寄存器型也有许多子类型,包括 reg、integer、time、real、realtime 等。用 reg 可以表示一位或者多位的寄存器,也可以表示存储器。

【例 3-5】 采用 reg 表示的寄存器和存储器。

```
reg a;              //1 位寄存器 a
reg [4:0] b;        //5 位寄存器 b
reg [7:0] c[10:1];  //10×8 的存储器
```

寄存器可以按位来存储,可是存储器必须按地址来存储。一般采用 for 语句来给存储器来赋值。

定义为 reg 型的变量可以生成寄存器,也可以生成 MUX,所以需要视具体的功能执行而定。

在 Verilog HDL 语言中,为了更好地描述真实的数字系统以及更加精确地进行数字建模,其逻辑值在"0"、"1"的基础上增加了"x"和"z"两种状态。

x 状态是一种未定的状态,描述信号未被初始化的情形,在 casex 和 casez 语句中表示不关心。

z 状态表示高阻状况,用来表示三态建模。

在真实的电子世界中以及在综合软件中都不会出现 x 状态,只有亚稳态的状况。

3.6 操作符

Verilog HDL 语言和 C 语言类似,有着丰富的操作符,包括算术操作符、按位操作符、归约操作符、逻辑操作符、相等操作符、关系操作符、逻辑移位操作符、条件操作符以及连接复制操作符等。绝大多数操作符的使用方式和 C 语言一样。下面简单介绍按位操作符、归约操作符、逻辑操作符以及连接复制操作符的使用。其余操作符的具体应用可以参考 Verilog HDL 语言相关规格书,如:IEEE-SA Standards Board IEEE Standard Verilog® Hardware Description Language 17 Match 2001。

按位操作符是对操作数中的每一位分别进行操作,得出一个新的操作数,其具体的操作符如表 3-1 所列。采用按位操作符实现的表达式结果的位宽与表达式中的位宽最长的操作数相同,如例 3-6 所示。

表 3-1 按位操作符

操作符	表达式	描 述
~	~B	将 B 中的每一位取反
&	A & B	将 A 中的每个位与 B 中对应的位相"与"
|	A | B	将 A 中的每个位与 B 中对应的位相"或"
^	A ^ B	将 A 中的每个位与 B 中对应的位"异或"
~^	A ~^B	将 A 中的每个位与 B 中对应的位相"异或非"
^~	A^~B	

第3章 Verilog HDL 语法基础

【例 3-6】 按位操作符示例。

```
A = 4'b1011   B = 4'b1101   C = 4'b10x1
~A    = 4'b0100
A&B = 4'b1001
A|B = 4'b1111
A^B = 4'b0110
A^~B = A~^B = 4'b1001
A&C = 4'b10x1
```

归约操作符是一元操作符,它的表现方式与按位操作符相似或者相同(如表 3-2 所列),但是它的操作数只有一个,并且是对操作数中的每一位分别进行操作,得出一个新的一位宽的操作数。我们可以通过例 3-7 观察归约操作符与按位操作符之间的不同。

表 3-2 归约操作符

操作符	表达式	描述
&	&B	将 B 中的每一位相与得出一位的结果
~&	~&B	将 B 中的每个位相与非得出一位的结果
|	|B	将 B 中的每一位相或得出一位的结果
~|	~|B	将 B 中的每个位相或非得出一位的结果
~^	~^B	将 B 中的每一位相异或非得出一位的结果
^~	^~B	
^	^B	将 B 中的每一位相异或得出一位的结果

【例 3-7】 归约操作符示例。

```
B = 4'b1101
&B = 1&1&0&1 = 1'b0
|B = 1|1|0|1 = 1'b1
^B = 1^1^0^1 = 1'b1
```

逻辑操作符是二元操作符,它类似于按位操作符和归约操作符,但是又不同于它们,它是对表达式中的操作数整体进行操作,得出一个新的一位宽的操作数,见例 3-8。一般而言,逻辑操作符用于条件判断语句中,而按位操作符、归约操作符用于赋值语句中,即使操作符只有一位宽(在一位宽的情况下,它们运行的结果都是相等的,但是意义不一样)。

表 3-3 逻辑操作符

操作符	表达式	描述
&&	A&&B	A,B 是否都为真?
||	A||B	A,B 任意一个是否为真?
!	!B	B 是否为假

【例 3-8】 逻辑操作符示例。

```
A = 3;              //参数 A
```

```
B = 0;            //参数 B
C = 2'b0x;        //参数 C
D = 2'b10;        //参数 D
A&&B  = 0
A||B  = 1
!A    = 0
C&&D  = X
```

连接复制操作符是一类特殊的操作符,它是将两组或者两组以上的操作数连接成一个操作数,所得结果的位宽将是所有操作数位宽之和,具体实例见例3-9。

表 3-4 连接复制操作符

操作符	表达式	描述
{}	{A,B}	将 A 和 B 连接起来,产生更大的向量
{{}}	{B{A}}	将 A 重复 B 次

【例 3-9】 连接复制操作符示例。

```
A = 2'b00;       //参数 A
B = 2'b10;       //参数 B
{A,B} = 4'b0010
{2{A},3{B}} = 10'b00_0010_1010
```

尽管操作符相当丰富,但是不同操作符的优先级却不一样,具体如表3-5所列。数值运算必须遵循优先级由高到低的顺序,比如 A+B & C+D,需要先计算 A+B 和 C+D,而不是先计算 B&C。为了避免这样的混淆和错误,增加代码的可读性,可以用"()"来区分,如(A+B)&(C+D)。

表 3-5 优先级别表

操作符	级 别
+,-,!,~(一元)	最高级
*,/,%	
二元的加减 +,-	
<<,>>	
<,<=,>,>=	
==,===,!=,!==	
&,~&,^,~^,~^,|,~|	
&&,||	
?:	最低级

【例 3-10】 简单的操作符运算。

```
a = 4'b1000    b = 4'b0111
① !(a>b) = !(TRUE) = FALSE
```

(a＞b) || (a == b) = TRUE || FALSE = TRUE
② a || b = (1 | 0 | 0 | 0)||(0 | 1 | 1 | 1) = TRUE || TRUE = TRUE
③ a && b = (1 | 0 | 0 | 0)&&(0 | 1 | 1 | 1) = TRUE && TRUE = TRUE
④ !a || ~b = !(1 | 0 | 0 | 0)||~(0 | 1 | 1 | 1) = FALSE || FALSE = FALSE
⑤ !a && &b = ! (1 | 0 | 0 | 0)&& (0 | 1 | 1 | 1) = FALSE && FALSE = FALSE

3.7 操作数

操作数有许多种，包括常数、参数、线网变量、寄存器变量、向量、存储器单元以及函数的返回值等。

采用操作数进行运算时需要考虑操作数的极性。线网和一般寄存器类型是无符号的，而十进制整数变量则有符号。当无符号数和有符号数一起进行运算时需要考虑极性。如 reg [4:0] A，令 A＝−5'd16/4，则 A 为 60，而不是−4，因为−4 的补码低 6 位为 11_1100，若 A 为整数变量，则 A＝−4。

3.8 参数指令

参数指令(parameter)在 Verilog HDL 中是一个很重要的概念，通常出现在 module 里面。有时候在一个系统设计中，把所有的全局参数定义在一个文本文件中，通过 'include 来调用。常用于定义状态机的状态、数据位宽、延时大小等。

【例 3-11】 参数定义示例。

```
parameter CURRENT_STATE = 4'B1001;
```

与 parameter 可以灵活改变的特性相反，在 3.9 节将会提到另外一种全局定义变量 'define，它是用来进行全局定义的。一旦定义将不能改变，这是他们最大的不同。

3.9 编译指令

Verilog 语言采用了一些编译指令来实现某些特定的编译。它们主要有：定义宏('define、'undef)、条件编译指令('ifdef、'else、'endif)、文件包含('include)、时间单位和精度定义('timescale)等。

在每个模块前面加一个 'timescale 编译指令，可以确保在仿真时延时信息按照 timescale 所指定的时间单位和精度进行编译，直到遇到下一个 'timescale 或者 'resetall 指令为止。

'timescale 的格式为："timescale 1ns/100ps"不要改这个，表示延时单位为 1 ns，精度为 100 ps。

'define 表示定义宏。

【例 3-12】 采用 'define 定义一个总线宽度为 8 的总线。

```
'define DATA_BUS 8
  reg ['DATA_BUS-1:0] Data;
```

'define 是一个全局变量，可以被多个文件采用，直到运行到 'undef 为止。

条件编译指令的格式一般如下：

```
'ifdef  NORMAL
    parameter A = B;
'else
    parameter A = C;
'endif
```

如果宏 NORMAL 事先已经被定义好，则编译器会执行"parameter A＝B;"语句，否则执行"parameter A＝C;"语句。

系统设计者可以事先将系统设计的一些全局变量或者通用的定义用一个文件的形式保存起来，然后在需要时通过使用 'include 指令嵌入到某个文件中，这样这个文件就可以调用 'including 指令所指定的文件内容。

3.10 系统任务和系统函数

Verilog 中预先定义有很多种系统任务和函数，用来完成一些特殊的功能。包括：

1. 显示任务(display task)

显示任务用于信息的显示和输出，它将特定信息输出到标准输出设备，其基本语法结构如下：

```
task_name (format_specification,argument_list1);
```

显示任务有许多种编译指令，具体如表 3-6 所列。

表 3-6 显示任务编译指令基本信息表

编译指令类型	编译指令			
显示任务编译指令	$display	$displayb	$displayh	$displayo
写入任务编译指令	$write	$writeb	$writeh	$writeo
探测任务编译指令	$strobe	$strobeb	$strobeh	$strobeo
监视任务编译指令	$monitor	$monitorb	$monitorh	$monitoro

各类编译指令的用途各有不同，在此仅就显示任务编译指令 $display 稍作解释。其余编译指令不再一一详述，具体应用可以参考 Verilog HDL 语言相关规格书，如：IEEE - SA Standards Board IEEE Standard Verilog® Hardware Description Language 17 Match 2001。

$display 用来显示变量值、字符串等信息，常用于 Verilog HDL 断言，其基本格式如下：

```
$display("At time =  %t, System is OK/n", $time);
```

当系统运行到这个语句时，会显示当时的实时时间如下(假设为 50.002 ns)：

At time = 50.002 ns, System is OK

2. 文件输入/输出任务(File I/O task)

文件的输入/输出任务主要分为三部分：文件的打开和关闭，文件的数据读取，文件的输出。文件的打开和关闭常采用 $fopen 和 $fclose 两个关键字来表示。$fopen 和 $fclose 是

一起配合使用的,表示打开一个文件和关闭一个文件,其基本格式如下:

```
//打开一个文件
integer file_point = $fopen(file_name);
//关闭一个文件
$fclose(file_point);
```

一旦打开一个文件,就需要对文件进行操作,一般有两种方式:一种是把监视探测到的信息写入文件,另外一种是从文件中读取数据,数据一般从文本文件中读取并将其保存到存储器中。第一种方式与显示任务相似,它也分为显示、写入、探测和监控系统任务,只是这些任务最终会把数据显示到文件中去,因此需要一个文件指针,具体的系统任务编译指令如表 3-7 所列。

表 3-7 文件输入指令基本信息表

系统任务编译指令类型	系统任务编译指令			
文件显示任务	$fdisplay	$fdisplayb	$fdisplayh	$fdisplayo
文件写入任务	$fwrite	$fwriteb	$fwriteh	$fwriteo
文件探测任务	$fstrobe	$fstrobeb	$fstrobeh	$sfstrobeo
文件监控任务	$fmonitor	$fmonitorb	$fmonitorh	$fmonitoro

$readmemb 和 $readmemh 用来从文件中读取数据。文本文件包含空白空间、注释以及二进制或十六进制数字。数字与数字之间用空白空间隔离。开始地址对应于存储器最左边的索引,如"$readmemb("Read_mem_file.dat",data_reg);"。

例 3-13 是一个典型的文件输入/输出任务示例,Data_OUT 为定义的文件指针,首先打开一个名为 Data_OUT.txt 的文本文件,然后向文件中显示实时的数据,最后仿真结束后关闭文件。系统仿真完成后,会自动生成一个 Data_OUT.txt 文本文件,打开文件可以从读到如下信息(假设系统在 100.00 ns 被关掉):

At time 100.00ns, Systemis off

【例 3-13】 文件的输入/输出任务操作示例。

```
integer  Data_OUT;
    Data_OUT = $fopen("Data_OUT.txt");
    $fdisplay(Data_OUT,"At time %t, System is off/n", $time);
    $fclose(Data_out);
```

3. 时间标度任务(timescale task)

时间标度任务 $printtimescale 用来给出指定模块的时间单位和时间精度,基本格式如下:

$printtimescale(模块路径);

时间标度任务 $timeformat 则用来指明%t 格式定义如何报告时间信息,其基本格式如下:

$timeformat(unit_number,perision,suffix,numeric_field_width);

具体参数定义请参考 IEEE-SA Standards Board IEEE Standard Verilog® Hardware

Description Language 17 Match 2001 等相关资料和手册。

4. 模拟控制任务(simulation control task)

模拟控制任务主要有两个系统任务：$finish 和 $stop。它们之间主要的不同在于$finish 是强迫模拟器退出，并将控制权返回给操作系统，而$stop 仅仅是模拟被挂起，模拟器不会被强迫退出，交互命令可以被送往模拟器。

5. 时序验证任务(timing check task)

时序验证任务主要用来检测并报告信号的各种时序是否满足系统要求，包括建立时间、保持时间、时钟周期等。具体的系统任务如下：

表 3-8 时序验证任务基本信息表

任务类型	系统任务	实 例
建立时间	$setup	$setup(D, posedge clk, 1,0);
保持时间	$hold	$hold(posedge clk, D, 0.1);
建立保持时间	$setuphold	$setuphold(posedge clk,D,1,0,0.1);
脉宽限制	$width	$width(negedge clk, 0.0, 0);
周期检查	$period	$period(negedge clk, 1.2);
偏斜	$skew	$skew(negedge clk, D, 0.1);
时钟与置位、复位信号之间的时序约束	$recovery	$recovery(posedge clk,reset, 0.1);
基准事件区间数据变化检测	$nochange	$nochange(negedge rst, dat,0,0);

6. 实数变换函数(conversion functions for real)

DSP 建模时经常需要进行数字类型变化，在 Verilog HDL 语言中一般采用如下的系统任务建模。

表 3-9 实数变换函数基本信息表

实数变换函数	说 明
$rtoi	截断小数值将实数变换为整数
$itor	将整数变换为实数
$realtobits	将实数变为 64 位的实数向量表示法
$bitstoreal	将位模式变为实数

7. 概率分布函数(probabilistic distribution function)

概率分布函数一般用来产生一系列随机数来验证系统的功能是否正确。概率分布函数一般采用$random(seed)，根据种子变量 seed 的取值，按 32 位的有符号整数形式返回一个随机数。

3.11 实例 1：串并转换程序设计

串行信号转换成并行信号或者并行信号转换成串行信号是 CPLD/FPGA 中经常要使用

第3章 Verilog HDL 语法基础

的程序,特别是在 I/O 引脚数量特别少或者传输速度达不到系统要求时,串并转换是解决这种问题的最好方式。本例将把 16 位宽的并行数据转换成串行数据输出,同时把输入的串行数据转换成 16 位宽输出。下面的 Verilog HDL 代码具体讲述怎样进行这个简单的串并转化设计。

```verilog
//模块定义与声明
module Ser_Par
#(parameter PARALLEL_WIDTH = 16)(
    CLK,
    load_n,
    parallel_in,
    parallel_out,
    serial_in,
    serial_out,
    reset_n);
//模块端口声明与注释
    input CLK;                                      //输入时钟信号
    input load_n;                                   //异步并行的 load 信号
    input [PARALLEL_WIDTH-1:0] parallel_in;         //并行输入信号
                                                    //位宽为 PARALLEL_WIDTH
    input serial_in;                                //数据右移到最高位
    input reset_n;                                  //全局复位信号
    output reg [PARALLEL_WIDTH-1:0] parallel_out;
    output serial_out;                              //数据右移,从最低位输出内部寄存器声明
    reg [PARALLEL_WIDTH-1:0] P_to_S;                //并行转串行移位寄存器
    reg [PARALLEL_WIDTH-1:0] S_to_P;                //串行转并行移位寄存器 16 位并行信号转
                                                    //换为 1 位串行数据输出的代码
////////////////////////////////////////////////////////////////////////////////
//     并行转串行功能实现                                                       //
////////////////////////////////////////////////////////////////////////////////

    always @(posedge CLK) begin
        if(!load_n) begin                           //载入并行数据
            P_to_S <= parallel_in;
        end
        else begin                                  //数据右移
            P_to_S <= {serial_in,P_to_S[PARALLEL_WIDTH:1]};
        end
    end
    assign serial_out = P_to_S[0];                  //数据从最低位输出

//1 位数据信号转换为 16 位宽的并行信号的代码表述
////////////////////////////////////////////////////////////////////////////////
// 串行信号转并行功能实现                                                       //
////////////////////////////////////////////////////////////////////////////////

    always @(posedge CLK)
```

```
        begin
            if(!reset_n)
                S_to_P <= {PARALLEL_WIDTH{1'b0}};
            else
                S_to_P <= {S_to_P[PARALLEL_WIDTH-2],serial_in};
        end
    always @(negedge load_n)
      begin
          if(!load_n)
              parallel_out <= {PARALLEL_WIDTH{1'b0}};
          else
              parallel_out <= S_to_P;
      end
endmodule
```

采用 Quartus II7.0 进行综合编译后,它的 RTL 线路如图 3-2 所示。经分析可知,上述程序很好地完成了串并转换的过程。

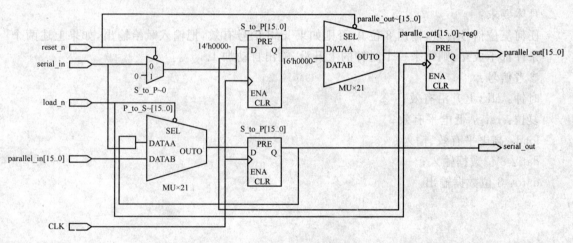

图 3-2　采用 Quartus II 7.0 编译后的 RTL 线路图

3.12　本章小结

本章主要介绍了 Verilog HDL 语言的基本语法、基本结构、常量与变量、系统任务与系统函数等。需要指出来的是,本章主要说明的是一些常用的指令,并不是 Verilog HDL 中所有语法的集合。读者如有兴趣,可以直接参考文档:IEEE-SA Standards Board IEEE Standard Verilog® Hardware Description Language 17 Match 2001。

3.13　思考与练习

1. Verilog HDL 语言的基本结构是什么?

第 3 章　Verilog HDL 语法基础

2. 指令 parameter 与 `define 有什么不同？
3. "逻辑与"与"按位与"有什么不同？
4. 计算下列表达式的值：
   a) 0010 & 0110；
   b) 0110 | 1010；
   c) ~0101。
5. 计算下列表达式的值：
   a) 0010 && 0110；
   b) 0110 || 1010；
   c) ~0101。
6. $display 与 $monitor 有什么区别？
7. $fdisplay 与 $fmonitor 有什么区别？
8. 使用连接复制操作符需要注意哪些方面？
9. 相等操作符与全等操作符的区别在哪些方面？
10. 试采用 Verilog HDL 语言编写一个带预置的异步复位的 8 位计数器。

    具体要求：

    任何复位信号有效，输出 8 位 0，否则如果 load 信号有效，把输入赋给输出，如果上述两个条件都不成立，则每来一个时钟的上升沿，输出自动加 1。

    参考信号：

    时钟：clk，上升沿有效；

    复位：rst_，低电平有效；

    load：高电平有效、输入；

    dati：8 位数据输入；

    dato：8 位数据输出。

第 4 章

Verilog 的描述与参数化设计

第 3 章简单讲述了 Verilog HDL 的三种描述方式,本章将重点讲述这三种描述的方式和特点,以及怎样进行参数化设计。本章主要内容如下:
- 数据流描述;
- 行为级描述;
- 结构化描述;
- 参数化设计。

4.1 数据流描述

首先我们来观察例 4-1,本例主要是采用 Verilog HDL 语言来描述一个一位的全加器,从数字逻辑中我们知道,一位全加器的和就是输入和前一级进位的"异或",而它本身的进位则是输入相"与"后与输入相"异或"后再与前一级进位相"与"后再"异或"的结果,其基本逻辑电路如图 4-1 所示。采用 Verilog HDL 语言进行描述,我们把示例中的端口和模块定义声明除开,可以清楚地看到整个执行语句部分对和、进位的处理都是用 assign 语句。而通过综合编译过后的 RTL 线路可以看出,生成的全部都是一些与或非逻辑,并且符合一位全加器的要求。

【例 4-1】 一位全加器的 Verilog 设计。
① 设计目标:一位全加器数字逻辑图。

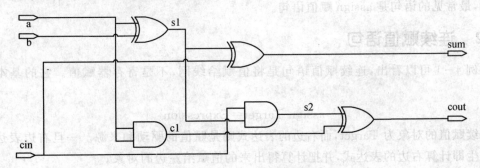

图 4-1 一位全加器数字逻辑示意图

② 一位全加器的 Verilog HDL 代码设计。

```
//本例为 1 位全加器的设计,采用数据流描述
module one_bit_full_adder(sum,cout,a,b,cin);
//数据声明部分
input a,b,cin;
```

```
output sum,cout;
wire s1,s2,c1;
//数据流模型---连续赋值状态
assign s1 = a^b;
assign c1 = a&b;
assign sum = s1^cin;
assign s2 = s1 & cin;
assign cout = s2^c1;
endmodule
```

③ 图 4-2 为采用 Quartus II 7.0 综合后形成的逻辑示意图。把该图与期望的设计目标相比较,可见整个设计逻辑完全正确。

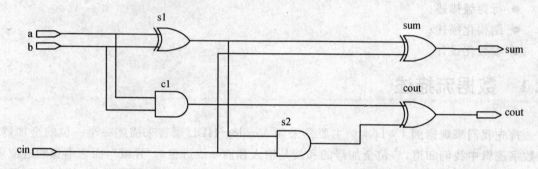

图 4-2　采用 Quartus II 7.0 综合后形成的逻辑图

4.1.1　数据流

在数字电路中,信号经过组合逻辑就像数据在流动,没有任何存储,当输入发生变化时,输出也会在一定的延时后发生相应的变化,当然这个延时有长有短。这样的建模方式就是数据流建模,最常见的语句是 assign 赋值语句。

4.1.2　连续赋值语句

从例 4-1 可以看出,连续赋值语句是将值赋给线网,不是寄存器赋值。它的基本格式如下:

$$\text{assign Target}=\text{Expression}$$

连续赋值的对象为 Target,而右边的表达式则是赋值的驱动和来源。一旦右边表达式有事件发生即计算右边的表达式,并把计算得出来的值赋给左边的对象。

连续赋值语句和行为语句块、例化模块或者其他的连续赋值语句之间是并行的。也就是说,每一个连续赋值语句都是一个独立的进程,它们之间是并行关系,不会因为在代码中的设置谁在上谁在下而有所改变。

连续赋值语句有时候也采用线网说明赋值,直接作为线网声明的一部分,这样就隐去了 assign 关键字,如例 4-2 所示。

【例 4-2】　线网说明赋值示例。

```
wire A = (B ^ C) | (B & D);
```

实际上等效为:

```
wire A ;
assign A = (B ^ C) | (B & D);
```

连续赋值语句中的赋值对象不能被多重驱动。例 4-3 是一个典型的多重驱动赋值的错误示例,Mlt_D 两次被驱动,属于多重驱动赋值,综合时会报告错误,仿真时将会直接赋值 X。

【例 4-3】 多重驱动赋值示例。

```
module multi_drive(
    A,B,C,D,Mlt_D);
    input A,B,C,D;
    output Mult_D;
    assign Mult_D = A & B;
    assign Mult_D = C ^ D;
endmodule
```

连续赋值语句还可以采用有条件的连续赋值形式,其基本格式如下:

```
assign Variable = Test Condition ? True_logic: False_Logic;
```

如果 Test Condition 成立,则计算 True Logic 表达式,并把计算结果赋给 Variable 变量,否则计算 False Logic,并把其值赋给左边的变量。

条件赋值语句还可以级联,其基本形式如下:

```
assign sign_out = Cond_A? (Cond_B? sigB0: sigB1):(Con_C? sigB2:sigB3);
```

通常情况应该尽量避免采用级联的条件赋值语句,因为它可能会生成一些冗余或者无效的代码,也会使可读性变差。替代方案就是采用并行的 case 语句,如例 4-4 所示。

【例 4-4】 级联赋值示例及综合后的代码。

```
assign sign_out = Cond_A ? sigA: Cond_B? sigB:
                  Cond_C ? sigC: Cond_D? sigD:sigE;
```

综合后的形式为:

```
sig_out = (Cond_A and sigA) OR
          (NOT Cond_A and Cond_B and sigB) OR
          (NOT Cond_A and NOT Cond_B and Cond_C and sigC) OR
          (NOT Cond_A and NOT Cond_B and NOT Cond_C and Cond_D and sigD) OR
          (NOT Cond_A and NOT Cond_B and NOT Cond_C and NOT Cond_D and sigE)
```

如果采用 case 语句则会很简捷,可读性也会提高很多。

```
casex ({Cond_A, Cond_B, Cond_C, Cond_D})
  4'b1xxx: sign_out = sigA;
  4'b01xx: sign_out = sigB;
  4'b001x: sign_out = sigC;
  4'b0001: sign_out = sigD;
```

```
4'b0000: sign_out = sigE;
default: sign_out = sigE;
endcase
```

4.1.3 延时

真实的世界中任何逻辑元件都会有延时,但是如果不在连续赋值语句中显式定义延时,则右边的表达式的值会立即赋给左边的表达式,延时为 0。如果要定义延时则需要显式定义如下:

```
assign #3 portA = input_B;
```

当右边表达式 input_B 发生变化时,需要计算出结果等待三个延时单位后才赋给 port_A。

另外信号的边沿跳变的延时往往不一样,在 Verilog 语言中同样可以建模如下,包括上升延时、下降延时、关闭延时以及变成 x 的延时。

```
assign #(1,2) A = B·C;
```

表示上升延时为 1 个单位,下降延时为 2 个单位,关闭延时和变成 x 的延时为两者中的最小值 1 个单位。

```
assign #(1,2,3) A = B·C;
```

表示上升延时为 1 个单位,下降延时为 2 个单位,关闭延时 3 个单位,变成 x 的延时为三者中的最小值,即 1 个单位。

```
assign #(3:4:5,4:5:6) A = B·V;
```

这是另外一种延时建模的方式,因为即使是上升延时,事实上它也存在着最大值、最小值,这个模型可以表示出其关系,采用"min:typ:max"的格式来表示。这样,上例的最小的上升延时为 3 个单位,最大为 5 个单位,典型值为 4 个单位,而下降延时最小为 4 个单位,最大为 6 个单位,典型值为 5 个单位。

需要注意的是,这些延时只能在仿真中有效,在综合语句中是被忽略的,也就是说人为定义的延时在实际生成的逻辑电路中是不会体现出来的。

4.2 行为级描述

行为级描述是采用硬件描述语言来描述电路的行为。它所描述的对象即被赋值的对象,必须定义为 reg 型。它有两种表现形式:一种是 always 语句,另外一种是 initial 语句。always 语句是总在运行的语句,一旦敏感事件被触发就会被执行,而 initial 语句只能执行一次。

4.2.1 initial 赋值语句

initial 语句在仿真 0 时间就开始运行,并且只能执行一次,它不能被综合,只能用来仿真,一般用来作为信号的初始化。它的基本格式如下:

```
initial #time procedural_statement;
```

#time 可以默认,表示为仿真从时刻 0 开始就执行 procedural_statement,如例 4-5 所示。Procedural_statement 有多种语句来表示,包括阻塞和非阻塞语句、wait 语句、case 语句、循环语句、begin...end 语句、fork...join 语句等。

【例 4-5】 initial 赋值示例。

```
reg cs;
reg ns;
//模块例化
......

//初始化开始
initial
  begin
      cs = 4'b0000;
      ns = 4'b0000;
      #2 ns = 4'b0001;
      cs = ns;
  end
```

4.2.2 always 赋值语句

always 语句不像 initial 语句只能执行一次,只要敏感事件一直有效它就可以一直执行。因此它一般用来实现一些具体的逻辑电路功能。也就是说,它不仅可以用于仿真,而且也用于可综合的逻辑。它不一定在仿真开始就运行,只有当它的敏感变量有效时才开始动作。

它的基本格式如下:

```
always @(event or event or ...)
  begin
      statement1;
      statement2;
      ......
      statementn;
  end
```

关键字 always 后面的"@(event or event or ...)"用来表示敏感事件,可以是电平,也可以是边沿,当然也可以没有敏感事件。从目前综合软件来看,不支持电平和边沿混合使用的情形。当有多个敏感事件时,敏感事件之间采用关键字"or"来连接。要让 always 里面的语句执行,必须使这些敏感事件中的任何一个敏感事件有效,否则就不会执行。

当 always 只带单条语句时,begin...end 封装语句可以省略掉,如:

```
always
  #5 clk = ~clk;
```

一旦后续的执行语句超过一句,就必须用 begin...end 进行封装,否则执行会有错误。

第4章 Verilog 的描述与参数化设计

尽管 always 语句中赋值的对象都会被定义成 reg 型,但是不代表所生成的电路就是触发器,它也可能生成锁存器或者 MUX。例 4-6 就是采用 reg 定义的变量来生成 MUX 的情形。

【例 4-6】 采用 reg 定义的变量生成 MUX 情形。

```
input a;
input b;
input s;
output reg x;
    always @(a or b or s)
begin
    if(!s)
        x = a;
    else
        x = b;
end
```

上例中 s 为选择的使能信号,通过 s 来选择是把 a 还是 b 赋给 x 输出。它等效于"assign x=(!s) ? a: b;"。图 4-3 为综合后所生成的图形。另外需注意的是,生成 MUX 时,它的敏感事件为电平,采用阻塞赋值"="而不采用非阻塞赋值"<="。

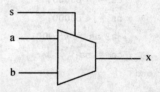

图 4-3　reg 型变量的 Mux 示意图

有很多方式来生成锁存器,例 4-7 表示生成锁存器的情形之一。

【例 4-7】 采用 reg 定义的变量生成的锁存器。

```
input enable;
input d;
input rst;
output reg q;

always @(enable or d or rst)
    begin
        if(rst)
            begin
                q <= 0;
            end
        else
            if(enable)
                q <= d;
    end
```

比较上面一段程序会发现它和生成 MUX 的程序很相似:敏感事件同样是电平,不同的是在敏感事件为电平的情况下,采用的赋值方式为"<="而不是"=",另外条件判断语句不完整——第二个 if 语句没有相对的 else,因此生成了锁存器。事实上锁存器有很多种,有些隐藏得很深。大多数情况下锁存器并不是我们所需要的,因而在写程序时需要特别小心。图 4-4 为上个程序综合后所生成的逻辑电路。

例 4-8 则是生成触发器的一种情形。

【例 4-8】 采用 reg 生成触发器的情形。

```
always (posedge clk)
  begin
    q <= d;
  end
```

图 4-5 为对应生成的触发器。

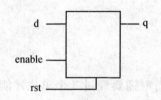
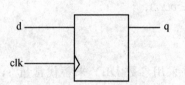

图 4-4 if…else 语句不完整所产生的锁存器示意图　　图 4-5 触发器示意图

可见生成触发器的情形与生成 MUX 和锁存器不同,它至少需要三个条件:一是必须是采用 always 语句所描述的逻辑;二是输出必须定义为 reg 型;三是敏感事件中至少有一个是采用边沿触发的时钟信号。

4.2.3 时序控制

所谓时序控制就是说事件如果要发生就必须在一定的事件发生后或者经过指定的延时后才能进行,否则只能等待。行为级描述的时序控制可以分为不同种类,根据时序敏感事件的不同可以分为延时控制和事件控制;根据时序敏感变量出现在表达式中的位置可以分为语句间时序控制和语句内延时控制。

延时控制采用 # 的方式来进行延时控制,其基本格式是:

Edelay procedural_statement

【例 4-9】 采用 # 方式进行延时控制的程序。

```
initial
  begin
    a = 0;
    #2   a = 1;
    #10  a = 0;
  end
```

例 4-9 中一旦仿真开始,a 就被赋值 0,经过 2 个延时单位 a 被赋值 1,在 2 个时间单位之内 a 值一直为 0,然后再经过 10 个单位,a 值重归于 0 并保持不变。在这段时间之内 a 值一直为 1。图 4-6 为其生成的波形。

延时有许多种表现形式,不一定需要写常量,它可以采用参数化定义,也可以采用表达式来表现。

图 4-6 采用#的方式的延时控制波形示意图

【例 4-10】 采用参数定义延时。

```
parameter DLY 3;
initial
   #DLY   a = 1'b1;
```

例 4-10 采用参数 DLY 来替代常量 3，当程序执行时需要经过 3 个单位才能给 a 赋值 1，否则一直为未定态。

【例 4-11】 采用表达式定义延时。

```
parameter PERIOD 10;
always
   #(PERIOD/2)   CLK = ~CLK;
```

例 4-11 采用表达式来表示延时，生成一个周期为 10 个单位的时钟信号。

如果延时是 x 或 z，那么程序会将它当成零延时处理。如果延时为负值，则程序运行时会采用它的补码进行延时。

延时控制可以在语句内，也可以在语句间进行。在表达式的右边定义延时的表示语句内延时，如：

```
Occur =  #10   1'b1;
```

这个语句表示先计算右边表达式的值，然后进入 10 个单位的等待时间，等待时间结束后就把计算值赋给左边。这个相当于模拟元件输入/输出之间的延时情况。

下面的语句则表示语句间延时的情况：

```
Occur = 1'b0;
#10 Occur = 1'b1;
```

当仿真开始时，Occur 被初始化为 0，然后进入等待时间，经过 10 个单位后 Occur 被赋值 1。

从上面两个小例子分析可知，语句间延时和语句内延时本质是不一样的延时：一个侧重于元件内延时，一个侧重于事件发生的先后顺序。

注意：延时控制只能用于仿真程序中建模，不能生成实际的延时，也就是不能被综合。

事件控制采用@或者 wait 语句来执行时序控制。它又分为边沿触发事件控制和电平敏感触发事件控制。

边沿触发敏感控制采用"posedge"和"negedge"分别表示信号的正沿和负沿。在 Verilog HDL 语言中，正沿的转换有如下几种：

0→1
0→x
0→z
x→1
z→1

负沿的表现方式则相反,它们是:

1→0
x→0
z→0
1→x
1→z

边沿敏感事件控制的一般形式为:

@event procedural_statement;

它只有在 event 的有效边沿到来时才会真正执行,否则就一直等待,如例 4-12 所示。

【例 4-12】 边沿敏感事件控制示例。

```
initial
  begin
    @(posedge clk)
      q1 = d;
    @(negedge clk)
      q0 = d;
  end
```

当 clk 上升沿到来时 q1 才被赋 d 值,否则就一直在等待;当 clk 的下降沿到来时 q0 才被赋 d 值,否则就一直等待。

敏感事件可以不止一个,它们可以有多个,通过"or"来连接,表示任意一个敏感事件有效时就会执行后续的语句。但是需要注意的是不能让同一敏感事件的上升沿和下降沿同时出现在敏感事件列表中。另外不要让边沿事件和电平事件同时出现在敏感事件列表中,如:

@(posedge clk or negedge rst_)

正如延时控制一样,边沿敏感控制也分为语句内边沿敏感控制和语句间边沿敏感控制。如"Q=@(posedge clk) d;"为语句内控制——强调的是元件的输入/输出在 clk 下的控制。而语句间控制则强调在边沿事件触发下发生的事件,如:

@(posedge clk)
  Q <= d;

电平敏感触发事件采用 wait 语句来表示,只有 wait 后的条件有效才会执行相关的过程语句,其格式如下:

wait(condition)
procedural_statement;

过程语句只有等待条件为真时才能执行，否则就一直等待。例 4-13 采用的就是电平敏感触发。

【例 4-13】 电平敏感触发控制事件示例。

```
wait(system_pwr_ok)
   rst_ = 1'b1;
```

需要注意的是，wait 语句只有在仿真时才有效，不能用于综合语句。

4.2.4 语句块

语句块是相对于单个语句而言的。它是将两条或者两条以上的语句组合成语法结构上相当于一条语句的机制。在 Verilog 中有两种不同的语句块：并行语句块和顺序语句块。

语句块可以有标识符，也可以没有标识符。标识符的作用主要有两个：一是语句块内部声明的变量不影响到语句块外，例如在语句块外声明一个整型变量"integer j"，同样在语句块里面也声明一个相同的整型变量"integer j"——这两个变量是不同的变量；二是带有标识符的语句块也可以被调用。

1. 顺时语句块

顺序语句块，就是说它封装里面的语句是按顺序来执行的，前一条语句执行完，下一条语句继续执行。顺序语句块采用 begin...end 的形式来实现其功能，例 4-14 采用 begin...end 实现顺序语句块如下。

【例 4-14】 采用 begin...end 实现顺序语句块示例。

```
begin
   #2   a = 0;
   #5   a = 1;
   #1   a = 0;
   #3   a = 1;
end
```

从程序上看，这是一个顺序语句块程序，先执行 begin 后的第一句，也就是等待 2 个时间单位把 a 清 0，接着等 5 个时间单位后置 1，然后等待 1 个时间单位清 0，最后等待 3 个时间单位置 1。执行完这段程序需要 2+5+1+3=11 个时间单位。产生波形如图 4-7 所示。

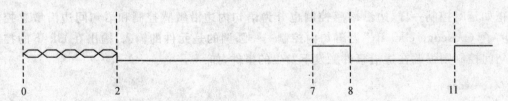

图 4-7 顺序语句块的波形图

人们有可能会发觉，不是说硬件描述语言最大的特征就是并行性吗？为什么又说是顺序执行呢？这并不违背硬件描述语言的特点。顺序语句块与顺序语句块之间是并行执行的。而顺序语句块本身从结构上来看就是一条语句的功能，所以不要混淆它们之间的概念。

2. 并行语句块

并行语句块是相对于顺序语句块而言的，它封装内的语句并行执行——不会与语句的位置有关系，都是从零时刻开始运行。它的基本结构是 fork...join。同样，例 4-15 可以解释并行语句块和顺序语句块之间的不同。

【例 4-15】 采用 fork...join 实现并行语句块示例。

```
fork
    #2  a = 0;
    #5  a = 1;
    #1  a = 0;
    #3  a = 1;
join
```

与例 4-14 一样，例 4-15 采用同样的语句，只是 begin...end 结构换成了 fork...join 结构。它的执行情况是：首先寻找最先执行的语句，也就是等待延时最短的语句——"#1a=0;"，所以首先在等待 1 个时间单位后 a 被清 0；系统继续执行，再等待 1 个时间单位后，执行"#2a=0;"语句——a 继续为 0；继续等待 1 个时间单位，执行"#3a=1;"语句——a 被置 1；最后再等待 2 个时间单位执行"#5a=1;"语句——a 继续保持为 1。这样执行完这段程序总计需要 5 个时间单位，也就是最长的延时。图 4-8 为其生成的波形。

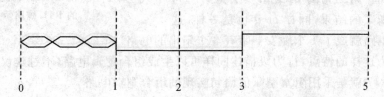

图 4-8 并行语句块波形示意图

在 Verilog HDL 语言中，顺序语句块和并行语句块可以混合使用，不过不建议这样使用。

4.2.5 过程赋值语句

数据流描述采用的是连续赋值语句，而行为级描述采用的是过程赋值语句。连续赋值语句一般是出现在一个模块内，而过程赋值语句一般出现在 always 语句或者 initial 语句中。连续赋值语句之间，或者连续赋值语句与其他功能语句之间是并行执行的，而过程赋值语句执行时会与周围的其他语句有关。连续赋值语句驱动的是线网型变量，而过程赋值语句驱动的是寄存器型变量。从另一层面来说，连续赋值语句和过程赋值语句没有孰优孰劣，只是应用的领域不同而已。

过程赋值语句一般有两种：一种是阻塞型赋值语句，另外一种是非阻塞型赋值语句。

1. 阻塞型赋值语句

阻塞型赋值语句采用"="赋值，一般的表现形式为：

寄存器变量 = 表达式；

阻塞型赋值语句是顺序执行语句，它的每种状态执行是一个接一个的执行，而不是同时执行。我们先观察例 4-16。在本例中设计者本意是想采用触发器的方式设计一个延时来使

第 4 章 Verilog 的描述与参数化设计

dreg 的输出比 areg 慢 3 个时钟节拍,但是结果是 dreg 的输出只比 areg 慢 1 个时钟节拍输出,形成的逻辑电路如图 4 - 9 所示。

【例 4 - 16】 阻塞赋值设计实例。

```
// breg, creg, dreg are related.
reg breg, creg, dreg;
always @(posedge clk)
   begin
      breg = areg;
      creg = breg;
      dreg = creg;
   end
```

分析例 4 - 16 的程序,可以看到在 clk 的作用下,程序先从 begin 后的第一句开始执行,把 areg 计算出来的值立即赋给 breg,然后立即执行第二句——把 breg 里面的值赋给 creg,同样最后把计算出来的 creg 的值赋给 dreg。因为是顺序执行的,所以必须先执行第一句,才能执行第二句,最后执行第三句语句。第二句的 breg 事实上是第一句语句作用后更新了的结果,同样 creg 也是一样,这样形成的逻辑电路就成了 1 个触发器带有 3 个扇出的电路。

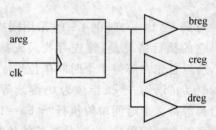

图 4 - 9 阻塞赋值代码及所生成的 RTL 线路示意图

也正是因为这样的特点,行为级描述同样可以生成组合逻辑电路,不过建议采用阻塞型赋值语句。例 4 - 17 就是采用阻塞型赋值语句实现的组合逻辑电路。

【例 4 - 17】 采用阻塞型赋值语句实现组合逻辑电路。

```
wire a,b,c;
reg temp,q;
always @(a or b or c)
   begin
      temp = a & b;
      q = temp | c;
   end
```

生成的组合逻辑如图 4 - 10 所示。

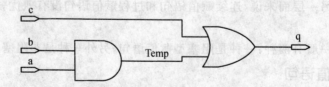

图 4 - 10 采用 always 语句生成的组合逻辑示意图

例 4 - 18 是采用阻塞赋值的一个程序,我们采用 Syplify pro 来具体看阻塞赋值后综合的结果,从图 4 - 11 中可以清楚地看到阻塞赋值的结果是多个信号同时输出。

【例4-18】 完整的阻塞赋值设计实例。

```verilog
//本例采用阻塞赋值实现数据输出
module syn_ctl
(clk,
 sreg,
 A);
input clk;
input A;
output [3:0] sreg;
reg [3:0] sreg;
always @(posedge clk)
  begin
        sreg[0] = A;
        sreg[1] = sreg[0];
        sreg[2] = sreg[1];
        sreg[3] = sreg[2];
  end
endmodule
```

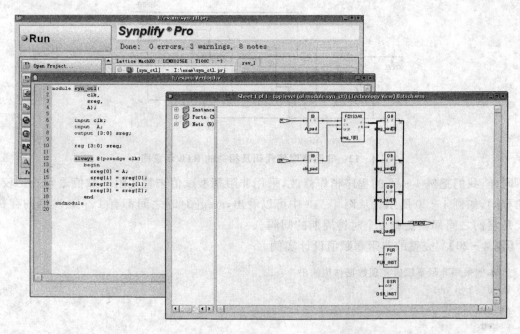

图4-11 采用Synplify pro综合后的阻塞赋值线路图

2. 非阻塞型赋值语句

非阻塞型赋值语句采用"<="赋值,一般的表现形式为:
寄存器变量 <= 表达式;
非阻塞型赋值语句采用并行赋值语句——当执行该语句时,同时计算右边的表达式,而且不会立刻把值赋给左边的变量,一般要在后期才会执行。与阻塞赋值不同的是,在被所有 begin…end 封装的顺序语句块中如果有多个非阻塞型赋值语句,前一个赋值语句并不会阻塞后边的语句执行,它们之间相互独立,同时执行。我们先观察例 4-19,和阻塞赋值的例子很相似,只是把赋值语句换成了非阻塞赋值语句,生成的逻辑电路完全不同。在 clk 的作用下同时计算 areg、breg、creg 的值,再同时赋给 breg、creg、dreg。这样在同一个 clk 的作用下赋给 creg 的 breg 是原来值,而在 clk 作用以后 breg 才会被赋予 areg 的值。这样就生成了三个触发器组成的电路。

【例 4-19】 非阻塞赋值设计实例。

```
// breg, crge, dreg are related.
    reg brge, creg, dreg;
    always @(posedge clk)
      begin
        breg <= areg;
        creg <= breg;
        dreg <= creg;
      end
```

一般来说,在逻辑设计中都采用非阻塞型赋值语句来建模时序逻辑电路,如图 4-12 所示。

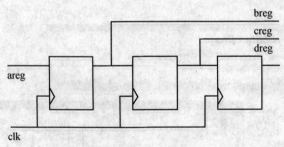

图 4-12 非阻塞赋值代码及相关的 RTL 示意图

同样,我们把例 4-18 的程序稍作修改,采用非阻塞型赋值来替代阻塞赋值语句并比较它们的不同,如例 4-20 所示。从图 4-13 中可以看出,sreg[3:0]之间都有 1 个触发器的存在,也就是它们之间都存在着 1 个时钟周期的间隔。

【例 4-20】 完整的非阻塞赋值设计实例。

```
//本例采用非阻塞赋值实现数据移位输出
module syn_ctl
(clk,
 sreg,
 A);

input clk;
input A;
output [3:0] sreg;

reg [3:0] sreg;

always @(posedge clk)
```

```
        begin
            sreg[0] <= A;
            sreg[1] <= sreg[0];
            sreg[2] <= sreg[1];
            sreg[3] <= sreg[2];
        end
endmodule
```

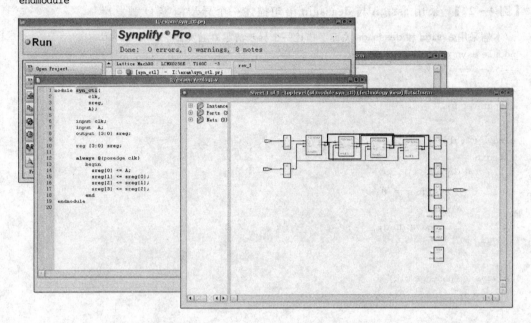

图 4-13 采用 Synplify pro 综合后的非阻塞赋值线路图

3. 过程赋值语句的本质

初学者甚至许多正在使用 Verilog HDL 语言的工程师经常会被阻塞型赋值语句和非阻塞型赋值语句弄得晕头转向。因此一般推荐的使用方式是,只要是为一个组合逻辑建模,就采用阻塞赋值;而要构建一个时序逻辑就采用非阻塞赋值。这样比较简单易记,会给设计者带来很多好处。不过有时候也需要根据电路的具体要求来确定是阻塞赋值还是非阻塞赋值。

对于阻塞赋值来说,它是严格按照顺序执行的,也就是说在 begin…end 语句块中,阻塞赋值语句摆放在不同的位置会出现不同的结果,需要严格确定它的位置。

对于非阻塞赋值来说,它分为两种事件:一是右边表达式的计算事件,属于活跃事件;二是左边的更新事件。而更新事件的优先等级会比其他的活跃事件和非活跃事件低。因此只有执行完其他事件后才会执行更新事件。

非阻塞赋值生成的一般都是触发器的行为。在非阻塞赋值语句中添加延时就相当于模拟它的时钟输入到数据输出之间的时间,即 T_{co}。

【例 4-21】 采用 Verilog HDL 的 T_{co} 建模。

```
always @(posedge clk)
    q <= #5 d;           //Tco is 5
```

需要注意的是,在语句块中不要混合使用阻塞赋值和非阻塞赋值语句,这样会在综合时出错。

4.2.6 过程性连续赋值语句

过程性连续赋值语句允许在赋值中的表达式被连续驱动到寄存器或者线网中。它分为两类:一类是是赋值与重新赋值语句,采用 assign 与 deassign 作为关键字,用来对寄存器赋值;另一类是强制与释放语句,采用 force 与 release 作为关键字,主要用来对线网赋值,但是也可以用于寄存器赋值。例 4-22 就是采用 assign 与 deassgin 语句描述一个异步清零 D 触发器。

【例 4-22】 采用 assign 与 deassgin 语句描述一个异步清零 D 触发器。

```
//本例采用 assign 和 deassign 关键字描述一个异步清零 D 触发器
module asyn_dff(clk,clr,d,q);

input clk,clr,d;
output reg q;

always @(clr)
  begin
    if(!clr)
        assign q = 0;
    else
        deassign q;
  end

always @(posedge clk)
  q <= d;

endmodule
```

采用 force 语句将覆盖之前线网所赋的值,直到 release 被执行为止。例 4-23 采用 force 与 release 语句描述的一个程序。

【例 4-23】 采用 force 与 release 语句描述的实例。

```
wire a;
xor #1 (a,b,c);
initial
  begin
    force a = e & f;
    #5
    release a;
  end
```

执行 force 语句使 a 的值覆盖来自门原语的值,直到 release 语句被执行,然后门原语重新有效。

4.3 结构化描述

结构化描述就是在设计中将现有的功能模块,诸如门原语、用户自定义原语(UDP)或者其他模块实例化,主要包括三种类型:实例化门、实例化 UDP 和实例化其他模块。而实例化 UDP 由于应用不广泛,且可以被实例化其他模块的方式被替代,所以本书不再介绍。

4.3.1 实例化门

实例化门就是通过对一些 Verilog HDL 自带的一些门原语,包括与门(and)、或门(or)、非门(not)等进行例化而实现其功能,这是最初级的结构化描述。例 4-24 就是采用实例化门的方式来实现一个半加器的程序。在这个例子中,和是通过一个异或门原语来实现的,而进位是通过一个与门原语来实现的。

【例 4-24】 采用实例化门的方式实现一个半加器的设计。

```
//本例采用采用 xor 和 and 等门原语来实现一位半加器
module HalfAdd(
            in_a,in_b,sum,co);
input in_a,in_b;
output sum,co;

xor u_xor(sum,in_a,in_b);
and u_and(co,in_a,in_b);

endmodule
```

4.3.2 实例化其他模块

Verilog 以模块为基本单元。每一个要被实例化的模块都必须有端口。一般来说端口有三种类型:输入端口、输出端口以及双向端口。输入端口的默认值是一个线网类型,输出端口可以是线网类型,也可以是寄存器型。而双向端口在模块内部默认为一个线网类型。当要实例化模块时,驱动被实例化模块的输入端口可以是寄存器型,也可以是线网型。与输出端口相连的一定是线网型,而与双向端口相连的必须是线网驱动,同时被它驱动的也是线网型。

模块实例一般采用如下形式:

```
module_name instance_name(port_association);
```

首先是被实例化模块的名称,紧跟着是实例化模块的名字,最后是端口关联。其中,最重要的是端口关联。模块可以多次被实例化,但是实例化的模块的名字必须是唯一的。

端口关联可以是隐式关联,也叫作位置关联;也可以是显式关联,也叫作名称关联。对于隐式关联来说,需要严格的位置对应,不能错位,否则关联错误。如需要实例化上面的半加器,则可以用以下的实例语句进行实例化:

```
HalfAdd u_HalfAdd(x,y,q,c_out);
```

这样 x 对应的就是模块中 in_a 端口,y 对应的是模块中 in_b 端口,q 对应 sum 端口,而 c_out 对应 co 端口。如果换成如下形式,则 x 对应的就是模块中 in_b 端口,y 对应的是模块中 in_a 端口:

```
HalfAdd u_HalfAdd(y,x,q,c_out);
```

显式关联的形式如下:

```
module_name instance_name(
  .port_name_internal(associate_name_external),
  ……
  .port_name_internal(associate_name_external)
  );
```

这样,名称关联与位置无关,把上面的例子换成显示关联如下:

```
HalfAdd u_HalfAdd(
      .in_a(x),
      .in_b(y),
      .sum(q),
      .co(c_out));
```

也可以换成下面的形式,同样可以实现。

```
HalfAdd u_HalfAdd(
      .in_a(x)
      .sum(q),
      .in_b(y),
      .co(c_out));
```

建议采用显式关联的方式来进行端口例化,特别是端口数量特别多的情况下,采用显式关联可以避免例化时出错误,还可以清楚地表示悬挂端口的设置,并且会增强代码的可读性。

模块实例化需要注意两点:第一点是悬挂端口的位置;第二点是模块内外的端口长度不一的处理。一般通过将端口表达式表示为空白来指定悬挂端口,如上层模块不需要进位标志,则显式实例化模块如下:

```
HalfAdd u_HalfAdd(
      .in_a(x),
      .sum(q),
      .in_b(y),
      .co());
```

隐式实例化模块如下:

```
HalfAdd u_HalfAdd(y,x,q,);
```

悬空的输入端口默认为高阻态,而悬空的输出端口则废弃不用。因此需要特别注意悬空的输入端口,一般不建议对输入端口悬空。如果的确不用,在不改变内部端口模块功能的前提下,强制设置 0 或 1,如内部逻辑为"与"功能时,悬空的端口可以强制设置为 1 值,如果为"或"功能,则强制设置为 0 值。

模块内外的端口长度不同时,默认情况下端口将通过右对齐的方式来进行匹配。我们先观察例 4-25。

【例 4-25】 端口长度不同时的模块例化。

```
module master(
input clk,
```

```
    input reset,
    input [2:0] dat_in,
    output reg all_zero_flag,
    output reg all_one_flag);
    wire [5:0] al;
    wire [1:0] bl;
    ……
    slave u_slave(.s_in(bl),
                  .s_out(al));
endmodule
module slave(
          s_in,s_out);
    input [5:0]s_in;
    output [2:0] s_out;
    ……
endmodule
```

在例 4-25 中输入端口高 4 位全部悬空,默认为高阻态,而外部关联的输出端口高 3 位将被截断。因此在有位宽限制的模块实例化中需要特别注意位宽的实例化,否则将会出现错误。

4.4 高级编程语句

Verilog HDL 从 C 语言中借鉴了许多的语句来实现一些高级功能的编程,通过这些语句来描述比较复杂的电路行为。

在 Verilog 系统中,高级编程语句主要分为以下 3 类:

① 条件判断语句:if...else;
② 多分支语句:case,casex,casez;
③ 循环语句:for,while,forever,repeat 等。

4.4.1 if...else 语句

if 语句的基本语法如下:

```
if(condition)
   procedural_statement1;
else
   procedural_statement2;
```

它是按照顺序执行的,表示当 if 后面所带的条件 condition 有效的时候,就执行 procedural_statement1,否则执行 procedural_statement2;一旦 if 后面的所带的条件有效,就不会执行 else 后的语句,所以 if...else 语句是有优先级顺序的。对于 procedural_statement 来说,它可以是单条语句,也可以是顺序语句块或者并行语句块。

根据优先编码的特性,可以在逻辑设计中把一些关键路径的级别提高,优先处理。如

第4章 Verilog 的描述与参数化设计

例 4-26 中我们设置 q=b 为最优先路径，一旦 a 有效就执行该路径。

【例 4-26】 设置 q=b 为最优先路径的程序设计。

```
always @(a or b)
  begin
    if(a)              //没有对应的else语句,因此数据会一直锁住
        q = b;
  end
```

if...else 语句可以被嵌套，嵌套的方式如下：

```
if(condition1)
  procedural_statement1;
else if(condition2)
    procedural_statement2;
    eles if(condition3)
    ...
        else
        procedural_statementn;
```

需要注意的是，多个 if...else 语句嵌套的时候，需要确定 if...else 对，两个紧密相连的 if...else 语句就是一个 if...else 对。每个 else 都会对应一个 if，否则将会产生锁存器。例 4-27 就是 if...else 语句的产生锁存器的情形。

【例 4-27】 if...else 对不匹配产生锁存器的程序设计。

```
always @(a or b)
  begin
    if(a)              //没有对应的else语句,因此数据会一直锁住
        q = b;
  end
```

从例子中我们可以看出如果 a 有效，q 就被赋予 b 值，否则不会执行，q 一直不会变。这个代码在综合的时候会生成锁存器如图 4-14 所示。

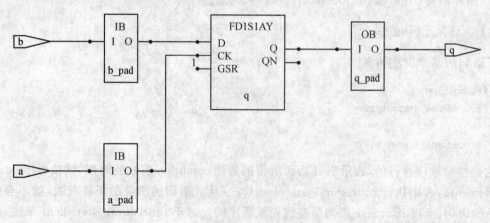

图 4-14 不完整的 if...else 语句生成的锁存器示意图

尽管 if...else 语句具有优先编码的特性,但如果级联级数过多特别是要执行的语句在最后一次出现的时候,容易造成很长的延时,生成关键路径。例 4-28 就是采用 if...else 时生成了关键路径。

【例 4-28】 采用 if...else 语句形成的关键路径的程序设计。

```
//本例因为 if...else 层级过多而产生了关键路径的程序设计状况
module syn_ctl(
    a,
    b,
    c,
    d,
    e,
    q);
input [3:0] a;
input b,c,d,e;
output q;
reg q;
always @(a or b or c or d or e)
  begin
      if(a[3])
          q = b;
      else if(a[2])
              q = c;
          else if(a[1])
                  q = d;
              else if(a[0])          //这是最坏的情况,也是关键路径
                      q = e;
                  else
                      q = 0;
  end
endmodule
```

图 4-15 为综合后生成的 RTL 电路,可以看出其中的关键路径为输入 a[0] 端到输出 q 端的路径和输入 e 端到输出 q 端的路径,其中的延时甚至达到了 4 个组合逻辑元件的延时。所以当级联的级别很多时,一般推荐采用多分支语句,而不推荐采用 if...else 语句来实现。

4.4.2 case、casex、casez 语句

case 语句和 if...else 语句很相似,但是又有不同。它是多分支形式,语法格式如下:

```
case(case_expr)
    case_expr_item1: procedural_statement1;
    ...
    case_expr_itemn: procedural_statementn;
```

```
        default: procedural_statement;
endcase
```

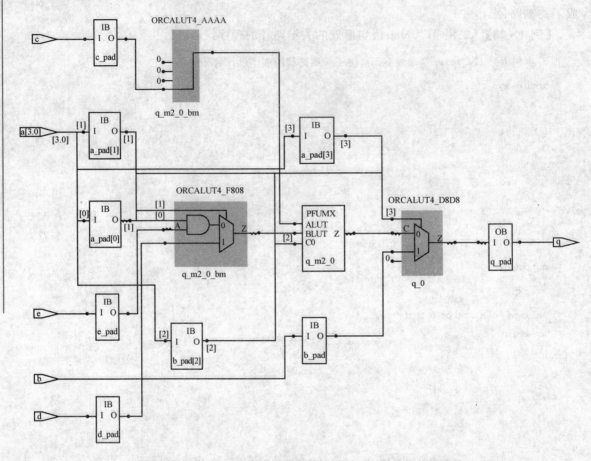

图 4-15　经过 Synplify pro 综合后的 if...else 形成的关键路径

case 语句不同于 if...else 语句,它的所有分支都是相同的优先级。它首先对条件表达式 case_expr 进行计算,然后对所有的分支进行求值并进行比较,第一个与条件表达式值相匹配的分支语句被执行。可以在一个分支中定义多个分支项,而这些值都不需要相互排斥。另外最重要的是默认分支用关键字 default 表示,在上面所有的分支项没有执行时,统一执行默认分支项。因此,除非完全在分支项中考虑了所有的情形,否则一定需要有默认选项,不然就会生成锁存器。

【例 4-29】 采用 case 语句的程序设计。

```
always @(posedge clk or negedge rst_)
    begin
        if(!rst_)
            q <= 1'b0;
        else case(a)
            3'b000: q <= d;
            3'b001,
            3'b010: q <= b;
```

```
                3'b011,
                3'b100,
                3'b101: q <= c;
                default: q <= e;
            endcase
        end
```

当 a 为 000 时，执行 q<=d；当 a 为 001 或 010 时，执行 q<=b；当 a 为 011、100、101 时，执行 q<=c；其余的情况（如 110、111），就执行默认分支 q<=e。如果省去了 default 选项，那么当 a 等于 110、111 时，就没有对应选项，从而就形成了锁存器。图 4-16 是执行有 default 默认分支综合后所得出来的 RTL 电路。

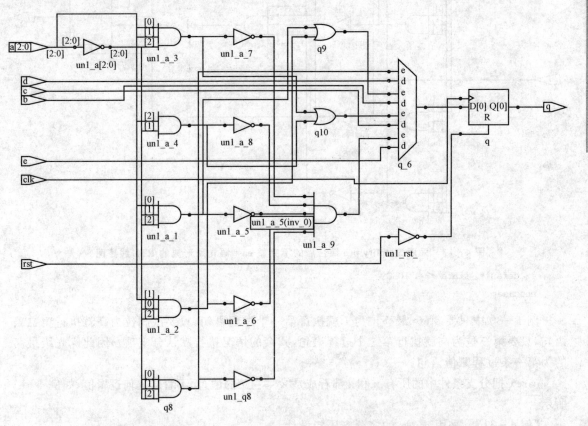

图 4-16 采用 Synplify pro 综合后的完整 case 语句所形成的 RTL 线路图

没有 default 默认分支综合后所得出来的 RTL 电路如图 4-17 所示。

当 case 语句变形成 casex 或者 casez 时，便具有了优先编码的功能。casez 语句把分支条件中所有的 z 值看作是"不关心"的值，而不看作是任何逻辑值，条件中的 z 值可以用"?"替代。

【例 4-30】 采用 casez 的多分支语句设计。

```
casez(state)
    3'b1??: state <= IDLE;
    3'b01?: state <= STBY;
    3'b001: state <= READY;
```

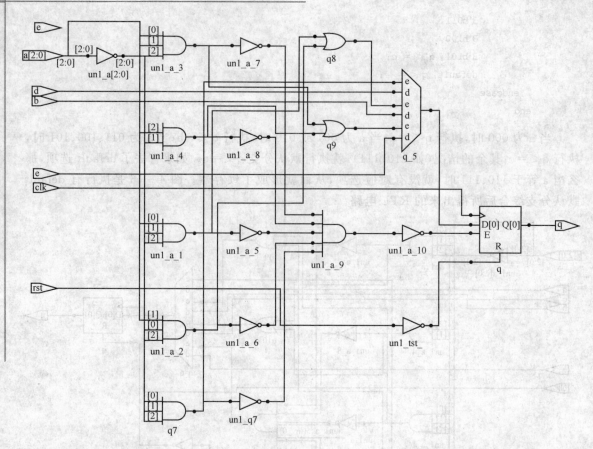

图4-17 采用Synplify pro综合后的不完整case语句所形成的RTL线路图

```
        default: state <= IDLE;
    endcase
```

例4-30中只要state最高位为1就执行第一个过程语句,只要次高位为高就执行第二条语句,只要第三位为高就执行第三个过程语句,其余的情况执行默认分支项。因此优先级最高的为第一条过程赋值语句。

casex把分支条件中的所有x和z都看成是"不关心"的值,而不看作任何逻辑值,如例4-31所示。

【例4-31】 采用casex的多分支语句设计。

```
casex(state)
    3'b1xx: state <= IDLE;
    3'b01x: state <= STBY;
    3'b001: state <= READY;
    default: state <= IDLE;
endcase
```

需要注意的是,casex、casez语句同时会考虑4种逻辑值即0、1、x和z,所以在设计多分支语句时一定需要有一个默认分支项,除非是特别需要用作锁存器。

鉴于现实电路中并不存在x状态,因此许多工程师推荐采用casez语句来实现优先编码

4.4.3 for 语句

跟 C 语言相似，Verilog 语言中也有 for 语句。从初始值开始，如果表达式为真则执行。它的基本格式如下：

```
for(initialization; Condition; Action)
    procedural_statement1;
```

初始化(initialization)和动作(Action)都可以在 for 语句中被省略掉，只要能够用等价的语句替换就好。但需要注意的是，Verilog 语句不支持诸如 i++、i-- 的自加和自减的形式。如果要实现自加和自减，则需要采用 i=i+1，i=i-1 的形式。

另外，Verilog HDL 语言不同于 C 语言，它是硬件描述语言，形成的是硬件电路。采用 for 语句来实现逻辑电路就相当于把一个相同的基本电路复制 n 次，这样不仅会增大线路的面积，同时也不会改善延迟时间，因此在可综合的程序中需要特别慎重使用，一般使用在仿真程序中。对于可综合逻辑的循环程序设计，推荐采用移位的方法来替代 for 循环语句。例 4-32 为 for 语句的使用，图 4-18 为它综合后的结果。

【例 4-32】 采用 for 语句实现的数组数据互换程序。

```
integer i;
......
always @(inp or cnt)
    begin
        result = {4'b0, inp};
        if(cnt == 1)
        begin
            for(i = 1; i<= 7; i = i + 1)
                begin
                    result = result[i - 4];
                end
            result[3:0] = 4'b0;
        end
    end
```

4.4.4 while 语句

和 C 语言不同的是，Verilog HDL 语言中只有一种 while 的形式，没有 do...while 的形式。它的基本格式是：

```
while(condition)
    procedural_statement;
```

一旦 while 后面的条件表达式为真，就执行所属的过程赋值语句块，如例 4-33 所示，只要 i 不大于 7 且 cnt 为真，就执行下面的循环，直到条件不成立为止。while 一般使用在仿真程序中。

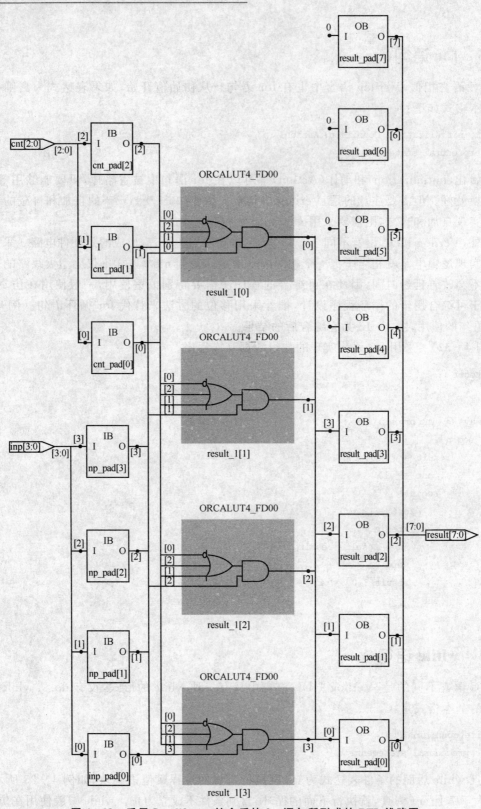

图 4-18 采用 Synplify pro 综合后的 for 语句所形成的 RTL 线路图

【例4-33】 采用while语句实现数据互换程序设计。

```
while((i< = 7) &&(cnt == 1))
    begin
        result[i] = result[i-4];
        i = i + 1;
    end
```

4.4.5 forever 语句

forever语句是一个无限循环语句,一般用来产生无限的规则波形信号,如时钟信号。它只能用于仿真语句中,不能被综合。它的基本格式如下:

```
forever
procedural_statement;
```

例4-34中的代码就是采用forever语句产生一个周期为10 ns的时钟信号代码。

【例4-34】 采用forever语句产生周期为10 ns的时钟信号代码。

```
`timescale 1ns/100ps
……
parameter PERIOD = 10;
//采用forever语句实现时钟的无限循环,本例实现一个周期为10 ns的时钟信号
initial
    begin
        clk = 1'b0;
        #5 forever
        #(PERIOD/2) clk = ~clk;
    end
```

需要注意的是,在forever语句执行之前需要给它里面执行的赋值语句一个初始值,否则赋值对象将一直为未定态。

4.4.6 repeat 语句

在许多协议定义中,都会定义以时钟周期为单位的延时,而不是以绝对的时间标量来延时,如DDR协议等。repeat语句可以执行这样的功能,一般用于仿真语句中。它的基本格式如下:

```
repeat(times)
  procedural_statements;
```

根据times所指定的次数,重复执行过程赋值语句块。例4-35通过采用repeat语句实现把data进行8次向左移位的动作,最低位由temp数据填充。

【例4-35】 采用repeat语句实现数据移位代码。

```
initial
    begin
```

```
        repeat(8)
        @(posedge clk)
            data = {data[6:0],temp};
    end
```

4.5 参数化设计

在结构化描述中,我们提到当端口位宽不一致时,如果处理不慎将会导致错误产生。而参数化设计可以较好地解决这样的问题。由于参数化设计的灵活应用,逻辑开发工程师在进行系统设计时就会更加灵活地进行程序设计,不仅增加了整体程序的代码使用率,而且提高代码的可读性。一般推荐在进行逻辑设计时采用参数化设计。

参数化设计有几种方法,我们通过一个具体的实例来观察几种方式的异同。如例4-36所示,在本实例中被实例的模块是一个可预设初值的4位宽的计数器,我们的目的就是采用参数化的设计来实现一个可预设初值的8位宽的计数器。

【例4-36】 8位宽计数器参数化设计方案。

我们先实现参数化设计的方案之一——采用关键字defparam的方式在模块中修改被实例模块的参数值,defparam的形式如下:

```
defparam instance_name.paramenter = new parameter;
```

在参数化设计之前,我们先定义和设计一个简单的可预设初值的4位宽的十六进制计数器,其程序代码如下:

```verilog
//本模块实现一个带预置数据功能的4位计数器
module cnt_m(
 data,
 load,
 clk,cnt);

parameter CNT_LEN = 4;           //默认值
input clk, load;
input [CNT_LEN-1:0] data;
output reg [CNT_LEN-1:0] cnt;
always @(posedge clk)
    begin
        if(load)
            cnt <= data;
        else
            cnt <= cnt + 1;
    end
endmodule
```

综合后的RTL逻辑电路如图4-19所示。

现在我们需要设计一个8位宽的可带预置功能的计数器就有两种方案:一是重新设计这个子模块——重新定义位宽,把4位改变成8位,这样稍作修改就可以直接使用上述的程序,

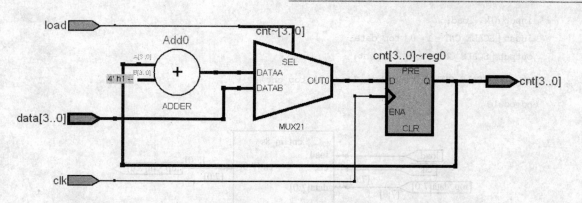

图 4-19 采用 Synplify pro 综合后的 4 位宽的十六进制计数器 RTL 线路图

但是程序不能被上层模块调用,重复利用率差;二是在上层模块中改变其参数值。下面的程序就是采用 defparam 来实现这样的功能。

```
//本模块采用 defparam 实现一个带预置数据功能的 8 位计数器
module top_param(
top_data,
load,
clk,top_cnt);
parameter SCALE_CNT = 8;              //定义新的数据长度
input clk, load;
input [SCALE_CNT-1:0] top_data;
output [SCALE_CNT-1:0] top_cnt;
defparam U1.CNT_LEN = SCALE_CNT;      //采用 defparam 实现数据位宽的拓展
cnt_m U1(top_data,load,clk,top_cnt);
endmodule
```

图 4-20 为上述程序所生成的逻辑 RTL 电路,可以看出它的端口已经扩充了一倍。

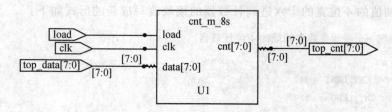

图 4-20 采用 defparam 实现参数化设计 RTL 线路图

方案之二就是参数实例化。这个方案不使用 defparam 来强迫改变底层的参数而是通过改变上层模块来实例化参数(程序如下所示),从图 4-21 生成的 RTL 线路可知两种方式所实现的结果是一样的。

```
//本模块采用参数实例化的方式实现一个带预置数据功能的 8 位计数器
module top_param(top_data,load,clk,top_cnt);
parameter SCALE_CNT = 8;              //定义新的数据长度
```

```
 input clk, load;
 input [SCALE_CNT-1:0] top_data;
 output [SCALE_CNT-1:0] top_cnt;

cnt_m #(SCALE_CNT) U1(top_data,load,clk,top_cnt);

endmodule
```

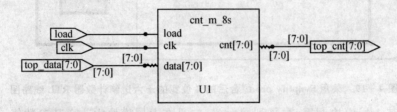

图 4-21 隐式参数实例化实现参数化设计 RTL 线路图

从上面的程序我们知道实例化参数的基本格式如下：

```
module_name#(parameters)instance_name(port_association);
```

这种方式是隐式实例参数，对于多参数的模块来说不太适用，推荐采用显式实例参数的方式，下面我们就看方案三所推荐使用的显式实例参数化的应用。

显式实例参数化首先需要规范被实例的子模块的形式，如下所示。不同于普通的模块定义，显式实例参数化的子模块必须把参数声明像端口声明一样定义在模块名称之后，端口列表之前，多个参数用","隔开。

```
module module_name #(parameter_definition)
        (port list);
        port declaration;
        variable declaration;
        ……
endmodule
```

把可预置初值的 4 位宽的十六进制计数器的模块改写成新的形式如下：

```
//本模块实现一个带预置数据功能的 4 位计数器
module cnt_m
 #(parameter CNT_LENI = 4,
   parameter CNT_LENO = 4)
(
data,
load,
clk,
cnt);

 input clk, load;
 input [CNT_LENI-1:0] data;
 output reg [CNT_LENO-1:0] cnt;

always @(posedge clk)
```

```
    begin
        if(load)
            cnt <= data;
        else
            cnt <= cnt + 1;
    end
endmodule
```

重新设计新的上层模块如下：

```
//本模块采用显式实例参数化的方式实现一个带预置数据功能的 8 位计数器
module top_param(top_data,load,clk,top_cnt);
 parameter SCALE_CNT = 8;              //定义新的数据长度
 input clk, load;
 input [SCALE_CNT-1: 0] top_data;
 output [SCALE_CNT-1:0] top_cnt;

cnt_m #(.CNT_LENI(SCALE_CNT),.CNT_LENO(SCALE_CNT))
    U1(top_data,load,clk,top_cnt);

endmodule
```

同样可以生成相同的功能模块，如图 4-22 所示。

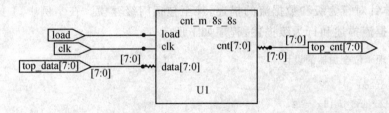

图 4-22 显式参数实例化实现参数化设计 RTL 线路图

从例 4-36 中可以看出三种不同的参数化设计各有好处。从结构化描述的角度来看，许多工程师都推荐采用第三种实例化参数的方式来描述，这样在某种程度上来说是更彻底地实例化，这也是许多工程师不推荐采用 'define 来定义参数的原因。

在 IP 核的调用中，因为不同的 IP 核设计者有不同的参数声明的习惯，所以需要视不同的 IP 来具体应用，一般应用 defparam 比较多。

4.6 混合描述

在一个设计中，往往不是只有数据流描述，也不仅仅只有行为描述，而是几种描述方法的混合使用。我们先观察例 4-37 中的程序，然后分析说明如何进行混合描述。

【例 4-37】 4 位全加器的程序设计。

```
//本模块采用混合设计的方式来实现一个 4 位全加器
module FullAdd(a,b,co,sum);
 input [3:0]   a;
```

```verilog
    input [3:0] b;
    output [3:0] sum;
    output co;

    wire [2:0] co_reg;

    OnebitAdd #(.and_delay(6),.xor_delay(6))
            U1(.a(a0),.b(b0),.ci(1'b0),.sum(sum0),.co(co_reg[0]));        //模块例化
    OnebitAdd #(.and_delay(6),.xor_delay(6))
            U2(.a(a1),.b(b1),.ci(co_reg[0]),.sum(sum1),.co(co_reg[1]));   //模块例化
    OnebitAdd #(.and_delay(6),.xor_delay(6))
            U3(.a(a2),.b(b2),.ci(co_reg[1]),.sum(sum2),.co(co_reg[2]));   //模块例化
    OnebitAdd #(.and_delay(6),.xor_delay(6))
            U4(.a(a3),.b(b3),.ci(co_reg[2]),.sum(sum3),.co(co));          //模块例化

    endmodule
```

上述程序是例 4-37 中的顶层模块,它是一个 4 位全加器。从程序中可以看出整个顶层模块只定义端口列表和全局信号,执行模块主要都是在进行模块例化,没有具体的逻辑实现,本例通过 4 次实例化 1 位的全加器来实现其功能,并且采用参数化设计修改了底层的参数定义。

子模块具体针对行为级和数据流的描述,甚至包括门级建模。在本例中,1 位全加器采用了门级描述、数据流描述和行为级描述,程序如下所示。

```verilog
//本模块实现 1 位全加器的设计
module OnebitAdd
 #(parameter and_delay = 2,
   parameter xor_delay = 4)               //参数声明
(
a,
b,
ci,
sum,
co);                                      //端口列表声明

    input a, b, ci;
    output sum, co;

    reg temp;

    always @(a or b)                      //过程赋值描述
      temp = a^b;

    assign  #(and_delay) co = (a&b|temp&ci); //数据流描述

    xor #xor_delay(sum, temp, ci);        //门级描述

endmodule
```

4.7 实例 2：I²C Slave 控制器的设计

4.7.1 I²C 总线简介

I²C 总线是一种多主机的总线，它可以连接多个能控制总线的器件到总线，但是在任何时刻只能是一个主机拥有总线控制权。它由两条双向信号组成：一条为串行数据(SDA)，一条为串行时钟(SCL)，都是通过一个电流源或者上拉电阻连接到正的电源电压上。当总线为空闲时，它们为高电平。连接到总线的器件输出级必须是漏极开路或者集电极开路电路。它支持三种工作模式：标准模式(100 Kbit/s)、快速模式(400 Kbit/s)以及高速模式(3.4 Mbit/s)。

在 I²C 总线中，当 SCL 为高电平时，如果 SDA 从高电平向低电平切换就表示总线的起始；如果 SDA 从低电平向高电平切换就表示总线的停止。所以在数据传输过程中必须保证当 SCL 为高电平时，SDA 不能发生变化，如图 4-23 所示。

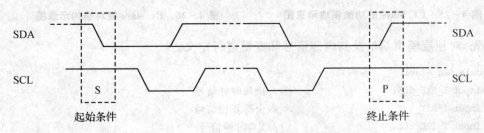

图 4-23 I²C 总线起始和终止条件图

图 4-24 表示整个 I²C 总线传输过程。发送数据的每个字节为 8 位，高位在前，低位在后，每个字节后必须跟一个响应位。先传地址位和读写控制位，从机响应后再传数据位，直到传输结束为止。

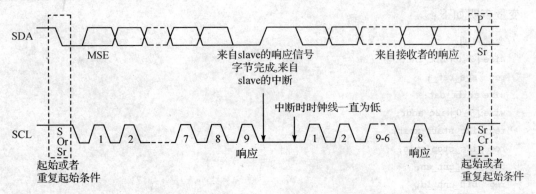

图 4-24 I²C 总线传输示意图

4.7.2 I²C Slave 可综合代码设计

对任何 Verilog HDL 语言设计程序的处理，我们一般都采用"自顶向下"的方式首先来确定其设计功能。通过对 I²C 总线的解读，按照图 4-25 的方式，对 I²C Slave 的设计可以从系统和功能层面来划分为 4 个大模块:FSM 模块、Global and control signal 模块、bit_cnt1 模块和 shift 模块。

在本例中,我们对 FSM 采用三段式状态机来描述。bit_cnt1.v 模块主要用来对 I^2C 的时钟信号进行计数;shift.v 主要用来对 I^2C 总线进行串并转换等工作;而一些全局信号则定义在顶层中,如同步复位信号等。由于此设计比较简单,FSM 的转换也定义在顶层中,因此按照图 4-26 的方式重新整合上述功能模块成三大块,其 RTL 模块层次结构分为两层,其中顶层 i2c_slave.v 包含了状态机模块和全局功能和信号定义模块。

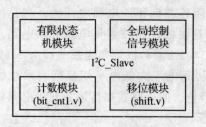
图 4-25 I^2C Slave 的功能模块示意图

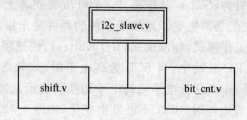
图 4-26 i²c_slave 模块结构示意图

首先,对顶层模块端口及其内部信号和变量进行定义。

```verilog
module i2c_slave(
    input I_SYS_CLK,                    //全局时钟信号
    input I_RST_,                       //全局复位信号
    input I_I2C_SCL,                    //I²C时钟信号
    inout BI_I2C_SDA,                   //I²C数据信号
    input [7:0] I_I2C_SLAVE_ADDR,       //I²C从机地址,这个地址由上层确定,可能是软件层?
    input [7:0] I_DATTO_I2C,            //从上层传输数据到I²C总线
    output reg[7:0] O_DATFM_I2C         //从I²C总线接收数据送往上层用来进一步分析
);
```

变量声明如下:

```verilog
//变量声明
wire [2:0] bit_cnt;
reg   sys_rst_;
wire shift_dat;
wire [7:0] i2c_addr;
reg  i2c_start_xmit;
reg  i2c_stop_xmit;
reg  bit_cnt_en;
reg  bit_cnt_ld;
reg  shift_en;
reg  shift_ld;
reg  slave_sda;
reg  [7:0] datTo_i2c;
wire [7:0] data_out;
wire [7:0] datFm_i2c;
wire   addr_match;
```

我们先进行定义和处理一些全局信号——采用行为级建模来描述。此设计有 3 个全局信号：其中 1 个是复位信号同步化，另外 2 个是输入总线和输出总线同步化。

复位信号同步化：

```
always @(posedge I_SYS_CLK)
   sys_rst_ <= I_RST_;
```

输入总线同步化：

```
always@(posedge I_SYS_CLK)
  datTo_i2c <= I_DATTO_I2C;
```

输出总线同步化：

```
always @(posedge I_SYS_CLK)
O_DATFM_I2C <= datFm_i2c;
```

对于 FSM 来说，最重要的就是状态声明了。状态声明一般采用 parameter 关键字来定义，而不采用 'define 关键字。三段式状态机需要定义两种状态：现态和次态。状态的数目与总线协议息息相关。本设计中的状态声明如下，图 4-27 则表示为其状态跳转图。

```
reg [2:0] current_state;
reg [2:0] next_state;

parameter   IDLE       = 3'b001;
parameter   RCV_ADDR   = 3'b010;
parameter   ADDR_ACK   = 3'b011;
parameter   XMIT_DAT   = 3'b100;
parameter   RCV_DAT    = 3'b101;
parameter   ACK_RCV_DAT = 3'b110;
parameter   WAIT_ACK   = 3'b111;
parameter   BIT_CNT    = 3'b111;
```

现态和次态状态跳转程序采用时序逻辑设计，状态之间的转化一般都采用异步复位，而不是同步复位：

```
//状态跳转程序
always @(posedge I_SYS_CLK or negedge sys_rst_)
  begin
      if(!sys_rst_)
          current_state <= IDLE;
      else
          current_state <= next_state;
  end
```

状态跳转逻辑的实现采用组合逻辑，注意现态和次态的使用：

```
//状态跳转逻辑，采用组合逻辑设计
always @(current_state or i2c_start_xmit or i2c_stop_xmit or bit_cnt)
 begin
      case(current_state)
```

第 4 章 Verilog 的描述与参数化设计

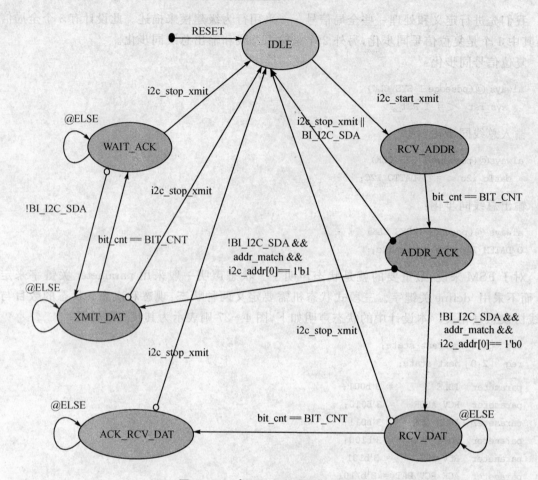

图 4-27 I²C Slave 状态跳转示意图

```
IDLE: begin
        if(i2c_start_xmit)
            next_state = RCV_ADDR;
        else
            next_state = IDLE;
    end
RCV_ADDR: begin
        if(i2c_stop_xmit)
            next_state = IDLE;
        else if(bit_cnt == BIT_CNT)
            next_state = ADDR_ACK;
        else
            next_state = RCV_ADDR;
    end
ADDR_ACK: begin
        if(i2c_stop_xmit)
            next_state = IDLE;
```

```verilog
                        else if(!BI_I2C_SDA)
                            if(addr_match)
                                if(i2c_addr[0] == 1'b0)
                                    next_state = RCV_DAT;
                                else
                                    next_state = XMIT_DAT;
                            else
                                next_state = IDLE;
                        else
                            next_state = IDLE;
                    end
        RCV_DAT: begin
                    if(i2c_stop_xmit)
                        next_state = IDLE;
                    else if(bit_cnt == BIT_CNT)
                        next_state = ACK_RCV_DAT;
                    else
                        next_state = RCV_DAT;
                end
        XMIT_DAT: begin
                    if(i2c_stop_xmit)
                        next_state = IDLE;
                    else if(bit_cnt == BIT_CNT)
                        next_state = WAIT_ACK;
                    else
                        next_state = XMIT_DAT;
                end
        ACK_RCV_DAT: begin
                    if(i2c_stop_xmit)
                        next_state = IDLE;
                    else
                        next_state = IDLE;
                end
        WAIT_ACK: begin
                    if(i2c_stop_xmit)
                        next_state = IDLE;
                    else if(!BI_I2C_SDA)
                        next_state = XMIT_DAT;
                    else
                        next_state = WAIT_ACK;
                end
        default: next_state = IDLE;
    endcase
end
```

第4章 Verilog 的描述与参数化设计

状态机的最后一段是逻辑输出,为了更好地进行时序约束而采用行为级描述。通过寄存器在时钟脉冲作用下把信号送出来,这样可以避免输出信号上产生毛刺,提高信号的质量。在此需要注意 case 语句的使用。

```verilog
//组合逻辑输出
always @(posedge I_SYS_CLK or negedge sys_rst_)
  if(!sys_rst_)
     begin
         bit_cnt_en  <= 1'b0;
         bit_cnt_ld  <= 1'b0;
         shift_en    <= 1'b0;
         shift_ld    <= 1'b0;
         slave_sda   <= 1'b1;
     end
  else begin
       case(next_state)
          IDLE: begin
                   bit_cnt_en  <= 1'b0;
                   bit_cnt_ld  <= 1'b1;
                   shift_en    <= 1'b0;
                   shift_ld    <= 1'b1;
                   slave_sda   <= 1'b1;
                end
          RCV_ADDR: begin
                   bit_cnt_en  <= 1'b1;
                   bit_cnt_ld  <= 1'b0;
                   shift_en    <= 1'b1;
                   shift_ld    <= 1'b0;
                   slave_sda   <= 1'b1;
                end
          ADDR_ACK: begin
                   bit_cnt_en  <= 1'b0;
                   bit_cnt_ld  <= 1'b1;
                   shift_en    <= i2c_addr[0];
                   shift_ld    <= 1'b1;
                   slave_sda   <= 1'b0;
                end
          RCV_DAT: begin
                   bit_cnt_en  <= 1'b1;
                   bit_cnt_ld  <= 1'b0;
                   shift_en    <= 1'b1;
                   shift_ld    <= 1'b0;
                   slave_sda   <= 1'b1;
                end
          XMIT_DAT: begin
```

```verilog
                    bit_cnt_en  <= 1'b1;
                    bit_cnt_ld  <= 1'b0;
                    shift_en    <= 1'b1;
                    shift_ld    <= 1'b0;
                    slave_sda   <= shift_dat;
            end
        ACK_RCV_DAT: begin
                    bit_cnt_en  <= 1'b0;
                    bit_cnt_ld  <= 1'b1;
                    shift_en    <= 1'b0;
                    shift_ld    <= 1'b1;
                    slave_sda   <= 1'b0;
            end
        WAIT_ACK: begin
                    bit_cnt_en  <= 1'b0;
                    bit_cnt_ld  <= 1'b1;
                    shift_en    <= 1'b0;
                    shift_ld    <= 1'b1;
                    slave_sda   <= 1'b1;
            end
        default: begin
                    bit_cnt_en  <= 1'b0;
                    bit_cnt_ld  <= 1'b0;
                    shift_en    <= 1'b0;
                    shift_ld    <= 1'b0;
                    slave_sda   <= 1'b1;
            end
        endcase
    end
```

I^2C 协议中主机(master)和从机(slave)需要有一个握手,也就是起始和终止条件的运用。I^2C 协议的握手协议相当简单——要开启一个数据传输就是让 SDA 在 SCL 还是高电平时从高到低变化,而要结束一个数据传输时则让 SDA 在 SCL 为高电平时从低到高。在数据传输过程中不容许在 SCL 为高电平时,SDA 的电平发生变化。

I^2C 的起始条件程序如下:

```verilog
//i2c 的起始侦测程序
  always @(negedge BI_I2C_SDA)
    begin
        if(!sys_rst_)
            i2c_start_xmit <= 1'b0;
        else if(I_I2C_SCL)
            i2c_start_xmit <= 1'b1;
            else if(current_state == RCV_ADDR)
                i2c_start_xmit <= 1'b0;
```

end

I^2C 的终止条件程序如下:

```verilog
//i2c的终止程序
always @(posedge BI_I2C_SDA)
 begin
      if(!sys_rst_)
           i2c_stop_xmit <= 1'b0;
      else if(I_I2C_SCL)
           i2c_stop_xmit <= 1'b1;
      else if(i2c_start_xmit)
           i2c_stop_xmit <= 1'b0;
      else
           i2c_stop_xmit <= 1'b0;
 end
```

I^2C 协议可以有多个 master,也可以有多个 slave,但是在特定时刻只能有一个 master 和一个 slave,所以当 master 呼叫 slave 时,slave 要进行地址匹配的动作,正确才会响应 master 建立连接,否则将忽略这次传输。地址检测响应如下:

```verilog
//地址检测响应
assign addr_match = (i2c_addr[7:1] == I_I2C_SLAVE_ADDR[7:1]);
```

对于 I^2C 协议中的 Slave 来说,SCL 是一个输入信号,SDA 是一个双向信号。在地址响应、被 master 写入数据后的响应以及 master 读数据时,SDA 作为输出使用;其余情况作为输入使用,程序如下:

```verilog
//数据输入/输出使能信号控制
assign sda_oe = (!sys_rst_||
                 (current_state == XMIT_DAT)||
                 (current_state == ADDR_ACK)||
                 (current_state == ACK_RCV_DAT))? 1'b1:1'b0;
assign BI_I2C_SDA = sda_oe ? slave_sda: 1'bz;
```

由于 I^2C 协议采用串行信号进行传输,在 slave 解码时需要对每个传输过程的时钟节拍数进行记录,只有到达一定的时钟节拍数才能进入下一个状态。时钟节拍数采用计数器记录。计数器采用单独的模块,其中的参数采用参数化设计和结构化描述。

```verilog
//计数器实例化
defparam bit_cnt1.BIT_WIDTH = 2;
bit_cnt1 bit_cnt1(
     .dat(3'b000),
     .en(bit_cnt_en),
     .ld(bit_cnt_ld),
     .rst_(sys_rst_),
     .clk(I_I2C_SCL),
     .dout(bit_cnt));
```

I^2C 协议中需要对数据进行串并转换或者并串转换。具体来说,对于接收的数据需要进行串并转换,对于输出的数据需要进行并串转换,对于地址而言是串并转换,与计数器相似,同样也采用参数化设计和结构化描述。

数据的输入/输出程序如下:

```
//数据的输入/输出程序,采用串并、并串转换
shift #(.DATIN_WIDTH(8),
        .DATO_WIDTH(8))
       shift1(
         .clk(I_I2C_SCL),
         .rst_(sys_rst_),
         .ld(shift_ld),
         .data_in(datTo_i2c),
         .shift_in(BI_I2C_SDA),
         .shift_en(shift_en),
         .shift_out(shift_dat),
         .data_out(data_out)
         );
```

地址的程序如下:

```
//地址的输入/输出程序,采用串并、并串转换
reg addr_shift_en;
always @(posedge I_SYS_CLK or negedge sys_rst_)
  begin
     if(!sys_rst_)
        addr_shift_en <= 1'b0;
     else
        if(i2c_start_xmit || current_state == RCV_ADDR)
           addr_shift_en <= 1'b1;
        else
           addr_shift_en <= 1'b0;
  end

shift #(.DATIN_WIDTH(8),
        .DATO_WIDTH(8))
       shift2
         (.clk(I_I2C_SCL),
         .rst_(sys_rst_),
         .ld(1'b0),
         .data_in(8'b0),
         .shift_in(BI_I2C_SDA),
         .shift_en(addr_shift_en),
         .shift_out(),
         .data_out(i2c_addr)
         );
```

第4章 Verilog 的描述与参数化设计

RTL 代码将对接收的数据进行部分分析采样,去掉一些地址和头等无用信息,同时把纯粹的数据信息传给软件部分或者上层模块。对于 I^2C 上层协议来说,只需要接收部分的数据及其响应就行。

```verilog
//与上层通信接口设计
assign datFm_i2c = (!sys_rst_) ? 8'b0 :
                    (((current_state == RCV_DAT)||
                    (current_state == WAIT_ACK))? data_out : datFm_i2c);
```

计数器和串并并串转换器的子模块比较简单,参考程序如下。

带预置数据的计数器程序如下:

```verilog
//本模块实现带预置数据的计数器设计

module bit_cnt1
(
dat,
en,
ld,
rst_,
clk,
dout);              //端口列表声明
input dat;
input en;           //计数器使能信号
input ld;           //数据载入使能信号
input rst_;         //低电平有效的清零信号
input clk ;         //时钟信号
parameter BIT_WIDTH = 7;
output reg [BIT_WIDTH:0] dout;
always @(negedge clk or negedge rst_)
   begin
       if(!rst_)
           dout<= 'b0;
       else if(ld)
           dout <= dat;
       else if(en)
           dout<= dout + 'b1;
   end
endmodule
```

带预置数据的串并、并串转换模块如下:

```verilog
//本模块实现串并、并串数据的输入/输出转换

module shift #(parameter DATIN_WIDTH = 16,
              parameter DATO_WIDTH = 16)
```

```
(
    input  clk,
    input  rst_,
    input  ld,
    input  [DATIN_WIDTH-1:0] data_in,
    input  shift_in,
    input  shift_en,
    output shift_out,
    output reg [DATO_WIDTH-1:0] data_out);            //端口列表声明

    always @(negedge clk or negedge rst_)
      begin
          if(!rst_)
              data_out<= 'b0;
          else if(ld)
              data_out <= data_in;
          else if(shift_en)
              data_out<= {data_out[DATO_WIDTH-2:0],shift_in};
      end
      assign shift_out = data_out[DATO_WIDTH-1];
endmodule
```

本例免去了 10 位地址的情况,读者可以参考具体的 I²C 协议来对上述程序进行修改,从而实现 7 位地址和 10 位地址兼容的程序。从上述的实例可以看出整个 I²C Slave 协议相当简单,而且本章所涉及的三种建模方式均有采用。当然对于 RTL 代码来说,可以采用不同的方式来设计 I²C Slave 模块,但总的一点就是所有的设计都需要满足 I²C 协议传输要求。

4.8　本章小结

本章主要介绍了 Verilog HDL 语言描述的基本结构、语法以及高级应用。数据流和行为级描述是 Verilog HDL 语言的基础;结构化描述为采用 Verilog HDL 语言进行系统的、分层的设计提供了基础和便利。参数化设计则使可重用设计由理论变为现实。这些应用可以在同一个程序中混合使用,提高了设计的灵活度和便利度。这些结构也是构成复杂的系统设计的基础,需要好好练习和掌握。

4.9　思考与练习

1. 数据流描述和行为级描述分别有什么特点?
2. wire 型变量与 reg 型变量分别应用于什么样的描述方式中?
3. 边沿事件和电平事件是否可以同时共存于 always 语句的敏感变量中?
4. 阻塞性赋值和非阻塞性赋值有什么特点和应用?
5. 参数化设计有哪几种形式?主要采用哪几种关键字?一般推荐采用哪种参数化设计?

6. 试用 forever 语句产生一个无限循环的时钟信号？时钟周期为 30 ns,占空比为 50%。
7. 试用 repeat 语句产生 10 个时钟脉冲？周期为 20 ns,占空比为 50%。
8. 试用 if...else 语句和 case 语句分别描述一个选择器。
   具体要求如下：
   　　当选择信号 s[1:0]为 00 时,输出 a；
   　　当选择信号 s[1:0]为 01 时,输出 b；
   　　当选择信号 s[1:0]为 10 时,输出 c；
   　　当选择信号为 11 时,输出 d。
   采用 synplify pro 综合器进行综合,注意不要采用任何优化措施,观察两个语句实现的结果有什么不同。
9. 什么是 I^2C 协议？I^2C 协议有哪些主要特点？它的基本协议内容是什么？地址位有几位？如何实现 I^2C 的起始和终止？
10. 试着采用 Verilog HDL 语句实现一个 I^2C 协议的 master 控制器。

第 5 章

有限状态机设计

在进行数字时序逻辑设计时,逻辑开发工程师必须要面对的就是状态机设计。状态机设计的稳健程度在某种程度上反映了一个逻辑工程师的逻辑设计水平。本章将重点讨论如何进行有限状态机的设计,主要内容如下:
- 状态机的基本概念;
- 状态编码;
- 状态机的基本语法;
- 状态机的描述。

5.1 有限状态机的基本概念

数字系统有两大类有限状态机(Finite State Machine,FSM):Moore 状态机和 Mealy 状态机。不管是什么样的状态机,它都是用来表示有限个状态以及在这些状态之间的转移和动作等行为。

图 5-1 是一个简单的读/写状态机的状态跳转图。从图中可以清楚地看出每个状态机有多个不同的状态以及状态跳转的条件,还有许多状态机会有相应的输出。

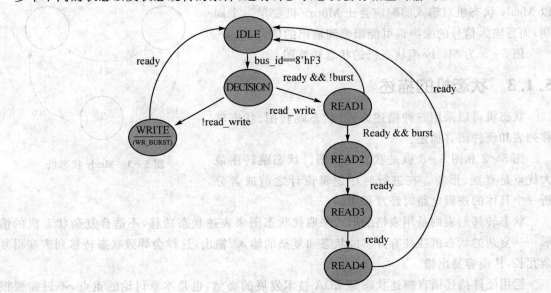

图 5-1 状态跳转示意图

5.1.1 Moore 型状态机

Moore 型状态机由 Edward F. Moore 提出来，其最大的特点是输出只由当前状态确定，与输入没有关系。Moore 状态机的状态图中的每一个状态都包含一个输出信号。

在数字时序系统中，当前状态一般都存储在触发器中，并通过全局时钟信号来驱动。Moore 状态机把当前状态解码成输出——一旦当前状态改变，几乎会立即导致输出改变。尽管会在传播的过程中产生一些毛刺现象，但是设计出的大多数系统都会忽略掉这些毛刺。

Moore 状态机的输出在时钟脉冲的有效边沿后的有限个门延后会达到稳定值。输入对输出的影响需要等待下一个时钟周期才能反映出来，因而 Moore 状态机最重要的特点就是将输入和输出信号隔离开来。

图 5-2 就是一个典型的 Moore 型状态机的状态跳转图，它的输入为 x、y、z，输出为 a、b、c。

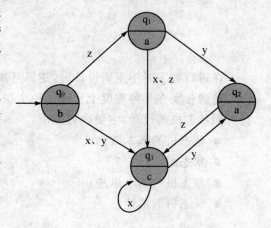

图 5-2 Moore 状态机

5.1.2 Mealy 型状态机

Mealy 型状态机由 G. H. Mealy 在 1951 年提出来的，它的输出不仅与当前状态有关系，而且与它的输入也有关系，因而在状态转移图中每条转移边需要包含输入和输出的信息，每个 Mealy 机都有一个等价的 Moore 机。

因为 Mealy 状态机的输出受输入的直接影响，而输入信号可能在一个时钟周期内的任何时刻发生改变，所以 Mealy 状态机对输入的响应会比 Moore 机要早一个周期，而且输入信号的噪声也可能影响到输出的信号。

图 5-3 为 Mealy 型状态机的状态转移图。

5.1.3 状态机的描述

状态机可以采用三种描述方式：状态跳转图、状态转移列表和硬件语言描述。

图 5-2 和图 5-3 就是状态跳转图。状态跳转图最大优点是直观、形象。在进行时序逻辑设计之前或者分析一个具体的逻辑电路时经常采用。

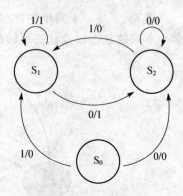

图 5-3 Mealy 状态机

状态转移列表则是用表格的形式来取代状态图来表述状态转移，不适合复杂状态机的情形——复杂的状态机往往有许多的状态和复杂的输入/输出，这样会导致状态转移列表变得复杂冗长，从而容易出错。

运用硬件描述语言描述状态是 EDA 技术发展的必然，也是本章讨论的重点，不过需要根据一定的设计规则进行设计才能使状态机变得更加稳健。

5.2 状态机描述的基本语法

在讲解状态机的基本语法之前,我们先通过一个实例来观察状态机的设计。为了简单起见,我们采用硬件描述语言来实现图 5-1 的状态跳转图,然后分析一个基本的状态机该包含哪些基本语法,具体的程序如例 5-1 所示。

【例 5-1】 简单读/写状态机的程序设计。

```
module Rd_Wr(clock,
            rst,
            bus_id,
            ready,
            read_write,
            burst,
            state);
//数据声明部分
input clock,rst,ready,read_write,burst;
input [7:0] bus_id;
output reg [7:0] state;
//output reg wr_burst;
//参数声明
parameter   IDLE      = 8'h01;
parameter   DECISION  = 8'h02;
parameter   READ1     = 8'h04;
parameter   READ2     = 8'h08;
parameter   READ3     = 8'h10;
parameter   READ4     = 8'h20;
parameter   WRITE     = 8'h40;
//状态跳转逻辑程序设计
always @(posedge clock or posedge rst)
  begin
      if(rst)
          state <= IDLE;
      else
          begin
              case(state)
                  IDLE: if(bus_id == 8'b1111_0011)
                            state <= DECISION;
                        else
                            state <= IDLE;
                  DECISION: if(read_write == 1'b1)
                            state <= READ1;
                        else
                            state <= WRITE;
                  READ1:if(ready == 1'b1 && burst == 1'b0)
                            state <= IDLE;
```

```
                            else if(ready == 1'b1 && burst == 1'b1)
                                state <= READ2;
                            else
                                state <= READ1;
                    READ2: if(ready == 1'b1)
                                state <= READ3;
                            else
                                state <= READ2;
                    READ3: if(ready == 1'b1)
                                state <= READ4;
                            else
                                state <= READ3;
                    READ4: if(ready == 1'b1)
                                state <= IDLE;
                            else
                                state<= READ4;
                    WRITE: if(ready == 1'b1)
                                state <= IDLE;
                            else
                                state <= IDLE;
                    default: state <= IDLE;
                endcase
        end
    end
endmodule
```

从实例中可以看出,对于一个可综合的 FSM 来说,下面的语法会经常使用到:

① wire、reg 变量:用于对 FSM 中的各个线网变量或者寄存器变量进行声明。

② parameter 变量:用于编码 FSM 中的各种状态。状态编码主要以三种为主,即独热码、格雷码和顺序码(也就是二进制码)。也可使用 'define 语句声明,不过不常用。

③ always 语句:在 FSM 设计中,always 语句必不可少。根据不同的 FSM 设计,有时会采用一个 always 语句来实现整个 FSM 的功能,在它里面包括时序转移和组合逻辑输出;有时会采用两个 always 语句来实现时序转移和组合逻辑的分离,实现整个 FSM 的功能;还有一种就是在两个 always 语句的基础上,采用三个 always 语句来实现时序转移和组合逻辑的同时,采用寄存器输出。

④ if...else 语句:事实上它可以完全被 case 语句取代,不过建议还是由 if...else 语句来实现状态的初始化和输出的初始化。

⑤ case 语句:在 FSM 中 case 语句是必不可少的语句,因为 FSM 中的有限状态绝对不少于两种,而且状态之间相互独立、地位平等。如果采用 if...else 语句,因为其先天的优先编码特性会增加相关路径的延时,容易产生关键路径,所以不适合状态机设计。case 语句后的条件表达式一般是状态变量,而各个分支一般都是状态编码。case 语句中的各个分支的输出有些仅仅是状态的跳转,有些则有组合逻辑的输出。另外需要注意的是,case 语句一定要有 default 值并且一定要有 endcase 结束,否则表示不完整。case 语句可以用 casex/casez 来替代。

在 FSM 中,还有一些可选的关键字来增强代码的可读性。

⑥ task 语句:task 语句是很有用的语句,当状态输出量比较大的时候,可以采用 task 语句来封装。

⑦ function 语句:和 task 语句一样,可以采用 function 语句来对状态机中一些重复使用的组合逻辑输出或者一些功能进行封装,这样整个程序就显得简洁,提高代码的可读性。

5.3 状态编码

编码就是根据一定的协议或者格式把模拟信息转化成比特流的过程。

编码在电子计算机、电视、遥控、通信等方面已经得到了广泛应用,比如通信中的双极性不归零编码、单极性不归零编码、双极性归零编码、单极性归零编码和曼彻斯特编码等。而 n 位二进制数可以组合成 2 的 n 次个不同信息,因此用有限的数字描述丰富的信息是可能的。

状态编码的方式是设计有限状态机时最重要的一部分。内容不同的编码方式会导致不同的面积和速度。编码方式不当会导致状态机面积过大或者速度过快;反之,一个恰当的编码方式不仅可以实现最佳的面积与速度的平衡,而且可以在满足速度等性能的要求下实现成本的节约。数字逻辑系统状态机设计中常见的编码方式有:二进制码(Binary 码)、格雷码(Gray 码)、独热码(One-hot 码)以及二一十进制码(BCD 码)。下面对其一一进行介绍。

5.3.1 二进制码(Binary 码)

二进制码也叫顺序码(Sequential 码)。顾名思义,它的编码是顺序的,也就是两个相邻状态之间相差为 1。它是数字编码中最为简单的编码,也是最常用的编码。和格雷码一样,都是压缩状态编码。它采用最少的状态位进行编码,比如要实现 4 种状态的编码,如果采用顺序码来实现,则只需要 2 位二进制数字(00、01、10、11)就可以实现状态编码。尽管顺序码优点比较突出,但是它的缺点也很明显。采用顺序码进行状态编码时,相邻状态之间转换时的状态位翻转的数量不确定,这样会导致状态转换时由多条状态信号线的传输延时所造成的毛刺,同时增加系统功耗。由于 CPLD 更多地提供组合逻辑资源,而 FPGA 更多地提供触发器资源,所以 CPLD 一般使用二进制码或者格雷码,而 FPGA 常采用独热码或者格雷码。同样,对于小型状态机设计采用二进制码或者格雷码更有效,而大型设计采用独热码更高效。

5.3.2 格雷码(Gray 码)

格雷码(也叫作循环码)是 1880 年由法国工程师 Jean-Maurice-Emlle Baudot 发明的一种编码,在 20 世纪 40 年代由贝尔实验室的 Frank Gray 提出,是在使用 PCM(Pulse Code Modulation)方法传送信号时避免出错的一种编码机制,并于 1953 年 3 月 17 日取得美国专利。格雷码也是一种二一十进制编码,但它是一种无权码,采用绝对编码方式。典型格雷码是一种具有反射特性和循环特性的单步自补码,它的循环、单步特性消除了随机取数时出现重大误差的可能。它的特点是:相邻的两个码组之间仅有一位不同,因而常用于模拟量的转换中,当模拟量发生微小变化而可能引起数字量发生变化时,格雷码仅改变一位,这样可以降低数字电路中很大的尖峰电流脉冲,从而减少出错的可能性。状态转换过程中只有一位变化,大大减少了由一个状态到下一个状态时逻辑的混淆。表 5-1 就是格雷码的编码原则以及与自然二进制的区别比较。

表 5-1 格雷码编码原则

十进制数	二进制数	格雷码	十进制数	二进制数	格雷码
0	0000	0000	8	1000	1100
1	0001	0001	9	1001	1101
2	0010	0011	10	1010	1111
3	0011	0010	11	1011	1110
4	0100	0110	12	1100	1010
5	0101	0111	13	1101	1011
6	0110	0101	14	1110	1001
7	0111	0100	15	1111	1000

普通二进制码与格雷码之间可以相互转换。

二进制码转换成格雷码：从最右边一位起，依次与左边一位"异或"，作为对应格雷码该位的值，最左边的一位不变(相当于最左边是 0)。

格雷码转换成二进制码：从左边第二位起，将每一位与左边一位解码后的值"异或"，作为该解码后的值(最左边的一位依然不变)。

5.3.3 独热码(one-hot 码)

独热码又分为独热 1 码和独热 0 码，是一种特殊的二进制编码方式。当任何一种状态有且仅有一个 1 时，就是独热 1 码，相反任何一种状态有且仅有一个 0 时，就是独热 0 码。独热码是一种很简单的编码。常应用于 FPGA 的状态机设计中。FPGA 的触发器数量多，独热码译码简单，采用这样的编码往往会让状态机的运行速度很快。不过从另外一方面来说，因为独热码的位数由状态数来决定，比如 16 种状态就需要有 16 位二进制数，所以耗费的触发器比起其余的几种编码来说要多。

HDL 语言主要使用独热码、格雷码和二进制码进行编码。与软件编码不同，CPLD/FPGA 的编码不是简单地为了编码而编码，因为不同的编码会出现不同的电路，这样生成的电路在面积和速度上会出现差异，因此需要综合考虑编码的特性，采用最优化的编码法则让综合软件去实现面积和速度上的最优化。对于 FPGA/CPLD 开发工程师来说，不同的 CPLD/FPGA 有不同的硬件结构和触发器单元，因此需要认真了解器件的架构特性，然后选择相应的编码进行设计。

许多 FPGA 的设计采用独热码进行编码。独热码的每个比特对应一个寄存器，而每一次都只有一个比特处于活动状态。其速度最快，同时占用的面积也最大。

为了在综合的时候看到最优的结果，可以在代码中以注释的方式来要求 synplify 工具设定特定的编码格式，如：

```
`ifdef onehot
   reg [3:0] state /* synthesis state_machine syn_encoding = "onehot" */;
`endif
```

```
'ifdef sequential
   reg [3:0] state /* synthesis state_machine syn_encoding = "sequential" */;
'endif

'ifdef grey
   reg [3:0] state /* synthesis state_machine syn_encoding = "grey" */;
'endif
```

用/*...*/的注释方式来实现,提醒 synplify 的关键字是 synthesis,而要求状态编码的关键字是 state_machine syn+encoding=。

需要注意的是,Modelsim 等仿真软件并不认识这些关键字,只会把这些当成普通的注释语言一样忽略。

5.3.4 二—十进制码(BCD 码)

二—十进制编码(BCD 码)采用 4 位二进制数来表示十进制中的 0~9 这 10 个数字。二进制的每一个数码乘以它相应的位权就成了对应的十进制数,因此也叫 8421BCD 码,应用很普遍。比如:$(1001)_B$ 表示成十进制数就是 $1×8+0×4+0×2+1×1=9$。

4 位二进制数可以表示 16 种不同的组合,而 8421BCD 编码只需要 10 种有效组合,因此 1010~1111 这 6 种组合为无效组合。当然我们也可以舍去不同的 6 种组合来得出其他形式的编码,如 2421 码、余三码等。具体关系见表 5-2。

表 5-2 BCD 码

$b_3 b_2 b_1 b_0$	二进制码	8421 码	2421 码	余三码
0000	0	0	0	
0001	1	1	1	
0010	2	2	2	
0011	3	3	3	0
0100	4	4	4	1
0101	5	5		2
0110	6	6		3
0111	7	7		4
1000	8	8		5
1001	9	9		6
1010	10			7
1011	11		5	8
1100	12		6	9
1101	13		7	
1110	14		8	
1111	15		9	

第5章 有限状态机设计

在有限状态机设计中,二—十进制码由于其局限性,可以被二进制码完全取代,因此在状态机设计中,二—十进制编码使用比较少。

5.4 状态初始化

任何一个状态机都需要有初始化的动作,否则就会出现死锁的现象。当芯片上电或者复位后,状态机应该能够自动将所有的判断条件复位,并进入初始化状态,一般采用异步复位电路来实现状态机的初始化。有些硬件工程师会问:"不是每个芯片都有 POR(Power On Reset,上电复位)的机制吗?为什么还需要一个异步复位电路呢?"CPLD/FPGA 的确都有 GSR,当 CPLD/FPGA 上电后 GSR 信号会对 CPLD/FPGA 里面所有的寄存器、RAM 等进行置位或者复位,但这时配置 CPLD/FPGA 的逻辑并没有生效,所以不能保证正确地进入了初始化的状态。一旦 CPLD/FPGA 上电完毕,它们会重新从外挂或者内置的配置 ROM/Flash 中读取配置文件,这个过程花费的时间有长有短,一般 FPGA 花费的时间会比 CPLD 长很多,所以在有些上电即需要工作的设计中,不能采用 FPGA 来实现这样的设计,而采用 CPLD。一旦读取完毕后,需要重新进行复位和初始化,包括状态机的初始化过程。

在状态初始化的时候,需要防止出现伪初始化或者说不完全初始化的情况,特别是针对一些总线或者有位宽要求的输出信号和变量。经常会有人问:"我已经做了初始化的动作了,为什么还一直是死锁呢?"先来看看例 5-2。

【例 5-2】 未完全初始化的状态机实例(锁存器)。

```
always @(posedge clk or negedge rst_)
  begin
    if(!rst_)
        state <= IDLE;
    else case(state)
            IDLE: begin
                    S[0] <= 1'b1;
                    state <= ACT1;
                  end
            ACT1: begin
                    S[1] <= 1'b1;
                    state <= ACT2;
                  end
            ACT2: begin
                    S[2] <= 1'b1;
                    state <= CMP;
                  end
            CMP: begin
                    S[3] <= 1'b1;
                    state <= IDLE;
                  end

            default: state <= IDLE;
```

```
        endcase
    end
```

这个状态机表示在不同的状态给 S[3:0]的不同位置位。乍一看真的有异步复位,可是为什么会有死锁呢? 因为 S[3:0]没有初始化,当状态为 IDLE 时 S[3:2]为未定态,同样对于其他状态也有类似情况。解决这样的问题的最好方法就是对所有的输出进行初始化。改进的方式如例 5-3 所示。

【例 5-3】 改进的状态机实例。

```
always @(posedge clk or negedge rst_)
  begin
    if(!rst_)
        begin
          state <= IDLE;
          S <= 4'b0;              //完全初始化
        end
    else case(state)
                IDLE: begin
                        S[0] <= 1'b1;
                        state <= ACT1;
                      end
                ACT1: begin
                        S[1] <= 1'b1;
                        state <= ACT2;
                      end
                ACT2: begin
                        S[2] <= 1'b1;
                        state <= CMP;
                      end
                CMP: begin
                        S[3] <= 1'b1;
                        state <= IDLE;
                      end
                default: state <= IDLE;
        endcase
  end
```

当然还有很多种改进的方式,但从根本上来说,所有的初始化动作都需要对状态机中的每一个输出信号和变量进行初始化。对于状态机来说,特别注意要有 default 的分支语句,避免进入死锁。

5.5 Full Case 与 Parallel Case

Full Case 在 Synplify 软件中一般采用 /* synthesis full_case */ 来实现;而 Parrallel Case 在 Synplify 软件中一般采用 /* synthesis parallel_case */ 来实现。为了比较它们之间的差

异,我们先来观察下面例 5-4 和例 5-5 的对比。

【例 5-4】 Full case 下的有限状态机设计。

```verilog
//本例采用 full case 实现多分支程序设计,须特别注意 systhesis full_case 在程序中的使用
module syntax_Ctl(s0,s1,s2,s3,next);
//数据声明部分
input s0,s1,s2,s3;

output reg [1:0] next;

//参数声明
parameter    IDLE        = 4'b1xxx;
parameter    READ        = 4'bx1xx;
parameter    TALK        = 4'bxx1x;
parameter    STOP        = 4'bxxx1;

//状态跳转逻辑程序设计
always @(s0 or s1 or s2 or s3)
  begin
    casex({s3,s2,s1,s0})           /* synthesis full_case */
              IDLE: next = 0;
              READ: next = 1;
              TALK: next = 2;
              STOP: next = 3;
            default: next = 0;
       endcase
  end
endmodule
```

图 5-4 是对上述程序采用 Synplify Pro 综合后生成的 RTL 电路。

【例 5-5】 Parallel case 下的有限状态机设计。

```verilog
//本例采用 parallel case 实现多分支程序设计,需要特别注意 systhesis parallel_case 在程序
//中的使用
module syntax_Ctl(s0,s1,s2,s3,next);
//数据声明部分
input s0,s1,s2,s3;

output reg [1:0] next;

//参数声明
parameter    IDLE = 4'b1xxx;
parameter    READ = 4'bx1xx;
parameter    TALK = 4'bxx1x;
parameter    STOP = 4'bxxx1;

//状态跳转逻辑程序设计
always @(s0 or s1 or s2 or s3)
  begin
    casex({s3,s2,s1,s0})          /* synthesis parallel_case */
```

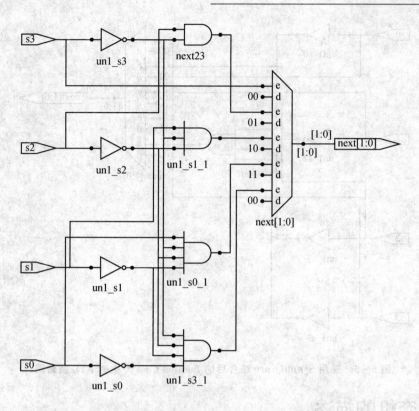

图 5-4 采用 Synplify pro 综合后的 Full Case 产生的 RTL 线路图

```
        IDLE: next = 0;
        READ: next = 1;
        TALK: next = 2;
        STOP: next = 3;
     default: next = 0;
    endcase
  end
endmodule
```

图 5-5 是对上述程序采用 Synplify Pro 综合后生成的 RTL 电路。

从上面两例可以看出，Full Case 把 FSM 的所有编码向量与 Case 中的某个分支匹配，如果编码为 4 bit，则有 16 个状态编码都可以与 Case 的某个分支映射起来。

在 Parallel Case 中，每个 Case 的判断条件表达式有且仅有唯一一个分支语句与之对应。

使用 Full Case 可以增加设计的安全性，而采用 Parallel Case 可以优化状态机的逻辑译码。一般工业专家都比较推荐采用 Parallel Case，因为从功能和门级仿真的结果来看，它能够符合硬件行为的要求。

但是需要注意仿真软件并不认识被注释了的 synplify 语句，在仿真软件看来，那只是一个注释而已。那该怎么办呢？

一般而言，当需要使用优先级编码逻辑的时候采用"casez"语句，可以确保 Case 语句涉及的是全面的；当需要使用 Parallel Case 的时候采用"Case"语句，而且 Case 语句中的各条分支都必须是相互排斥的。

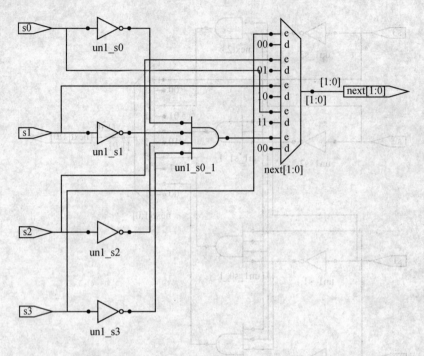

图 5-5 采用 Synplify pro 综合后的 Parallel Case 产生的 RTL 线路图

5.6 状态机的描述

状态机有三种描述方式：一段式状态机、两段式状态机、三段式状态机。这三种状态机各有特点，在不同的场合各有不同的应用，都可以实现相同的功能，但是由于不同的设计工程师各自的喜好不同，所以经常会争论哪种状态机设计最优。

5.6.1 一段式状态机

当把整个状态机写在一个 always 模块中，并且这个模块既包含状态转移，又含有组合逻辑输入/输出时，称之为一段式状态机。我们不推荐采用这种状态机，因为从代码风格方面来说，一般都会要求把组合逻辑和时序逻辑分开；从代码维护和升级来说，组合逻辑和时序逻辑混合在一起不利于代码维护和修改，也不利于约束。但在一些简单的状态机设计中，它也会被广泛使用。在一些复杂的状态机设计中，代码会变得冗长。下面通过例 5-6 来观察一段式代码的特点。

【例 5-6】 一段式状态机的 Verilog HDL 程序。

```
//本例主要采用一段式状态机来实现:在异步复位信号的控制下,一段式状态机进入IDLE
//状态,q_sig4 被复位,一旦 sig1 或者 sig2 有效,状态机进入 WAIT 状态,如果 sig1 和 sig2
//同时有效,那么状态机进入 DONE 状态,如果 sig4 还有效,那么 q_sig4 置位,同时状态机
//进入 IDLE 状态。
module one_seg_fsm(clk,reset,sig1,sig2,sig3,q_sig4,q_sm_state);
//数据声明部分
```

```verilog
input clk,reset,sig1,sig2,sig3;
output reg         q_sig4;
output reg [1:0] q_sm_state;
//参数声明
parameter   IDLE = 2'b00;
parameter   WAIT = 2'b01;
parameter   DONE = 2'b10;
//状态跳转逻辑程序设计
always @(posedge clk or posedge reset)
  begin
      if(reset)
      begin
          q_sig4      <= 0;
          q_sm_state <= IDLE;
      end
     else
        begin
            case(q_sm_state)
                IDLE: begin
                        if(sig1 || sig2)
                           begin
                               q_sm_state <= WAIT;
                               q_sig4 <= 1'b0;
                           end
                        else
                           begin
                               q_sm_state <= IDLE;
                               q_sig4 <= 1'b0;
                           end
                      end
                WAIT: begin
                        if(sig2 && sig3)
                           begin
                               q_sm_state <= DONE;
                               q_sig4     <= 1'b0;
                           end
                        else
                           begin
                               q_sm_state <= WAIT;
                               q_sig4     <= 1'b0;
                           end
                      end
                DONE:begin
                        if(sig3)
```

```
                        begin
                            q_sm_state <= IDLE;
                            q_sig4     <= 1'b1;
                        end
                    else
                        begin
                            q_sm_state <= DONE;
                            q_sig4     <= 1'b0;
                        end
                    end
                default: begin
                    q_sm_state <= IDLE;
                    q_sig4     <= 0;
                    end
            endcase
        end
    end
endmodule
```

例 5-6 主要实现的是一个简单的状态跳转逻辑,在异步复位信号 reset 的控制下,一段式状态机进入 IDLE 状态,q_sig4 被复位为 0;一旦 sig1 或者 sig2 有效时,状态机在时钟信号 clk 上升沿的采样下,进入 WAIT 状态;如果这时 sig2 和 sig3 同时有效,那么状态机将从 WAIT 状态进入 DONE 状态,否则就一直停留在 WAIT 状态;当状态机进入 DONE 状态时,如果 sig4 还有效,那么 q_sig4 置 1,同时状态机进入 IDLE 状态,否则就一直停留在 DONE 状态。图 5-6 为对应的状态跳转示意图。

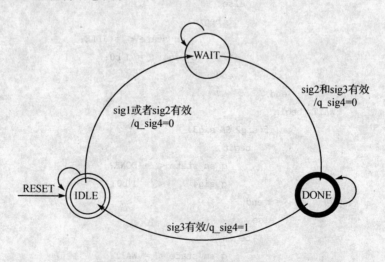

图 5-6 例 5-6 状态跳转示意图

这是一个简单的一段式状态机。我们再来分析程序代码,可以看出在 always 语句中既有状态跳转,也有状态输出。从图 5-7 中可以看出,采用 synplify pro 工具综合后在 FSM 中不仅有状态跳转,在状态跳转之间还有组合逻辑变化。

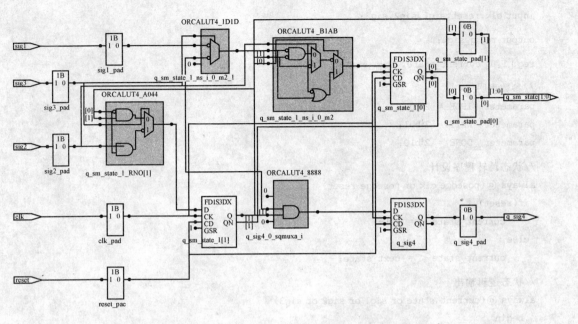

图 5-7 采用 Synplify pro 综合后的一段式状态机 RTL 线路图

5.6.2 两段式状态机

为了避免组合逻辑和时序逻辑之间的混乱，推荐采用两段式或者三段式状态机来实现其功能。所谓的两段式状态机就是采用一个 always 语句来实现时序逻辑，另外一个 always 语句来实现组合逻辑，这样不但符合代码的风格，同时也提高了代码的可读性，易于维护。不同于一段式状态机的是，它需要定义两个状态——现态和次态，然后通过现态和次态的转换来实现时序逻辑。它的时序逻辑基本形式如下：

```
always @(posedge clk or negedge rst_)
  if (!rst_)
    current_state <= IDLE;
  else
    current_state <= next_state;
```

把例 5-6 一段式状态机改写成两段式程序，如例 5-7 所示。在分析两段式状态机时需要注意两个 always 语句中的不同，第一个是时序转移，采用非阻塞赋值；第二个是状态的输入/输出，是组合逻辑，采用阻塞赋值；在第二个 always 语句块中采用的敏感状态信号是 current_state 即现态，被赋值的是次态。

【例 5-7】 两段式状态机的 Verilog HDL 程序。

```
//本例主要采用两段式状态机来实现例 5.6 的功能:在异步复位信号的控制下,一段式状
//态机进入 IDLE 状态,q_sig4 被复位,一旦 sig1 或者 sig2 有效,状态机进入 WAIT 状态,
//如果 sig1 和 sig2 同时有效,那么状态机进入 DONE 状态,如果 sig4 还有效,那么 q_sig4
//置位,同时状态机进入 IDLE 状态。
module two_seg_fsm(clk,reset,sig1,sig2,sig3,q_sig4);
//数据声明部分
```

第5章 有限状态机设计

```verilog
input clk,reset,sig1,sig2,sig3;
output reg q_sig4;
reg [1:0] current_state, next_state;
//参数声明
parameter   IDLE = 2'b00;
parameter   WAIT = 2'b01;
parameter   DONE = 2'b10;
//状态跳转程序设计
always @(posedge clk or posedge reset)
 if(reset)
     current_state <= IDLE;
 else
     current_state <= next_state;
//状态逻辑输出
always @(current_state or sig1 or sig2 or sig3)
  begin
       case(current_state)
       IDLE: begin
                         if(sig1 || sig2)
                             begin
                                 next_state = WAIT;
                                 q_sig4 = 1'b0;
                             end
                         else
                             begin
                                 next_state = IDLE;
                                 q_sig4    = 1'b0;
                             end
                 end
       WAIT: begin
                         if(sig2 && sig3)
                             begin
                                 next_state = DONE;
                                 q_sig4 = 1'b0;
                             end
                         else
                             begin
                                 next_state = WAIT;
                                 q_sig4 = 1'b0;
                             end
                 end
       DONE:begin
                         if(sig3)
```

```
                    begin
                        next_state = IDLE;
                        q_sig4 = 1'b1;
                    end
                else
                    begin
                        next_state = DONE;
                        q_sig4 = 1'b0;
                    end
            end
        default: begin
                    next_state = IDLE;
                    q_sig4 = 0;
                end
        endcase
    end
endmodule
```

图 5-8 为采用 synplify pro 综合软件后例 5-7 所生成的 RTL 电路，可以清楚地看到组合逻辑和时序逻辑分成了两部分。

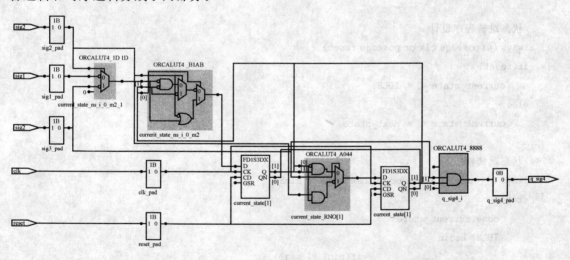

图 5-8 采用 Synplify pro 综合后的两段式状态机 RTL 线路图

5.6.3 三段式状态机

三段式和两段式的区别：两段式状态机直接采用组合逻辑输出，而三段式状态机则通过在组合逻辑后再增加一级寄存器来实现时序逻辑输出。这样做的好处在于增加一级寄存器输出可以有效地滤去组合逻辑输出的毛刺，同时增加一级寄存器可以有效地进行时序计算与约束，另外对于总线形式的输出信号来说，容易使总线数据对齐，从而减小总线数据间的偏斜（Skew），减小接收端数据采样出错的频率。

三段式状态机的基本格式是：第一个 always 语句实现同步状态跳转；第二个 always 语句

第5章 有限状态机设计

实现组合逻辑；第三个 always 语句则实现同步输出。组合逻辑采用的是 current_state，即现态，而同步输出采用的是次态。

把例 5-7 中的两段式状态机变换成三段式状态机，如例 5-8 所示。

【例 5-8】 三段式状态机的 Verilog HDL 程序。

```
//本例主要采用三段式状态机来实现例5.6的功能：在异步复位信号的控制下，一段式状
//态机进入 IDLE 状态，q_sig4 被复位，一旦 sig1 或者 sig2 有效，状态机进入 WAIT 状态，
//如果 sig1 和 sig2 同时有效，那么状态机进入 DONE 状态，如果 sig4 还有效，那么 q_sig4
//置位，同时状态机进入 IDLE 状态。
module three_seg_fsm(clk,reset,sig1,sig2,sig3,q_sig4);
//数据声明部分
input clk,reset,sig1,sig2,sig3;
output reg q_sig4;
reg [1:0] current_state, next_state;
//参数声明
parameter   IDLE = 2'b00;
parameter   WAIT = 2'b01;
parameter   DONE = 2'b10;

//状态跳转程序设计
always @(posedge clk or posedge reset)
  if(reset)
      current_state <= IDLE;
  else
      current_state <= next_state;

//状态跳转输出
always @(current_state or sig1 or sig2 or sig3)
   begin
        case(current_state)
        IDLE: begin
                        if(sig1 || sig2)
                            begin
                                next_state = WAIT;
                            end
                        else
                            begin
                                next_state = IDLE;
                            end
                    end
        WAIT: begin
                        if(sig2 && sig3)
```

```verilog
                    begin
                        next_state = DONE;
                    end
                else
                    begin
                        next_state = WAIT;
                    end
            end
        DONE: begin
                if(sig3)
                    begin
                        next_state = IDLE;
                    end
                else
                    begin
                        next_state = DONE;
                    end
            end
        default: begin
                    next_state = IDLE;
                end
    endcase
end

//逻辑输出
always @(posedge clk or posedge reset)
    if(reset)
        q_sig4 <= 1'b0;
    else
        begin
            case(next_state)
                IDLE,
                WAIT: q_sig4 <= 1'b0;
                DONE: q_sig4 <= 1'b1;
                default: q_sig4 <= 1'b0;
            endcase
        end

endmodule
```

与两段式状态机的代码不同,第二段中主要实现的状态跳转,第三段才会有数据的输出。图5-9是对上述程序采用synplify pro综合工具综合出来的结果,可以很清楚地看到与两段式的结果相比,三段式多出了一级寄存器输出级。

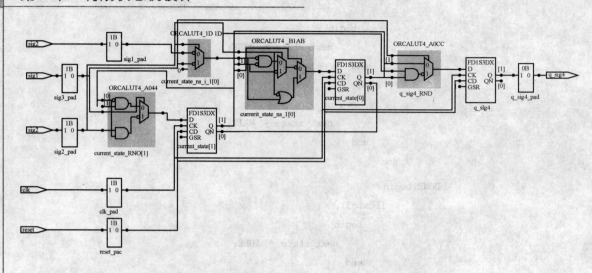

图 5-9 采用 Synplify pro 综合后的三段式状态机 RTL 线路图

5.6.4 小结

不管是一段式状态机,还是两段式或者三段式,都各有特点。尽管很多工程师并不推荐采用一段式状态机,但是现实中仍然有许多逻辑工程师会采用这样的方式来做一些简单的状态机的建模,当然这些状态机不用考虑时序约束的状况。

有些状态机比较复杂,如果直接阅读代码会比较麻烦,那么可以运用一些辅助设计工具来实现,比如 Synplify pro 中的 FSM Viewer(如图 5-10 所示);有些工程师习惯于采用状态转

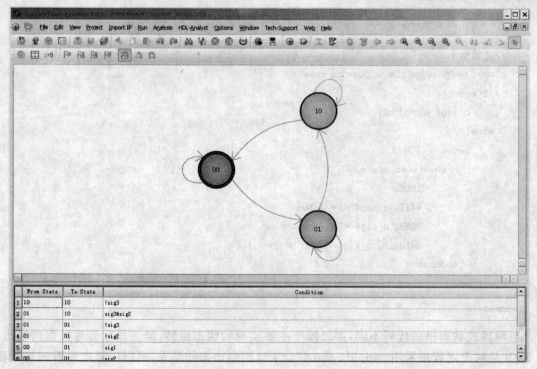

图 5-10 FSM Viewer 界面图

移图进行设计,也可以利用 Xilinx 公司的 StateCAD 以图形化的界面来实现状态机的编程,如图 5-11 所示。但是不管怎么样,独立运用 HDL 语言来进行状态机设计是逻辑工程师必须熟练掌握的一项技能。

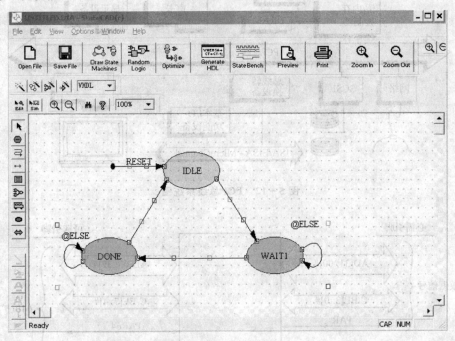

图 5-11 StateCAD 界面图

5.7 实例 3:PCI Slave 接口设计

5.7.1 PCI 协议简介

ISA 协议是计算机系统早期使用的系统解决方案协议,但是随着技术的发展,特别是 CPU、GPU 和芯片组技术的飞速发展,ISA 的发展遇到了瓶颈——总线速度不高并且总线占用信号过多。PCI 协议就是从 ISA 协议上继承和发展起来的一个系统解决方案的协议,也就是说它与其他的一些特定总线不同,它不是仅为了某个用途而设计的协议,而是一整套的系统解决方案,图 5-12 中是 PCI 协议在计算机系统中一个系统解决方案。

PCI 总线采用 33 MHz 的时钟频率操作,采用 32 位的数据总线,数据传输速率可高达 132 MB/s,远远超过了标准 ISA 总线 5 MB/s 的速率。它支持线性突发传输,这样对于高性能的图形加速器的数据实时处理尤为重要。

PCI 总线独立于处理器结构,这样即使处理器更新换代也不会影响到 PCI 总线的实现,通用性比较好,适合于从笔记本电脑到服务器的各种机型,而且它的兼容性强,能够与 ISA、EISA、MCA 总线完全兼容。它预留了 64 位数据位宽的设计,这样 PCI 总线的数据传输速度可以达到原来的两倍。

PCI 的基本结构如图 5-13 所示。

第 5 章 有限状态机设计

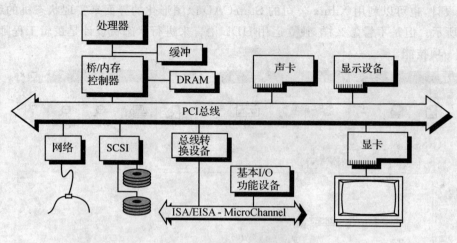

图 5-12 PCI 总线系统图

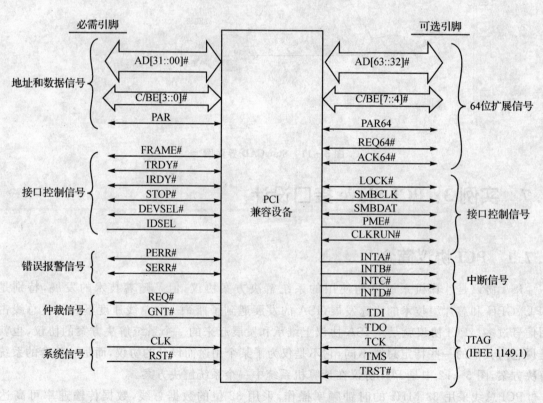

图 5-13 PCI 总线信号示意图

PCI 总线的信号线有 32 根数据地址线、2 个错误报警信号、2 根仲裁信号、1 根 33 MHz 的时钟信号、1 个全局复位信号以及 11 根握手信号。如果采用 64 位的结构,数据地址信号及其相关的控制信号等将增加一倍。

PCI 总线支持 3 种总线操作:I/O 读写操作、存储器读/写操作和配置读/写操作。当 FRAME#信号有效时,就意味着一个传输过程的开始;C/BE 信号中显示传输的类型;当 TRDY#、IRDY#、DEVSEL#、IDSEL 等握手协议都有效时就开始数据传输,直到 FRAME

#信号无效或者 STOP#信号有效。

图 5-14 为 PCI 总线基本的读操作示意图。

图 5-15 为 PCI 总线基本的写操作示意图。

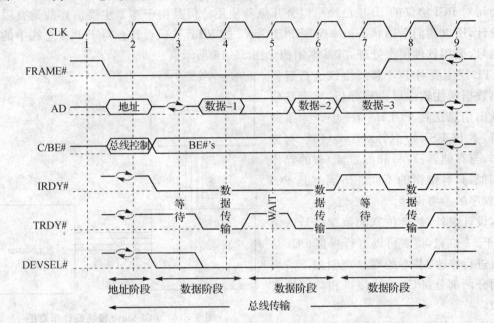

图 5-14　PCI 基本的读操作

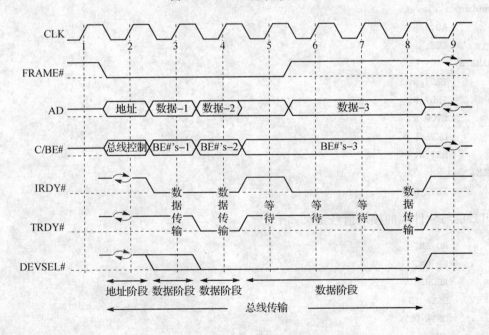

图 5-15　PCI 基本的写操作

对于 PCI 总线协议来说,在程序设计中需要特别注意握手信号的行为,在验证时要特别验证这些条件下数据的传输情况。

5.7.2 PCI Slave 可综合代码设计

PCI 协议的硬件语言实现有很多种方式,如纯粹的 RTL 代码、采用 IP 核等,目前基本上三家公司对 PCI 协议的 IP 核已经可以公开免费使用。但是由于本章主要讲述的是有限状态机的设计,所以我们采用状态机来实现 PCI Slave 的 RTL 代码设计。对于 PCI 总线中的系统控制信号,采用软件层来处理,其基本结构如图 5-16 所示。

RTL 层主要对 PCI 总线协议进行解析并读出数据送往软件层进行分析,或者从软件层读出信息送往 PCI master 中。为了便于理解,本 PCI Slave 只针对于 I/O 读/写进行操作,与存储器读/写和配置读/写的操作基本相似,只有细微的不同。下面就是 PCI Slave 程序的参考设计。

本设计仅针对 32 位宽的数据信号的情况,至于 64 位宽,读者可以自行根据 PCI 总线协议进行修改,基本的端口声明如下。端口声明分两部分:PCI 总线接口和与软件层的接口。

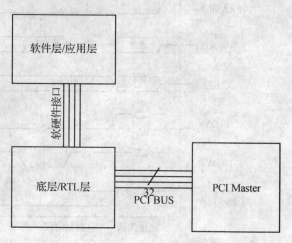

图 5-16 PCI Slave 模块设计示意图

PCI 总线接口的信号定义如下:

```
module pci_slave(
        AD,
        CBE,
FRAME_N,
        TRDY_N,
        IRDY_N,
        STOP_N,
        DEVSEL_N,
        RST_N,
PCLK,
        INTR_N,
```

RTL 层与软件层的接口信号定义如下:

```
        RD_EN,
        WR_EN,
        ADDR,
        DATA_IN,
        DATA_OUT,
        INT,
        TRDY,
        STOP);
```

端口定义后,进行信号和内部变量声明:

```
input   [31:0]       AD;          //仅针对32位情况,没有扩展到64位
input   [3:0]        CBE;         //命令字声明
input                FRAME_N;     //帧开始标志
output               TRDY_N;      //从机准备好信号
input                IRDY_N;      //主机准备好信号
output               STOP_N;      //从机请求停止传输信号
output               DEVSEL_N;    //从机响应主机已经准备好
input                RST_N;       //信号复位信号
input                PCLK;        //PCI 33 MHz时钟信号
output               INTR_N;      //中断信号

output  reg          RD_EN;       //读使能信号
output  reg          WR_EN;       //写使能信号
input   [31:0]       ADDR;        //PCI地址
input   [31:0]       DATA_IN;     //从PCI总线读取数据送往上层
output  reg [31:0]   DATA_OUT;    //写PCI总线数据
input                INT;         //来自上层的中断信号
input                TRDY;
input                STOP;

reg     [8:0]        current_state;
reg     [8:0]        next_state;
reg     [31:0]       addr;
reg                  io_wr_reg;
reg                  io_rd_reg;
reg     [31:0]       data_buf;

wire                 addr_match;
```

为了简单起见,系统信号统一由软件层控制:

```
assign  INTR_N = INT ? 1'b0:1'bz;
assign  STOP_N = STOP? 1'b0: 1'bz;
assign  TRDY_N = TRDY? 1'b0: 1'bz;
```

PCI slave的设计可以采用一段式状态机、两段式状态机或者三段式状态机来实现,取决于具体的设计方案和所选的器件。为了更好地满足时序要求,本例中采用三段式状态机来实现。图5-17为其对应的基本的状态跳转图。

首先进行状态的声明,状态声明采用独热码进行编码,具体如下所示:

```
//参数声明
parameter   IDLE            = 9'b0_0000_0001;
parameter   ADDR_CHECK      = 9'b0_0000_0010;
parameter   TURN_AROUND     = 9'b0_0000_0100;
parameter   RCV_DAT         = 9'b0_0000_1000;
parameter   XMIT_DAT        = 9'b0_0001_0000;
parameter   RCV_DAT_AROUND  = 9'b0_0010_0000;
parameter   WAIT_AROUND     = 9'b0_0100_0000;
```

第 5 章 有限状态机设计

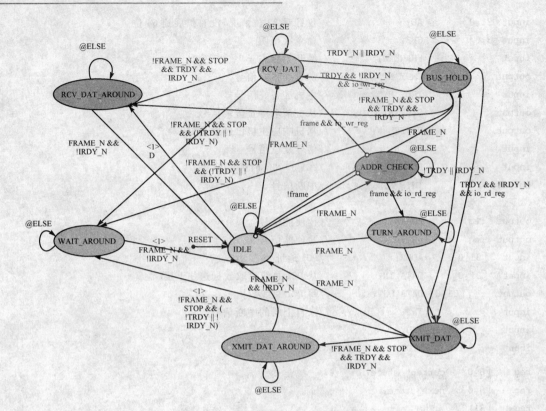

图 5-17 PCI Slave 状态跳转图

```
    parameter  BUS_HOLD        = 9'b0_1000_0000;
    parameter  XMIT_DAT_AROUND = 9'b1_0000_0000;
assign  DEVSEL_N = (current_state == (TURN_AROUND ||
                                      RCV_DAT||
                                      XMIT_DAT||
                                      RCV_DAT_AROUND||
                                      WAIT_AROUND||
                                      BUS_HOLD||
                                      XMIT_DAT_AROUND)) ? 1'b0 : 1'bz;
```

对于三段式状态机而言,第一段为时序逻辑,主要是现态和次态的转换:

```
//状态跳转程序设计
always @(posedge PCLK or negedge RST_N)
    if(!RST_N)
        current_state <= IDLE;
    else
        current_state <= next_state;
```

第二段为组合逻辑,主要是用于状态跳转,其现态为敏感变量,而次态为输出。在这一段中,没有任何其他组合逻辑的输出。需要注意的是:敏感表达式必须写完整,否则会生成锁存器:

```verilog
//状态跳转输出
always @(current_state or FRAME_N or IRDY_N
         or TRDY or STOP or frame or io_wr_reg or io_rd_reg)
  begin
     case(current_state)
     IDLE: begin
                           if(!FRAME_N)
                                next_state = ADDR_CHECK;
                           else
                                next_state = IDLE;
                 end
     ADDR_CHECK: begin
                           if(frame)
                              if(io_wr_reg)
                                 next_state = RCV_DAT;         //从主机获取数据
                              else if(io_rd_reg)
                                 next_state = TURN_AROUND;  //转换总线主导权
                              else
                                 next_state = ADDR_CHECK;
                           else
                              next_state = IDLE;
                        end
                 RCV_DAT:begin
                           if(!FRAME_N)
                              if(STOP)
                                 if(TRDY)
                                    if(IRDY_N)                //主机保持总线
                                       next_state = RCV_DAT_AROUND;
                                    else
                                       next_state = WAIT_AROUND;
                                 else
                                    next_state = WAIT_AROUND;
                              else if(!TRDY || IRDY_N)
                                 next_state = BUS_HOLD;
                              else
                                 next_state = RCV_DAT;
                           else
                              next_state = IDLE;
                        end
                 RCV_DAT_AROUND:begin
                           if(FRAME_N && !IRDY_N)
                              next_state = IDLE;
                           else
                              next_state = RCV_DAT_AROUND;
                        end
```

```verilog
            WAIT_AROUND: begin
                if(FRAME_N && !IRDY_N)
                    next_state = IDLE;
                else
                    next_state = WAIT_AROUND;
                end
            BUS_HOLD:begin
                if(!FRAME_N)
                    if(STOP)
                        if(TRDY)
                            if(IRDY_N)              //主机保持总线
                                next_state = RCV_DAT_AROUND;
                            else
                                next_state = WAIT_AROUND;
                        else
                            next_state = WAIT_AROUND;
                    else if(TRDY || !IRDY_N && io_wr_reg)
                        next_state = RCV_DAT;
                    else if(TRDY || !IRDY_N && io_rd_reg)
                        next_state = XMIT_DAT;
                    else
                        next_state = BUS_HOLD;
                else
                    next_state = IDLE;
                end
            TURN_AROUND: begin
                if(STOP)
                    next_state = IDLE;
                else
                    next_state = XMIT_DAT;
                end
            XMIT_DAT: begin
                if(!FRAME_N)
                    if(STOP)
                        if(TRDY)
                            if(IRDY_N)              //主机保持总线
                                next_state = XMIT_DAT_AROUND;
                            else
                                next_state = WAIT_AROUND;
                        else
                            next_state = WAIT_AROUND;
                    else if(!TRDY || IRDY_N)
                        next_state = BUS_HOLD;
                    else
```

```verilog
                    next_state = XMIT_DAT;
              else
                    next_state = IDLE;
          end
     XMIT_DAT_AROUND: begin
          if(FRAME_N && !IRDY_N)
              next_state = IDLE;
          else
              next_state = XMIT_DAT_AROUND;
          end

     default: begin
              next_state = IDLE;
          end
     endcase
end
```

第三段为了更好地控制数据之间的偏斜和进行时序约束,采用时序逻辑控制:

```verilog
//逻辑输出
  always @(posedge PCLK or negedge RST_N)
    if(!RST_N)
      begin
          io_wr_reg <= 1'b0;
          io_rd_reg <= 1'b0;
          addr      <= 32'b0;
          DATA_OUT  <= 32'b0;
          WR_EN     <= 1'b0;
          RD_EN     <= 1'b0;
          data_buf  <= 32'b0;
      end
    else
      begin
          case(next_state)
            ADDR_CHECK:
              begin
                  io_wr_reg <= ~CBE[3] & ~CBE[2] & CBE[1] & ~CBE[0];
                  io_rd_reg <= ~CBE[3] & ~CBE[2] & CBE[1] & CBE[0];
                  addr      <= AD;
              end
            RCV_DAT:
              begin
                  RD_EN    <= 1'b1;          //通知上层读取数据
                  DATA_OUT <= AD;
              end
            RCV_DAT_AROUND:
```

```verilog
            begin
                RD_EN    <= 1'b1;
                DATA_OUT <= (FRAME_N && !IRDY_N)? AD: DATA_OUT;
            end
        XMIT_DAT:
            begin
                WR_EN    <= 1'b1;           //通知上层写入数据,传输到总线
                data_buf <= DATA_IN;
            end
        XMIT_DAT_AROUND:
            begin
                WR_EN    <= 1'b1;
                data_buf <= (FRAME_N && !IRDY_N)? DATA_IN: data_buf;
            end

        default:
            begin
                io_wr_reg <= 1'b0;
                io_rd_reg <= 1'b0;
                addr      <= 32'b0;
                DATA_OUT  <= 32'b0;
            end
        endcase
    end
```

PCI Slave 的数据地址线是双向信号,所以需要进行数据地址信号双向处理:

```verilog
//数据地址信号双向处理
assign AD = WR_EN ? data_buf : 32'bz;
```

PCI 总线协议的握手信号比较多,如果全部体现在敏感表达式中就会影响到状态机的运行效率。因此,可以在顶层中定义几个内部变量来减小敏感表达式中的敏感变量的个数。

注意:如果 always 语句中敏感表达式中的敏感变量过多,会使整个 always 模块转化的 RTL 线路变得复杂,同时有可能会使工程师由于疏忽而遗忘其中的一个敏感变量,从而生成锁存器。再者就代码风格而言,太多的敏感变量是很忌讳的。因此,建议过多的敏感变量可以采用语句 always @(*)来替代,或者先在 always 模块外先进行处理,设置中间变量来减少敏感变量的个数,如假设 PCI 数据总线作为敏感变量,任意一根数据线为 1 时,执行 always 模块,如果直接把 PCI 数据总线作为敏感变量,则 always 语句中至少有 32 个敏感变量。我们可以设置一个中间变量 flag_one,并且 assign flag_one = |AD;那么 always 语句中的 32 个数据总线敏感变量就可以采用 flag_one 来替代,这样敏感变量就从 32 个减少到 1 个。

```verilog
//握手信号处理
assign addr_match = (addr == ADDR);
assign abort      = !FRAME_N & STOP & !TRDY & DEVSEL_N;
assign slave_term = !FRAME_N & STOP & !TRDY;
assign frame      = addr_match & !IRDY_N & TRDY &!DEVSEL_N & !FRAME_N;
```

本 PCI Slave 在设计时删去了许多控制信号,但是其基本结构都是如此。我们可以根据不同的设计需求进行很多的修改。例如:如果逻辑比较紧张,就可以采用格雷码进行状态编码,采用两段式状态机来实现状态跳转;对于一些大型设计来说,则需要根据实际情况来进行设计。

5.8 本章小结

状态机设计是硬件描述语言最基本的也是最重要的部分。本章着重讲述了状态机的基本要素、描述、种类以及设计的注意事项。一般来说,凡是有时序逻辑的设计都会用到状态机,特别是协议解析时。对于逻辑工程师而言,不要拘泥于状态机的实现形式是两段式还是三段式,而要根据具体的设计需要进行编码。

5.9 思考与练习

1. 状态机有哪几种?分别有什么特点?
2. 采用 Verilog HDL 描述状态机时,需要注意哪些事项?
3. Case 语句在状态机描述中,有哪些注意事项?
4. Full Case 和 Parallel Case 在逻辑综合中有什么不同?
5. 状态编码有哪几种?分别有什么缺点和优点?
6. 格雷码有什么样的特点?为什么采用格雷码可以达到面积和速度都能有效提高的目的?
7. 采用 syplify 工具中的关键字 synthesis 来实现编码规则的转化有什么优点和缺点?
8. Moore 状态机与 mealy 状态机之间有什么区别与联系?
9. 什么是 PCI 协议?PCI 协议的基本内容是什么?
10. 试根据 PCI 协议,采用 Verilog HDL 设计一个完整的 PCI Slave。

第 6 章

约束与延时分析

在 CPLD/FPGA 设计中，特别是涉及高速数字信号或者高速协议的部分，经常需要在综合和实现阶段附加约束，从而控制综合实现的进程以满足设计的要求。设计者往往通过编写约束文件来控制综合编译器和布局布线工具并使其朝着系统设计要求的方向工作，实现逻辑映射、布线布局等。

本章将重点介绍引脚锁定以及时序约束等基本概念及分析方法。

本章的主要内容有：
- 约束的基本概念；
- 引脚约束；
- 时序约束；
- 约束的分析方法；
- 静态延时分析。

6.1 约束的目的

约束的终极目的就是为了使设计实现特定的功能，主要有如下几个方面的作用：

① 引脚位置锁定及电气标准设定。采用 CPLD/FPGA 设计的最大优点就是可以加速设计，缩短上市时间。因为工程师在进行 CPLD/FPGA 设计的同时，电路设计工程师可以进行电路板设计，而布局布线工程师可以根据最原始的线路和布局布线指导文档开始进行布局布线，三者几乎可以同时进行，而不必等到 CPLD/FPGA 引脚完全确定。CPLD/FPGA 工程师结合电路设计及 PCB 走线的趋势来设计约束文档，从而指定引脚的位置、电气特性和接口标准。目前不论是哪家的 CPLD/FPGA 都可以支持多种电气标准，如 LVTTL、LVCMOS、LVDS、GTL 等。

② 提高设计的工作频率。对于 FPGA 工程师，狭义上的约束就是为了提高工作的频率，因为高速的工作频率就意味着高速的处理能力。而对于数字系统来说，在其他方面需求全部都满足的前提下，高速处理是数字电路设计的追求。50 MHz 以下的时钟频率整个设计中只有单一频率的数字系统是不用再附加时序约束的，目前一般的 CPLD/FPGA 都可以达到这样的要求。而频率较高的设计，特别是一些高速协议解析（比如 DDR、PCI-E、SATA、SAS 等），或者一些多周期路径的情况，就需要附加时序约束来确保综合实现的结果以满足设计的要求。

③ 获得正确的时序分析报告。从 CPLD/FPGA 综合与布局布线软件本身来看，只要采用它们进行综合和布局布线，即使不附加约束也可以实现正确的时序分析报告，但它是基于综

合实现软件所设置的默认时序参数而做出来的,有可能不是 CPLD/FPGA 设计者本身想要的结果。而通过附加设计者想要的约束条件,设计者可以在某种程度上要求综合和布局布线软件按照设计的意图布局布线,从而获得较好的时序分析报告,设计者便可以从 STA(Static Timing Analysise,静态延时分析)看到综合和布局布线实现后的结果是否与自己所设定的约束相符。

6.2 引脚约束及电气标准设定

引脚约束是 CPLD/FPGA 的基础之一。如果没有引脚约束和锁定,整个设计就不能与实际中的 CPLD/FPGA 相结合,当然也就无法生成正确的功能模块,实现真正意义上的 CPLD/FPGA 设计。引脚约束主要有三种方式:一是采用各家公司的集成开发环境来实现引脚约束,比如采用 Xilinx 公司的 ISE、Altera 公司的 Quartus-II、Lattice 公司的 ispLEVER、Diamond 等,它们采用图形化的界面可以清楚地表现出引脚约束信息,但是需要花费较多的时间去设置,本书对此不做讲述,如果各位读者感兴趣可以自行查阅各家公司的相关软件说明文档进行对照设计;二是设计专门的引脚约束文件,比如 Xilinx 公司的.ucf 文件、Altera 公司的.qsf 文件、Lattice 公司的.lpf 文件等等,这种专门的约束文件的好处在于综合和布局布线软件可以自动识别这些文件,并且和硬件描述语言一起进行编译,省却了再次引脚约束的麻烦,它还可以把时序约束的条件加在一起,形成一个综合约束的文档;三是采用注释的方式在代码中自动锁定,这种方式的好处在于可以在代码中就直接查看到信号在物理引脚上的具体作用,并且容易修改和升级,但是它需要和具体的综合软件相结合。

6.2.1 引脚约束文件

不同的厂商支持不同的引脚约束文件,如 Lattice 所采用的引脚约束文件为.lpf 文件,Xilinx 支持的引脚约束文件为.ucf 文件,而 Altera 所使用的引脚约束文件为.qsf 文件。不同厂家的引脚约束文件的关键字有所不同,不能简单地改变后缀名来实现不同厂商芯片的引脚锁定。

下面简单介绍 Xilinx 公司的引脚约束文件.ucf 文件的语法规则,具体的设计可以参考.ucf 设计规范。

(1) 通用规则

.ucf 文件对于大小写敏感,也就是说同一单词的大小写不同表示不同的含义,标识符必须与代码中的名字一致,但是约束中的关键字对大小写不敏感。

语句以分号结尾,一个语句可以多行表述。

语句之间不分先后次序,不过建议引脚约束顺序与代码中引脚列表顺序一致。

采用"#"或者"/*...*/"的方式来进行注释。

(2) 基本语法

{NET|INST|PIN}"full name" constraint;

例如:

NET "I_PAL_32KHZ"   LOC=A8 | IOSTANDARD=LVCMOSS33 | SLEW=FAST;

表示信号 I_PAL_32KHZ 锁定在引脚 A8 上,它的电平标准为 3.3 V 的 LVCMOS 标准,斜率为快速。

(3) 通配符

在约束语句中可以使用"*"、"?"来作为通配符。"*"代表任何的字符串,而"?"则表示一个字符。

这样的表示方法可以用来对一组信号进行约束,如:

NET "DATA_?" DRIVE=8;

这个语句表示把以 DATA_开头的一组信号的驱动电流全部设置为 8 mA。

6.2.2 代码注释约束

如果采用专门的引脚约束文件,在代码中不容易看到具体的约束情况,于是另外一种引脚约束方法就产生了——通过在代码中以类似注释加关键字的方式来实现约束。但是不同的厂家有不同的代码注释约束方式,而且代码注释约束的方式只针对于特定的综合工具(比如 synplify)等,而对于其他厂家或者仿真软件来说,它们只是普通的注释语言而已。

下面就以 Lattice 的 ispLEVER、Diamond 集成开发环境来具体说明怎样进行代码注释约束。如果需要使用 Xilinx 或者 Altera 公司的集成开发环境,可以查阅相关的技术文档和网站,如http://www.latticesemi.com/documents/TN1112.pdf。

(1) 引脚锁定

关键字:LOC

当采用 Examplar 综合工具时,它的基本语法如下:

//examplar attribute Pinname LOC [Pin#]

如把 clk 信号锁定到引脚 17 上:

input clk//examplar attribute clk LOC 17

当采用 Synplicity 综合工具进行综合时,它的基本语法是:

pinType PinName /* synthesis LOC="[Pin#]" */;

如把 sout 总线锁定由高到低锁定到 55、56 和 57 引脚上:

output [2:0] sout /* synthesis LOC="55,56,57" */;

需要注意的是,采用 synplicity 综合工具时,注释需要写在";"里面,而且注释和信号声明中不能有其他的注释,否则无效。

(2) 引脚类型设定

关键字:IO_TYPES

采用 examplar 综合工具时,它的基本语法如下:

//examplar attribute PinName IO_TYPES Type

如把输出 PORTD 设定引脚类型为 LVCMOS33:

//examplar attribute PortD IO_TYPES LVCMOS33

采用 Synplicity 综合工具时,它的基本语法如下:

/* synthesis IO_TYPES = "Type" */

如把输入 PORTA 设定引脚类型为 LVDS:

input portA /* synthesis IO_TYPES = "LVDS" */;

(3) 引脚驱动电流设定

关键字：DRIVE

采用 examplar 综合工具时，它的基本语法如下：

//examplar attribute PinName DRIVE Value

如把输出 PORTD 设定引脚驱动电流为 14 mA：

//examplar attribute PortD DRIVE 14

采用 Synplicity 综合工具时，它的基本语法如下：

/* synthesis DRIVE= "Value" */

如把输出 PORTA 的驱动电流设置为 8 mA：

output portA /* synthesis DRIVE = "8" */;

电流驱动强度与引脚类型设定有直接关系，不同的引脚类型有不同的驱动电流。另外，驱动电流只针对输出而言，对于输入是无所谓驱动电流的。

(4) 引脚输出斜率设定

关键字：SLEWRATE

采用 examplar 综合工具时，它的基本语法如下：

//examplar attribute PinName SLEWRATE FAST/SLOW

如把输出 Slews 的输出斜率设定为 slow：

output Slews; //examplar attribute Slews SLEWRATE SLOW

采用 Synplicity 综合工具时，它的基本语法如下：

/* synthesis SLEWRATE ="FAST/SLOW" */

如把输出 SlewF 的斜率设置为 Fast：

output SlewF /* synthesis SLEWRATE = "FAST" */;

(5) 引脚上拉模式设定

关键字：PULLMODE

有 4 种模式，分别为上拉(UP)、下拉(DOWN)、保持(KEEPER)和无(NONE)。当采用 examplar 综合工具时，它的基本语法如下：

//examplar attribute PinName PULLMODE TYPE

如把输入 A、B、C 的输入模式分别设成保持、上拉、下拉：

input A,B,C; //examplar attribute A PULL MODE KEEPER
             //examplar attribute B PULLMODE UP
             //examplar attribute C PULLMODE DOWN

采用 Synplicity 综合工具时，它的基本语法如下：

/* synthesis PULLMODE ="TYPE" */

如把输出 D 的输出模式设置为无：

output D /* synthesis PULLMODE = "NONE" */;

(6) 引脚 OD 设定

关键字：OPENDRIVE

有两种方式：开启(ON)、关闭(OFF)。

采用 examplar 综合工具的时候，它的基本语法如下：

//examplar attribute PinName OPENDRAIN ON/OFF

第6章 约束与延时分析

如把输出 OD_A 的输出设为 OD：
//examplar attribute OD_A OPENDRAIN ON
采用 Synplicity 综合工具时，它的基本语法如下：
/* synthesis OPENDRAIN ="ON|OFF" */
如把输出 OD_D 的输出设置为 OD：
output OD_D /* synthesis OPENDRAIN = "ON" */;

（7）节点预留设定

如果两个或者两个以上节点在 CPLD/FPGA 里面的输入信号相同，并且整个处理过程和方式都一致，那么在综合工具中就会被等效成一个节点而被自动优化，而这样可能与设计的初衷不相符合，因此需要采用节点预留设定的方式，当综合软件解析到这样的注释时，就将"忠诚地"按照代码方式处理，而不会将"冗余"的节点优化。

采用 examplar 综合工具时，它的基本语法如下：
//examplar attribute NODEName PRESERVE_SIGNAL TRUE
//examplar attribute NODEName NOMERGE ON
//examplar attribute NODEName NOCLIP ON
如把 NodeA 保留：
//examplar attribute NodeA PRESERVE_SIGNAL TRUE
//examplar attribute NodeA NOCLIP ON
//examplar attribute NodeA NOMERGE ON
或者也可以这样表示：
/* examplar attribute NodeA PRESERVE_SIGNAL TRUE
   examplar attribute NodeA NOCLIP ON
   examplar attribute NodeA NOMERGE ON */
采用 Synplicity 综合工具时，它的基本语法如下：
wire NodeName/* synthesis SYN_KEEP = 1 NOCLIP = "ON"
              NOMERGE = "ON" */
如把 NodeA 设置为保留：
wire NodeA /* synthesis SYN_KEEP = 1 NOCLIP ="ON"
NOMERGE = "ON" */;

6.3 时序约束的基本概念

我们先观察如图 6-1 所示，这个基本的时序模型。在 CPLD/FPGA 设计中，时序约束是指路径之间的约束，任何一条路径都有起点和终点。最重要的是，路径是不能穿过触发器的，因此 CPLD/FPGA 至少有 3 种不同的基本路径：① 触发器到触发器之间的路径；② 从输入端口到内部触发器之间的路径；③ 从内部触发器到输出端口之间的路径。时序约束有几个重要的基本概念，所有的时序约束都是围绕这些基本概念而进行的，它们包括建立时间(T_{su})、保持时间(T_h)、时钟到输出延时(T_{co})、传播延时(T_{pd})等。

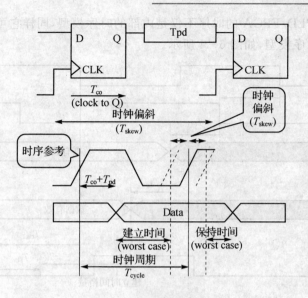

图 6-1 简单的时序模型

6.3.1 路径

要了解时序约束的概念,首先需要了解什么是路径。对于 CPLD/FPGA 来说,有几种路径就会有几种不同的时序模型。

(1) Clock-to-Setup 路径

Clock-to-Setup 路径是我们常见到的时序模型(如图 6-2 所示),一般用来描述 CPLD/FPGA 内触发器之间的延时。图 6-3 所示为它的基本波形。

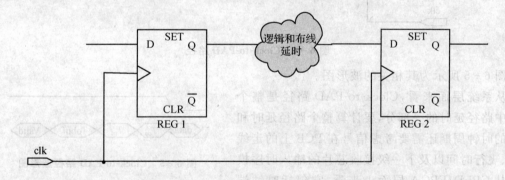

图 6-2 时序模型示意图

从图 6-3 中可以看出这个路径的延时包括:源端触发器的时钟端到输出端的延时、逻辑和布线延时、时钟的布线延时以及建立时间,通过计算可以读出最小的时钟周期和最高的时钟频率。

从图 6-3 的波形图可以看出,触发器都是采用上升沿触发的方式,如果电路利用的是时钟的上下沿采样的话,比如上一级触发器采用的是上升沿触发而下一级触发器采用的是下降沿触发,则整个路径的延时为时钟的正脉冲宽度,同时需要考虑实际的占空比和时钟抖动。

(2) Clock-to-PAD 路径

我们常见的时序模型之一,可以称之为输出模型。任何一个 CPLD/FPGA 在系统中都不是单独存在的,而 CPLD/FPGA 的时序不仅是内部的时序模型,同样它可以驱动下一级芯片,从而产生一个新的时序模型,如图 6-4 所示。

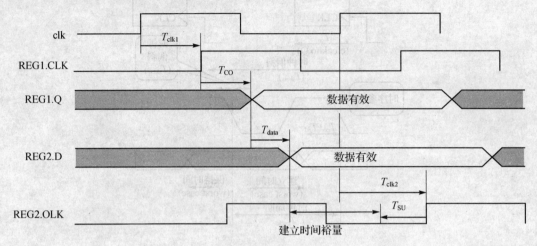

图 6-3 时序逻辑波形示意图

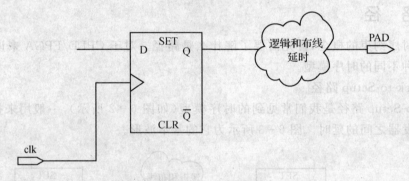

图 6-4 Clock-to-PAD 路径

图 6-5 所示为其相关的波形图。

从系统层面来看,Clock-to-PAD 路径是整个系统中路径延时的一部分,要计算整个路径延时和最小的时钟周期还需要考虑信号在 PCB 上的走线延时、飞行时间以及下一级接收芯片的输入时序模型。从 CPLD/FPGA 层面上来看,它包括时钟端

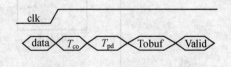

图 6-5 Clock-to-PAD 路径波形图

到触发器输出端延时、逻辑和布局布线延时、输出缓冲延时等。当对 Clock-to-PAD 路径进行时序约束时,需要电路设计工程师、CPLD/FPGA 工程师和布局布线工程师共同决定信号在 Clock-to-PAD 路径的延时、信号在 PCB 板上的延时以及接收端芯片可承受的延时容限各为多少,最后以文档的形式确定时序约束。

(3) PAD-to-Setup 路径

图 6-6 是另外一种常见的时序模型,也叫作输入模型。CPLD/FPGA 不仅可以输出信号,也可以接收信号,接收信号必须满足输入模型的条件。图 6-7 为其对应的相关波形图。

正如以上所述的输出模型,从 CPLD/FPGA 层面来看输入模型的路径延时包括了输入缓

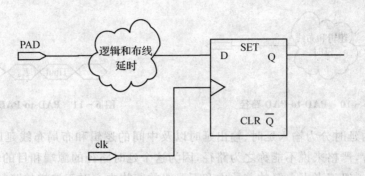

图 6-6 PAD-to-Setup 路径

冲延时、逻辑及布局布线延时以及建立时间；从系统角度来看，整条路径的延时还需要包括上一级芯片的输出模型延时以及 PCB 走线延时和信号的飞行时间，因此要确定对此路径进行时序约束，需要召集电路设计工程师和布局布线工程师一起讨论最后决定此路径的时序约束。

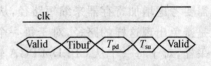

图 6-7 PAD-to-Setup 路径波形图

以上三种路径均属于同步时序路径，都有时钟信号作参考。以下还有两种异步时序路径。

(4) Paths Ending at Clock Pin of Flip-Flops

此路径是指时钟信号从源端到达各个具体触发器的时钟端的路径（如图 6-8 所示）。在 CPLD/FPGA 中，设计工程师都推荐采用全局时钟来驱动触发器，但是尽管采用全局时钟，时钟到达触发器之间还是有一段延时时间，这段时间在计算延时时必须考虑进去。

这样经过一些组合或者布线延时后的时钟与初始时钟之间会有一定的偏差，路径延时主要是逻辑和布线延时，其波形如图 6-9 所示。因此对于时序要求严格的系统应尽量避免采用组合逻辑来生成二级时钟，同样也要尽量避免采用逻辑门来产生门控时钟。

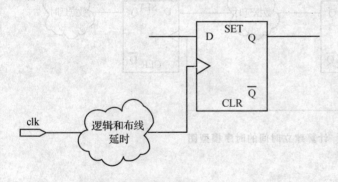

图 6-8 Paths Ending at Clock Pin of Flip-Flops

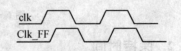

图 6-9 Paths Ending at Clock Pin of Flip-Flops 波形图

(5) PAD-to-PAD 路径

图 6-10 所示为一条纯组合逻辑的路径，从芯片输入的引脚开始，经过任意级的组合逻辑电路，然后从另外一个输出引脚输出。图 6-11 为其相关波形图。

图 6-10　PAD-to-PAD 路径
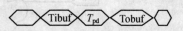
图 6-11　PAD-to-PAD 路径波形图

整条路径的延时分为输入延时、输出延时以及中间的逻辑和布局布线延时。如果放在整个系统层面来看，严格来说不能称之为路径，因为这个延时路径的源端和目的端都不在这个芯片里面，而在上一级或者上上级的芯片中和下一级的芯片中。对于这样的路径，系统工程师在考虑时序约束时一定要认真对待。如果留给 CPLD/FPGA 的延时太小，CPLD/FPGA 工程师就需要考虑增加寄存器来缩短路径，从而提高系统设计频率。另外，一个比较好的设计习惯就是避免出现这样的路径，对于每一个进入 CPLD/FPGA 的信号，第一时间内采用触发器进行采样，对于每一个从 CPLD/FPGA 输出的信号，都采用触发器实现。这样不论从系统层面还是从 CPLD/FPGA 层面来把握时序就会变得相当简单。

了解了路径的概念之后，再来了解一些相关的比较详细的基本概念。

6.3.2　时序约束参数

1. 建立时间

如图 6-12 所示，建立时间就是指数据必须在时钟有效沿到来之前稳定的最小时间长度。当建立时间不够时，触发器采集不到数据，或者采集到的数据是错误的数据，从而导致整个时序逻辑的错误。

任何一个时序逻辑芯片都会存在建立时间这个概念，一般使用 T_{su} 来表示。

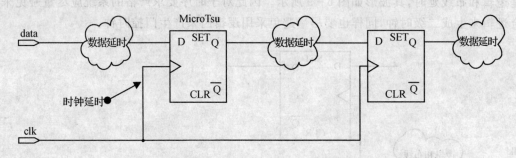

图 6-12　计算建立时间的时序模型图

2. 保持时间

通过对图 6-12 的分析可知，保持时间是指当时钟信号有效沿到来之后，数据必须保持的最小稳定时间，一般采用 T_h 来表示。当保持时间不够时，数据传输将出现紊乱，系统将出现亚稳态的问题。

3. 时钟到输出延时

当时钟到达一个触发器并成功地采样到数据端数据时，并不会立即就表现在输出端上，这之间会有一段延时时间，叫作时钟到输出延时时间，一般用 T_{co} 表示。

4. 传播延时

数据从寄存器出来以后,到达下一级寄存器之间的逻辑和布线延迟,就叫作传播延时,一般使用 T_{pd} 表示。

5. F_{max}

F_{max} 是芯片设计中一个很重要的概念,对于芯片内部而言,它是寄存器到寄存器之间的延时,而对于整个芯片还需要考虑进入芯片的建立保持时间以及输出芯片的 T_{co}。把它取反就是最小时钟周期的概念。图 6-13 就是计算 F_{max} 的时序模型示意图。

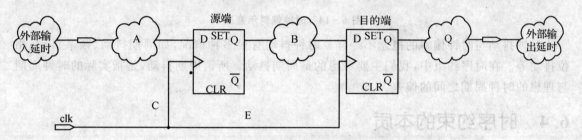

图 6-13 计算 F_{max} 的时序模型示意图

芯片内部的 F_{max} 的计算方法如下:

$$F_{max}=\frac{1}{B-(E-C)+T_{co}+T_{su}}$$

整个系统时钟频率 F_{max} 的计算方法如下:

$$F_{max}=\frac{1}{Max\{cycle\_input\_clk, cycle\_in\_clk, cycle\_output\_clk\}}$$

6. Slack

Slack 用来衡量一个设计是否满足时序:正的 slack 表示满足时序,而负的 slack 则表示不满足时序。

$$slack = required\_clock\_cycle\_actual\_clock\_cycle$$
$$slack = slack\_clock\_period - (T_{co}+T_{pd}+T_{su})$$

如果 slack 为负,数据保持时间不够,主要是由于数据路径延时大于时钟延时而造成的。对于同步电路来说,由于采用同一时钟信号进行驱动,因此计算 slack 相对比较简单。从建立时间来考虑,最坏的情况是 slack 是一个时钟周期减去时钟抖动的最大绝对值;而从保持时间来考虑,最坏的情况是 slack 是一个时钟周期加上时钟抖动的最大绝对值。对于异步电路来说,由于采用不同的时钟信号进行驱动,slack_clock_period 是指两个不同时钟的有效边沿之差,需要特别注意。

7. 时钟偏斜与抖动

时钟偏斜是指同一时钟源产生的时钟信号由于经过不同的布局布线延时到达两个不同的寄存器的时钟端的时间之差。一般建议采用全局时钟资源来驱动设计中的主要时钟信号,以减少时钟偏斜。例如在图 6-14 中,时钟到达源端的触发器用时 1.2 ns,到达目的端的触发器用时 2.12 ns,它们之间的时钟偏斜就是 0.92 ns。

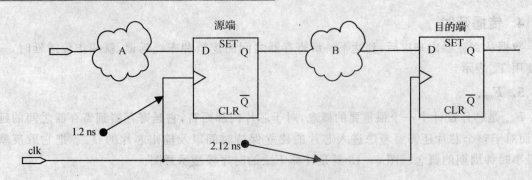

图 6-14 时钟偏斜示意图

时钟抖动与时钟偏斜的概念不一样。时钟抖动有很多种情况,如周期抖动、频率抖动、相位抖动等。在时序约束中,我们主要考虑的是周期抖动。所谓周期抖动,是指实际的时钟周期与理想的时钟周期之间的偏差。

6.4 时序约束的本质

时序约束的本质就是要使建立时间和保持时间满足设计的要求。

当设计同步电路时,要使电路正常工作则需要保证时钟周期不小于数据的路径延时。下面以图 6-15 为例来进行时序约束。

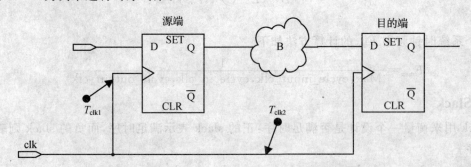

图 6-15 同步时序逻辑电路示意图

通过分析,为了满足时序约束的要求需要确保以下条件:

$$T_{co(max)} + T_{pd(max)} + T_{su} \leqslant T_{cycle} + T_{skew(max)}$$

$$T_{co(min)} + T_{pd(min)} - |T_{skew(max)}| \geqslant T_h$$

图 6-16 表示为异步电路的基本设计,它有许多种情况,如同频异相、同相异频、既不同相也不同频等。总体的原则还是需要确保建立时间和保持时间满足设计的要求。如果频率不同、相位差恒定的话,可以采用下面的公式来设计时钟约束,但如果既不同频也不同相,则需要从电路设计的角度去考虑其稳定性。

图 6-16 所示电路只要满足以下要求即可正常工作:

$$T_{clk2} - T_{clk1} \geqslant T_{co} + T_{pd} + T_{su}$$

$$T_{co(min)} + T_{pd(min)} - |T_{skew(max)}| \geqslant T_h$$

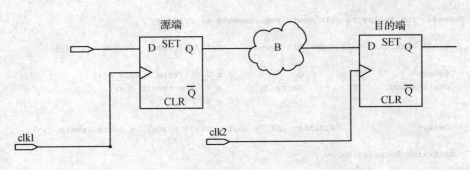

(a) 逻辑电路图

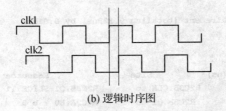

(b) 逻辑时序图

图 6-16 异步时序逻辑示意图

6.5 静态延时分析

　　静态延时分析是 CPLD/FPGA 设计中的一个很重要的时序分析手段，在设计中主要有三个阶段需要涉及静态延时分析：① 逻辑综合阶段——需要检查综合的时序质量；② 在布局后——需要检查布局对信号时序的影响；③ 在布线后——需要整体考虑信号的质量，包括逻辑延时和布线延时。

　　图 6-17 为 Lattice 的集成开发环境 ispLEVER7.0 所生成的一个典型的时序报告。不同的集成开发环境生成的报告有些差异，不过基本上都会包括时序约束的概念。

　　静态延时设计特别适合于经典的同步设计和流水线结构，它不仅速度很快，而且不需要 Testbench，最重要的是能够完全测试每一条路径。但是静态延时分析工具也存在着不足，比如正常工作时永远都不会出现的虚假路径，如果采用静态延时分析工具就会出现一些不可靠的情况。另外静态延时分析工具在处理锁存器、异步电路和组合反馈逻辑时存在不足。

　　静态延时分析时，需要考虑以下方面：

➢ 在分析之前，需要先审查电路是否是同步电路、时钟有无毛刺、异步复位置位信号是否有毛刺等逻辑问题。
➢ 先检查布局布线的约束文件，确保约束全面。
➢ 需要特别注意双沿都被使用的时钟信号，延时要求只能是半个周期。如果时钟信号的占空比不是 50%，那么延时要求只能是有效边沿之差。
➢ 对于有 I/O 引脚的路径，需要考虑输入和输出延时。
➢ 时钟信号尽量使用全局时钟引脚，否则要考虑时钟偏斜并加以约束。

第 6 章　约束与延时分析

```
Passed:  The following path meets requirements by 0.014ns

Logical Details:  Cell type   Pin type        Cell/ASIC name   (clock net +/-)

    Source:          FF          Q              r_b_0   (from sysclk_c +)
    Destination:     FF          Carry In       q_7     (to sysclk_c +)
                     FF                         q_6

    Delay:           9.315ns  (57.7% logic, 42.3% route), 4 logic levels.

Constraint Details:

    9.315ns physical path delay SLICE_11 to SLICE_8 meets
   10.000ns delay constraint less
    0.000ns skew and
    0.671ns FCI_SET requirement (totaling 9.329ns) by 0.014ns

Physical Path Details:

    Name        Fanout   Delay (ns)      Site                Resource
    REG_DEL      ---       0.560       R2C3B.CLK to        R2C3B.Q1 SLICE_11 (from sysclk_c)
    ROUTE         8        1.612       R2C3B.Q1 to         R4C2A.B0 r_b_0
    TLATCH_DEL   ---       2.023       R4C2A.B0 to         R4C2A.Q1 SLICE_7
    ROUTE         1        1.086       R4C2A.Q1 to         R3C2B.B0 mlt_o_madd_1_4
    TLATCH_DEL   ---       2.023       R3C2B.B0 to         R3C2B.Q1 SLICE_2
    ROUTE         1        1.245       R3C2B.Q1 to         R2C2C.C1 mlt_o_5
    C1TOFCO_DE   ---       0.766       R2C2C.C1 to         R2C2C.FCO SLICE_9
    ROUTE         1        0.000       R2C2C.FCO to        R2C2D.FCI adr_o_cry_5 (to sysclk_c)
                                       --------
                           9.315    (57.7% logic, 42.3% route), 4 logic levels.
```

图 6-17　静态延时分析报告示意图

6.6　统计静态延时分析

　　随着 CPLD/FPGA 的工艺越来越先进,内连线延时比逻辑延时大得多。而内连线延迟的大小主要取决于寄生电容、寄生电阻和寄存电感的值;另一方面,工艺制程的要求越来越严格,而现在的光刻制程不能够产生足够的精确形状,比如本来要刻成正方形,结果成了椭圆形。尽管偏差很微小,但是产生的趋肤效应却很明显。

　　这些因素造成的结果是使得精确估算线路延时越来越困难,以至于在最差情况下估算出来的延时数据甚至比早期制造工艺下的数据还要大。

　　解决的方案之一是采用统计静态延时分析(SSTA),它的基本理念就是为每一条线路的每一段上每一个信号延迟生成一个概率函数,然后再估算信号通过整个路径的总延时概率函数。这样可以避免单次静态延时分析生成的报告失真,从统计学的角度观察整个芯片延时状况,但是这种方式要求的软件算法非常复杂,目前的综合和布局布线工具很少支持这种延时分析。不过随着技术的不断发展,统计静态延时分析有可能会被综合软件和布局布线软件供应商所接受。

6.7 动态延时分析

动态延时分析(DTA)是另外一种延时分析的方法,目前已经不常用。它不仅需要使用事件驱动仿真器,而且必须使用 Testbench。动态时序分析采用延时对来估算信号变化引起的事件。例如采用 min:max 延时对,逻辑门的输出将在最小的延时开始转换,直到最大延时才会结束。也就是说,在这段时间之内转换随时可能发生。

在动态延时分析中,需要引入两个新的状态:"一定会变成高电平,但是时间未知"和"一定会变成低电平,但是时间未知"。

动态延时分析可以检测到一些细微的、潜在的问题,但是需要极大的工作量。

6.8 实例4:建立时间和保持时间违例分析

如图6-18所示,全局时钟通过时钟树生成时钟a和时钟b来驱动U4、U5两个触发器,而A、B、C三个输入信号通过组合逻辑后到达U4的数据端,表6-1显示的是其对应的已知相关参数,我们来分析此线路的延时。

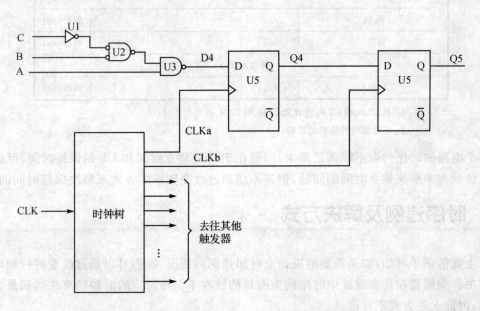

图6-18 建立时间和保持时间违例线路图

从电路可知输入信号C到U4是输入模型中最糟糕的情况,因此先计算从输入C到U4的时序约束是否满足要求。

从表6-1中可知,时钟周期为10 ns,U1、U2、U3的延时均为1.8 ns,信号C的要求到达U4数据段时间为2.7 ns,时钟偏斜为1 ns,而U4的建立时间为2 ns。这样从建立时间考虑,如果信号C实际到达U4,并且能够被正确采样的时间将是:

$1.8+1.8+1.8+2+1+2.7=11.1$ ns >10 ns

显然从信号C到U4时序约束已经违例。

分别观察 B 和 A 在建立时间方面的时间约束情况,它们都满足时序要求:

B:1.8+1.8+2+1+2.7=9.3 ns<10 ns

A:1.8+2+1+2.7=7.5 ns<10 ns

在建立时间和保持时间方面,U4 到 U5 的时序约束情况:

建立时间:1+2+2.7+1=5.7<10 ns,满足时序要求。

保持时间:0.9−1<0,不满足时序要求。

表 6-1 实例 4 延时参数表

元件	参数	最小值	最大值	单位
U4 和 U5				
建立时间	t_{SU}	2		纳秒(ns)
保持时间	t_H	0		纳秒(ns)
时钟到数据有效输出	t_{CO}	0.9	2.7	纳秒(ns)
U1 − U3				
传播延时	t_{PD}	0.6	1.8	纳秒(ns)
时钟				
周期	t_{CK}	10		纳秒(ns)
偏斜[1]	t_{CS}		1	纳秒(ns)
到达测试点[2]				
A,B,C	t_{AR}	0.8	2.7	纳秒(ns)

注:1. 从 CLK_a 到 CLK_b 或者从 CLK_b 到 CLK_a 的最大延时;
2. 不考虑时钟偏斜的影响。

整个电路的时序约束不能满足要求,问题在于 C 的建立时间和 U5 的保持时间,可以通过改变时钟频率来解决建立时间的问题,但是不能通过改变频率的方式来解决保持时间的问题。

6.9 时序违例及解决方式

从上面的例子可知,如果需要解决建立时间违例的情况,我们可以通过改变时钟频率的方式来解决。问题是在许多设计中时序约束的目的就在于保持特定的时钟频率来达到最大的性能要求,因此上述方式不可行。

要解决建立时间违例的问题,可以采取如下的方式:

➤ 在违例的组合逻辑增加一级触发器来减小组合逻辑的延时,也就是所谓的流水线技术;

➤ 6.8 节的实例可以把两输入的逻辑门改成三输入的逻辑门,通过增加扇入数来减少组合逻辑的级联从而减小延时。

要解决保持时间违例的问题,可以采取如下的方式:

➤ 在违例的触发器之间增加一级缓冲,从而增大上级触发器输出到下级触发器输入之间的延时,不过需要同时兼顾建立时间。

➤针对于上面的例子,缓冲逻辑至少需要 0.1 ns 的延时。

为了避免时序违例,当采用综合工具进行时序约束时,应该在设计本身应满足的要求上再增加 10%～20% 的约束条件,因为一是需要考虑综合后的布局布线,二是绝大多数的综合软件本身会按所设置参数中的低要求的约束进行。

同时在代码设计中需要切实定义好各个模块的边界信号,如为了避免保持时间违例可以在两个直接相连的触发器之间大概设 3 ns 的延时,同时建议模块的边界输出信号定义为寄存器型,用触发器送出来。

在进行仿真时建议采用负载模型,这样可以尽量模拟出实际信号的输出。

6.10 实例 5:四角测试中的时序分析

许多工业测试需要采用四角测试来保证产品的品质。所谓的四角测试,就是让产品在高温高压、低温低压、高温低压和低温高压的情况下连续运行相关的测试程序(如负载程序等)达一段时间(如 24 小时或者 48 小时),如果系统正常则产品合格,否则就需要进行分析。图 6-19 所示的就是四角测试的一个示意图,四个测试点就好像一个正方形的四个角,因此叫作四角测试。

在四角测试中,有两个位置对建立时间和保持时间有着严重影响,它们分别为 B 点(高温低压)和 D 点(低温高压),下面来分析其原因。

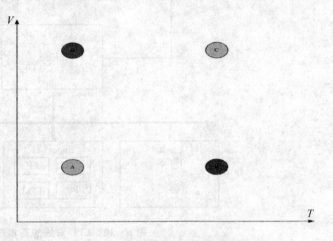

图 6-19 四角测试测试点示意图

我们知道在电子学中温度越高,信号的上升时间就会越长,而电压越高信号的上升时间就会越短。

对于 B 点来说,由于高温低压的原因信号的上升时间较长,也就是达到有效高电平的时间就越长,这就意味着信号从源端到目的端之间的延时会变大,从而引起整个延时增大,这样 slack 就会变成负值,引起建立时间违例。

$$slack = slack\_clock\_period - (T_{co} + T_{pd}\uparrow + T_{su}) < 0$$

因此,四角测试在高温低压的测试点需要保证建立时间满足系统的要求。

对于 D 点来说,由于低温高压的原因信号的上升时间最短,也就是达到有效高电平的时间最短,这就意味着信号从源端到目的端之间的延时会变小,从而引起整个延时变小,甚至小到不够触发器的保持时间,从而引起保持时间违例。

$$T_{co} + T_{pd}\downarrow - |T_{skew}| \geqslant T_h$$

因此,四角测试在低温高压的测试点需要保证保持时间要满足系统的要求。

6.11 实例6：LPC Slave 接口设计

6.11.1 LPC 协议简介

LPC 协议是计算机系统中应用最为广泛的一种协议。它的协议简单，采用的 I/O 引脚较少，频率能够达到 33 MHz 以上。LPC 总线一般都会与主机直接相连。图 6-20 是其在计算机系统中的一种典型应用，通过它把 BIOS、SuperIO 和一些嵌入式控制器连接到主机或者芯片组如南桥中。在个人电脑中主要用来读/写 BIOS；在服务器或者工作站中还被用来作系统控制等。

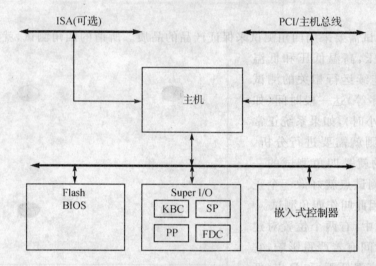

图 6-20 LPC 总线的基本连接方式

LPC 一般采用 7 根信号来作协议的传输和控制，当然还有一些特别的可选信号也可以被归纳到 LPC 协议中，与传统的 ISA 协议相比，LPC 协议采用的 I/O 引脚已经少了许多，但性能并没有因此而下降。具体的 I/O 引脚描述如表 6-2 所列。整个 LPC 协议就是在时钟 LCLK 的作用下，通过 LFRAME♯ 信号启动传输进程，通过 LAD 进行数据传输。

表 6-2 LPC 协议信号描述表

信 号	从属设备	主 机	信号描述
LAD[3:0]	输入/输出	输入/输出	控制、地址、数据线
LFRAME♯	输入	输出	LPC 新传输的开始
LRESET♯	输入	输入	和 PCI 复位信号相同，为 LPC 协议复位信号
LCLK	输入	输入	和 PCI 时钟信号相同，为 LPC 协议的时钟信号，33 MHz

LPC 协议有很多种传输方式，包括存储器读/写方式、I/O 读/写方式、DMA 读/写方式、总线主机存储器读/写方式、总线主机 I/O 读/写方式、硬件存储器读/写方式等，具体如表 6-3 所列。这些方式可以通过特定 LPC 比特定义来判断。

表 6-3 LPC 传输方式表

传输方式	支持的数据大小	注释
存储器读	1 字节	LPC 总机和外围设备都可以
存储器写	1 字节	LPC 总机和外围设备都可以
I/O 读	1 字节	适合外围设备
I/O 写	1 字节	适合外围设备
DMA 读	1、2、4 字节	适合外围设备
DMA 写	1、2、4 字节	适合外围设备
总线主机存储器读	1、2、4 字节	LPC 总机和外围设备都可以，但是强烈推荐主机采用
总线主机存储器写	1、2、4 字节	LPC 总机和外围设备都可以，但是强烈推荐主机采用
总线主机 I/O 读	1、2、4 字节	LPC 总机和外围设备都可以
总线主机 I/O 写	1、2、4 字节	LPC 总机和外围设备都可以
硬件存储器读	1、2、4、128 字节	LPC 总机和外围设备都可以
硬件主机存储器写	1、2、4 字节	LPC 总机和外围设备都可以

图 6-21 是一个典型的 LPC 传输协议。在时钟信号的作用下，一旦 LFRAME♯信号拉低，也就是有效的情况下，LPC 传输开始，所有的 LPC 地址数据线 LAD 全部会变成低电平，紧接着的一个时钟周期决定整个传输的性质和方式——是 I/O 读/写还是存储器读/写等，根据 LAD 上的具体数据进行判断。如果是 I/O 读/写，在接下来的 4 个时钟周期里从机会解码LAD 上的数据，得到主机所呼叫的地址信息；如果被命中，相应的从机接管总线并发出响应信号；如果是存储器读/写，则需要 8 个时钟周期来解码地址信息。主机一旦接收到相关从机的响应，整个握手协议就结束。接下来的时钟周期就用来进行数据读/写，如果是主机读取数据，那么从机在数据传输阶段将一直拥有总线控制权，除了中间主机接收到数据后会发出响应的阶段，直到结束；而如果主机写数据，则主机一直拥有总线控制权，除了之间从机收到数据会发出响应的阶段，直到数据传输结束。

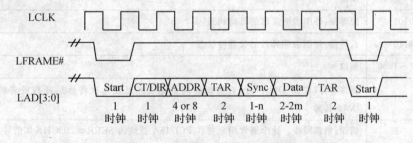

图 6-21 典型的 LPC 数据传输波形图

有时有效的 LFRAME♯不止一个时钟周期，那么在那一段时钟周期里，所有的 LAD 信号都必须保持为低电平，也就是起始状态，如图 6-22 所示。

LPC 会在 CT/DIR 周期中通过 LAD 决定整个传输的性质和传输方向，具体如表 6-4 所列。当传输进行到这个周期时，LAD[3:2]会决定整个传输是 I/O 方式、存储器方式还是DMA 方式，LAD[1]决定是主机读还是主机写。

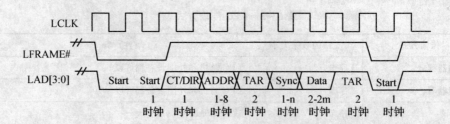

图 6-22　扩展的 LPC 数据传输波形图

表 6-4　LPC CT/DIR 周期表

位3和位2	位1	定义
00	0	I/O 读
00	1	I/O 写
01	0	存储器读
01	1	存储器写
10	0	DMA 读
10	1	DMA 写
11	x	保留：外围设备和主机都不允许驱动这种方式

在 Sync（同步）周期，LPC 协议为了提高传输的效率和减少出错几率，特别增加了同步的数据，它的长短由 LAD 来决定是单周期等待还是多周期等待。具体等待周期如表 6-5 所列。

表 6-5　Sync 周期表

位[3:0]	定义
0000	准备好：没有错误地完成同步。对于 DMA 传输，这个数据也表明 DMA 请求无效，不再有数据传输
0001~0100	预留
0101	短等待：外围表明正常的等待状态
0110	长等待：外围表明异常的长等待状态
0111~1000	预留
1001	更多等待（仅指 DMA）：没有错误的同步完成并且在这次传输后还有更多的 DMA 传输
1010	错误：错误同步。这个通常用来替代 PCI/ISA 总线的 SERR#，IOCHK# 信号，表明数据将被传输，但是出现了严重的错误；对于 DMA 传输来说，这个也表明 DMA 请求无效，不再有新的传输
1011~1111	预留

具体到 I/O 读/写周期，其传输周期如表 6-6 和表 6-7 所列。对于存储器读/写和 DMA 读/写等方式，它们会略有不同，具体可以参考 LPC 协议文档——Intel Low Pin Count（LPC）Interface Specification August 2002 Revision 1.1。

表 6-6　LPC 协议主机初始化 I/O 读周期

I/O 读	驱动源	时钟树
START	主机	1
CYCTYPE+DIR	主机	1
ADDR	主机	4
TAR	主机	2
SYNC	外围设备	1
DATA	外围设备	2
TAR	外围设备	2
总计时钟数		13
存储时间/μs		0.39
带宽/MB/X		2.56

表 6-7　LPC 协议主机初始化 I/O 写周期

I/O 写	驱动源	时钟树
START	主机	1
CYCTYPE+DIR	主机	1
ADDR	主机	4
DATA	主机	2
TAR	主机	2
SYNC	外围设备	1
TAR	外围设备	2
总计时钟数		13
存储时间/μs		0.39
带宽/MB/X		2.56

6.11.2　LPC Slave 可综合性代码设计

本程序只针对 I/O 读/写，具体就是对 0x0037 和 0x0036 两个地址的数据进行读/写，读者如果需要对别的地址进行读/写，只要稍作修改即可。具体到存储器读/写和 DMA 读/写的方式，大家可以参考进行设计。参考代码如下所示。

首先，进行模块声明和 I/O 端口声明。

```
module lpc(
        //输入信号
        LPC_CLOCK,LPC_FRAME_,LPC_RESET_,
        //双向信号
        LPC_AD,
        //输出信号
        LPC_ADDR0,LPC_ADDR1
        );
//信号和内部变量声明
input           LPC_CLOCK;          //时钟信号,与 33 MHz PCI 是时钟信号相同
input           LPC_FRAME_;         //LPC 帧开始信号
input           LPC_RESET_;         //LPC 总线复位信号
inout [3:0]     LPC_AD;
output [7:0]    LPC_ADDR0;
output [7:0]    LPC_ADDR1;
```

然后，定义内部信号及变量。

```
//内部信号和变量声明
reg     [7:0]   lpc_addr0_reg;
reg     [7:0]   lpc_addr1_reg;
reg     [3:0]   current_state;      //状态机现态声明
```

第6章 约束与延时分析

```
reg    [3:0]   next_state;              //状态机次态声明
reg    [3:0]   lpc_state;
reg            lpc_write;               //现在的 LPC 周期是写状态
reg            io_cycle;                //LPC 周期类型,Memory/DMA = 0, I/O = 1
reg    [31:0]  latched_address;         //获取 LPC 数据信息
reg    [7:0]   lpc_data_reg;            //获取 LPC 数据信息
reg    [3:0]   nibble_count;            //用来获取 LPC 地址的时钟信号
wire           read_to_addrx;           //用来解码 I/O 读
wire   [3:0]   lpc_ad_bus = {LPC_AD};
wire   [7:0]   temp_data;

reg    [3:0]   lpc_out;                 //LPC 总线数据输出
reg            lpc_oe;                  //输出控制使能

assign LPC_ADDR0 = lpc_addr0_reg;
assign LPC_ADDR1 = lpc_addr1_reg;
```

接着进行参数定义。我们定义两种参数:一种就是 LPC Slave 的地址,选用 0X0036 和 0x0037 来作地址;另外一种是定义状态机的状态,采用一段式状态机。

```
//参数定义,采用 OX0036 和 OX0037 作地址
parameter   SLAVE_ADDR0 = 16'h0036;
parameter   SLAVE_ADDR1 = 16'h0037;

//状态机参数声明
parameter [3:0]
    IDLE = 4'h0,
    DETERMINE_CYCLE = 4'h1,
    LATCH_ADDRESS = 4'h2,
    CAPTURE_WRITE_DATA_LO = 4'h3,
    CAPTURE_WRITE_DATA_HI = 4'h4,
    LPC_READ_TURNAROUND = 4'h5,
    LPC_READ_WAIT1 = 4'h6,
    LPC_READ_WAIT2 = 4'h7,
    LPC_READ_LO = 4'h8,
    LPC_READ_HI = 4'h9,
    LPC_WAIT_COMPLETE = 4'hA,
    LPC_ABORT = 4'hB,
    LPC_FINISH_CYCLE = 4'hC,
    LPC_READ_DONE = 4'hD,
    LPC_WRITE_WAIT1 = 4'hE,
    LPC_WRITE_WAIT2 = 4'hF;
```

执行语句部分主要涉及的是状态机代码设计。

```
//状态跳转程序设计
always @(posedge LPC_CLOCK)
    if(!LPC_RESET_)
```

第6章 约束与延时分析

```verilog
        begin                        //总线复位或者系统掉电
            lpc_state     <= IDLE;
            lpc_write     <= 1'b0;
            io_cycle      <= 1'b0;
            lpc_addr1_reg[7:0] <= 8'b0;
            lpc_addr0_reg[7:0] <= 8'b0;
            lpc_oe        <= 1'b0;
            lpc_out       <= 4'b0;
        end
    else
        begin
            lpc_out    <= 4'hf;
            lpc_oe     <= 1'b0;
            case(lpc_state)
                IDLE:                //总线处于空闲状态,等待一个新的 LPC 传输,清除所有的传输寄存器
                    begin
                        lpc_write <= 1'b0;
                        io_cycle  <= 1'b0;
                        latched_address <= 32'h0;
                        lpc_data_reg <= 8'h0;
                        if(!LPC_FRAME_)
                            lpc_state <= DETERMINE_CYCLE;
                    end
                DETERMINE_CYCLE:
                    begin
                        if(!LPC_FRAME_)                              //侦测 LPC FRAME 信号
                            lpc_state <= DETERMINE_CYCLE;
                        else if(LPC_FRAME_)                          //判断 LPC 传输类型
                            begin
                                if(LPC_AD[3:2] == 2'b00)             //I/O 周期
                                    begin
                                        io_cycle <= 1'b1;
                                        nibble_count <= 4'h4;        //需要 16 位地址
                                    end
                                else
                                    begin
                                        io_cycle <= 1'b0;
                                        nibble_count <= 4'h8;        //存储器读或者 DMA 读/写周期
                                    end
                                lpc_write <= LPC_AD[1];              //读 = 0,写 = 1
                                lpc_state <= LATCH_ADDRESS;
                            end
                    end
                LATCH_ADDRESS:                                       //获取地址信息
                    begin
```

```verilog
                    latched_address[31:0] <= {latched_address[27:0], LPC_AD};
                    if(nibble_count == 4'h1)              //判断是否地址完全接收
                        if(lpc_write)                     //如果是写周期,下个周期获取数据
                            lpc_state <= CAPTURE_WRITE_DATA_LO;
                        else                              //检查是否读
                            if(read_to_addrx)
                                lpc_state <= LPC_READ_TURNAROUND;
                            else
                                lpc_state <= LPC_WAIT_COMPLETE;   //否则就放弃
                    else
                        nibble_count <= nibble_count - 1'b1;
                end
            CAPTURE_WRITE_DATA_LO:                        //获取低 4 位的数据
              begin
                  lpc_data_reg[3:0] <= lpc_ad_bus;
                  lpc_state <= CAPTURE_WRITE_DATA_HI;
              end
            CAPTURE_WRITE_DATA_HI:                        //获取高 4 位的数据
              begin
                  lpc_data_reg[7:4] <= lpc_ad_bus;
                  lpc_state <= LPC_WRITE_WAIT1;
              end
            LPC_WAIT_COMPLETE:                            //等待传输完成
              begin
                  if(lpc_ad_bus == 4'h0)                  //目标器件响应传输
                      lpc_state <= LPC_FINISH_CYCLE;
                  else if(!LPC_FRAME_)                    //主机终止传输
                      lpc_state <= LPC_ABORT;
              end
            LPC_ABORT:                                    //主机终止传输,等待 frame 信号跳出此周期
              begin
                  if(LPC_FRAME_)
                      lpc_state <= LPC_FINISH_CYCLE;
              end
            LPC_FINISH_CYCLE: lpc_state <= IDLE;
            LPC_READ_TURNAROUND: lpc_state <= LPC_READ_WAIT1;
            LPC_READ_WAIT1: begin
                  lpc_state <= LPC_READ_WAIT2;
                  lpc_oe <= 1'b1;
                end
            LPC_READ_WAIT2: begin
                  lpc_state <= LPC_READ_LO;
                  lpc_out  <= 4'h0;
```

```verilog
            lpc_oe    <= 1'b1;
         end
         LPC_READ_LO: begin
            lpc_state <= LPC_READ_HI;
            lpc_out   <= temp_data[3:0];
            lpc_oe    <= 1'b1;
         end
         LPC_READ_HI: begin
            lpc_state <= LPC_READ_DONE;
            lpc_out   <= temp_data[7:4];
            lpc_oe    <= 1'b1;
         end
         LPC_READ_DONE:begin
            lpc_state <= IDLE;
            lpc_oe    <= 1'b1;
         end
         LPC_WRITE_WAIT1:
         begin
             if(io_cycle &lpc_write)
                begin
                    if(latched_address[15:0] == 16'h0037)    //端口 37 写?
                       lpc_addr1_reg <= lpc_data_reg;         //保存数据
                    if(latched_address[15:0] == 16'h0036)    //端口 36 写?
                       lpc_addr0_reg <= lpc_data_reg;         //保存数据
                end
             lpc_state <= LPC_WRITE_WAIT2;
         end
         LPC_WRITE_WAIT2: begin
              lpc_state <= LPC_WAIT_COMPLETE;
              lpc_out   <= 4'h0;
            end
         default: begin
              lpc_state <= IDLE;
            end
      endcase
  end
```

地址配对——如果发现 0x003x 的地址并且是 I/O 传输就响应:

```verilog
//地址配对,如果发现 003x 的地址并且是 I/O 传输就响应
assign read_to_addrx = (io_cycle & !lpc_write) &
                       (latched_address[11:0] == 12'h003) &
                       (LPC_AD[3:2] == 2'b01);
```

详细的地址匹配成功后,把要读/写的值输入到一个临时的寄存器中。至此整个 RTL 代

```
//写数据到临时寄存器中
assign temp_data[7:0] = (latched_address[15:0] == 16'h0037)? lpc_addr1_reg[7:0]:
                       ((latched_address[15:0] == 16'h0036)? lpc_addr0_reg[7:0]:8'h00);

//双向端口设置
assign LPC_AD = lpc_oe ? lpc_out: 4'hz;

endmodule
```

6.11.3 LPC 协议约束设置

在目前流行的 CPLD/FPGA 中,33 MHz 速度基本上不用进行时钟约束,但是如果 LPC 总线涉及到许多个器件,就需要对时钟进行约束。如果采用 XO 系列 CPLD,则直接在.lpf 文件中加入如下约束即可:

```
FREQUENCY NET "LPC_CLOCK_c" 40.000000 MHz ;
PERIOD NET "LPC_CLOCK_c" 25NS HIGH 12.5NS ;
```

6.12 本章小结

本章主要讲述了 CPLD/FPGA 设计中最重要的内容——约束。约束包含两种情况:时序约束和引脚约束。不同的约束会有不同的时序和逻辑表现,特别是在约束要求很紧的时候,需要和 PCB 工程师一起界定时序约束的条件,从而以最优的方式实现约束。约束也有技巧,工程师同时需要硬件和 PCB 布局布线的经验,这样才能较好地实现 CPLD/FPGA 的性能。

6.13 思考与练习

1. 引脚约束有哪几种方式?
2. 试采用 Verilog HDL 语言设计一个计数器。
   具体要求如下:
   a) 当 rst_信号有效时,输出位 4'b0;
   b) 当 set 有效时,输出为 4'bf;
   c) 当 ld 有效时,输出为输入值;
   d) 当 up 有效时,输出在时钟的自动作用下自动加 1;
   e) 当 down 有效时,输出在时钟的自动作用下自动减 1。
   f) 相应引脚如表 6-8 所列,请用代码注释的方式加以约束,并使用 Lattice ispLEVER 或者 Diamond 平台进行综合得出映射报告,分析是否与设计的约束相同。
3. 试采用 Xilinx ISE 工具对上述程序进行综合,并且采用 ucf 约束文件对引脚进行约束,同时约束 sysclk 为 33 MHz,占空比 50%。
4. 时序模型分别有哪几种?各自的应用领域是什么?

表 6-8 题 2 引脚约束表

信号	引脚位置	I/O 类型	驱动强度	OD 门	是否上拉?
sysclk	3	LVCMOS33			上拉
rst_	8	LVCMOS25			上拉
up	11	LVCMOS33			上拉
down	34	LVCMOS33			下拉
ld	20	LVCMOS33			下拉
set	56	LVCMOS25			下拉
dati[3]	71	LVCMOS33			上拉
dati[2]	72	LVCMOS33			上拉
dati[1]	73	LVCMOS33			上拉
dati[0]	74	LVCMOS33			上拉
dato[3]	85	LVCMOS25	8 MA	是	
dato[2]	86	LVCMOS25	8 MA		
dato[1]	87	LVCMOS25	8 MA		
dato[0]	88	LVCMOS25	8 MA		

5. 建立时间和保持时间是什么意思？建立时间违例和保持时间违例分别会有什么样的后果？
6. 温度和电压对信号的完整性有什么样的影响？特别是建立时间和保持时间？
7. 当建立时间违例时，比如触发器之间的组合逻辑延时过长，人们往往会增加一级触发器来实现时序的满足，试分析其中的原因。
8. 什么是静态延时分析？什么是统计静态延时分析？什么是动态延时分析？它们之间有什么样的区别与联系？
9. 什么是时钟偏斜？什么是时钟抖动？它们之间的主要影响有哪些？怎样避免或者减小时钟偏斜与抖动？
10. 当时序违例时，该采用什么样的方式来解决时序违例的问题？分别以建立时间违例和保持时间违例来讲述。

第 7 章

RTL 设计原则及技巧

RTL 设计是 CPLD/FPGA 设计中的最基础性的设计。一个项目的成功与否，很大程度上取决于其 RTL 代码是否稳定可靠。一个优秀的 RTL 代码可以使许多后续工作变得轻松。CPLD/FPGA 工程师需要设计一段优良的 RTL 代码，就必须掌握 RTL 设计原则并掌握一定的技巧。当然掌握 RTL 设计的原则和技巧是一个很大的课题，需要在工程实践中不断积累，有意识地进行设计。

本章将重点介绍 RTL 设计的主要原则和设计技巧，主要内容有：
- RTL 设计的主要原则；
- RTL 设计的主要技巧；
- 组合逻辑设计的注意事项；
- 时序逻辑设计的注意事项；
- 代码风格。

7.1 RTL 设计的主要原则

RTL 代码设计中有许多内在规律，而主要的规律和原则包括 4 个：硬件原则、面积与速度、系统原则、同步设计。下面分别进行介绍。

7.1.1 硬件原则

硬件原则是硬件描述语言和软件语言的根本区别。CPLD/FPGA 工程师需要时刻记住硬件描述语言是为了描述硬件，综合编译成的是实实在在的线路。尽管 Verilog HDL 的许多语法规则，特别是高级编程语言，是从 C 语言借鉴或者演化而来的，和 C 语言有很多的相似之处，但是它所生成的却是实实在在的硬件。因此，评判一个代码的设计水平的优劣不在于它的代码是否简洁，而在于生成的硬件电路的性能在面积与速度方面是否满足设计者的要求。一段代码设计的是否健壮在于设计者硬件实现方案与现实中的硬件电路实现的效率高低及是否合理。

因此，当软件工程师转向硬件时，千万不要片面地追求代码的长短而忽视生成的硬件是否合理。比如说软件工程师在做循环时，一般会采用 for 语句来实现——简洁、明了，但是在硬件描述语言中，for 语句一般只用于 Testbench 中而不用在逻辑设计中，这是因为 for 语句在被综合器综合的时候，每个变量都会独立占用寄存器资源，并且每条执行语句都会复用硬件逻辑资源，从而造成资源浪费。因此需要采用替代方案来实现相同的功能，一般采用移位计数器来实现。

又如优先编码的条件语句,由于软件语言天生的串行特性,所以在软件语言中优先编码的条件语句和多分支条件语句在使用方面并不会表现得很明显,但是在硬件语言中需不需要优先编码——谁的优先级别最高,谁的优先级别最低——是需要很明确的定义的。在软件语言中可以无限的嵌套 if...else 语句,但是在硬件描述语言中,因为生成的是实实在在的硬件,尽管理论上也可以支持无限的嵌套,但是从时序约束方面来考量,就有可能不会满足硬件设计的要求,从而改用 case 语句来替代。

硬件原则还需要涉及的是"并行"与"串行"的概念。在 C 语言为代表的高级语言中,语句是按照顺序逐句执行下来的,语句之间有着严格意义的前后顺序的关联,甚至一个语句和另外一个语句互换位置都会引起代码的执行错误。但是对于硬件电路来说,它是并行执行的,因此硬件描述语言也需要遵循这样的原则——并行执行,从而提高代码效率。

硬件原则需要考虑时序的问题,这是软件语言无法做到的。正确、合理地安排数据流的时序,可以提高整个设计的效率。

7.1.2 面积与速度原则

面积与速度是每一个 CPLD/FPGA 工程师都必须面对的课题。所谓面积就是设计所要消耗的逻辑资源——FPGA 采用触发器和 LUT 来衡量;CPLD 则采用宏单元来衡量。所谓速度则是指在现有的芯片上能够实现的最大频率,这将在第 8 章详细介绍。

面积和速度是个矛盾体。要达到面积和速度都是最优的情形即面积最小、速度最快是不可能的——需要在面积和速度之间进行权衡。在 RTL 设计原则中,一般都在必须保证速度的前提下来实现最小的面积,或者在规定的面积之内实现最大的时序裕量。面积与速度的地位是不相等的,速度的优先级别要比面积高。当两者冲突时,须优先保证速度。

从工业设计来看,面积和速度直接反映的就是成本和性能。设计耗费逻辑单元也就是面积越小,则单位面积实现的功能就越多,芯片的数量要求就越少,这样系统的成本就越低;从性能方面来考虑,设计的速度越快,时间裕量就愈大,这也就意味着 CPLD/FPGA 设计的性能就越强。

7.1.3 系统原则

CPLD/FPGA 不能独立于一个系统而进行设计。从板级系统层面来说,CPLD/FPGA 在一个硬件系统中只是一个芯片而已,需要在整个硬件系统中进行功能定位和模块划分;从芯片层面来说,CPLD/FPGA 本身就是一个系统的集合,需要以系统的眼光来看待和设计 CPLD/FPGA,并最终以最优的设计方案来实现。

FPGA 速度快、内部寄存器资源和布局布线丰富,因此适合于那些实时性要求很高、频率快、寄存器消耗多的功能模块设计;另外现在很多 FPGA 都内嵌 DSP 模块,因此适合于嵌入式 DSP 设计。而对于那些速度要求不是很高的功能模块,或者组合逻辑要求相对丰富、输入/输出引脚要求比较多的功能单元,则可以采用 CPLD 来完成。

系统原则其实就是自顶向下方式的具体化。CPLD/FPGA 工程师在规划 CPLD/FPGA 设计方案的时候就应该对 CPLD/FPGA 所要实现的功能进行清楚地定义,对系统功能和模块进行划分,对模块的端口进行定义,同时确定哪些功能模块可以复用;对于有特殊要求的功能,比如说要求内嵌 DSP 模块的方案,在设计选型的时候就应该选择内嵌 DSP 模块的 FPGA;要求有丰富的内存资源的方案则需要使用内存资源丰富的FPGA；对接口速度要求很严格的设计方案，设计工程师需要考虑使用SERDES接口的FGPA。只有了解和掌握了设计要求才能有效地估算设计的规模，同时能够粗略估算时序。CPLD/FPGA设计工程师只有清楚了这些系统级的定义和规范才能开始芯片选型、具体逻辑模块的划分以及子模块的RTL设计。

7.1.4 同步原则

所有设计过FPGA的工程师都会强调一个原则——同步化设计原则。所谓同步化设计，就是核心逻辑采用触发器来实现，电路的主要信号都使用触发器来触动，尽量采用同一个时钟域的时钟进行驱动。同步原则的好处在于它不仅可以很好地避免毛刺的产生，而且有利于器件的移植，而最重要的是它可以产生较好的静态延时分析报告。

进行同步设计的关键就是认真了解和掌握并且设计好整个系统的时钟域的划分。信号从一个时钟域传递到另外一个时钟域中的时候，必须确保建立时间和保持时间均不违例，否则同步设计就会出现错误。

7.2 RTL设计的主要技巧

硬件原则、面积与速度原则、系统原则以及同步原则是代码设计的灵魂。而根据这几个原则衍生出来许多设计技巧，比如说乒乓操作、流水线操作等，不仅可以增加代码的效率，而且提高代码的速度；合适的模块划分和设计则可以增加设计的稳定性。

7.2.1 乒乓操作

乒乓操作是有效处理高速数据流的方式之一，其基本思想就是一种以面积换取速度。图7-1是一个典型的乒乓操作。

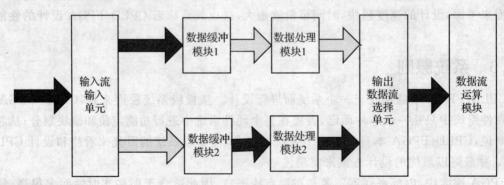

图7-1 乒乓操作示意图

当外界数据高速传到CPLD/FPGA引脚时，CPLD/FPGA的内核运行速度不一定有这么快，因此CPLD/FPGA工程师需要对在到达CPLD/FPGA引脚之后进入数据流运算处理模块之前的数据流进行降速。图7-1只是一个简化的模块，CPLD/FPGA工程师在进行乒乓操作的时候不一定只能把数据分成两路数据处理，而需要根据所选的CPLD/FPGA芯片以及具体实际外界信号的速度来设计，从而实现应有的性能。当外界数据通过CPLD/FPGA的引脚后，CPLD/FPGA工程师先设计一个数据流输入模块，通过一个MUX来切换输入信号通过哪一路模块进行处理。如果采用图7-1所示示意图来进行乒乓操作的话,数据流会等时地进入两个数据缓冲模块中,数据缓冲模块可以采用 DRAM、FIFO 等 CPLD/FPGA 内嵌的存储器来实现。等时处理带来的是每一路数据处理的频率就相当于输入频率的一半,这样不仅降低了数据处理的速度,而且可以完整地进行数据采样。在有些乒乓操作中,输入数据流经过数据缓冲单元会直接进入输出数据流选择单元而不需要其中的数据处理模块。输出数据流选择单元同样也是一个 MUX,主要作用是把降频后采样的数据送给数据流处理单元进行处理。

图7-1在数据缓冲模块和输出数据流选择单元之间增加了一级数据处理模块,在这个模块中通过对缓冲后的数据进行简单的解码、解扰动作,得出真正需要处理的数据直接送给数据流运算单元,从而在减轻数据流运算模块的负荷同时,加快了运算速度。

乒乓操作必须保证数据采样通路之间对数据采样是互斥的。也就是说,在同一时刻有且只有一个数据缓冲模块对输入的数据流进行采样,因此在输入选择模块和数据缓冲模块之间需要有一个握手信号,同样数据处理模块和数据流输出选择单元之间也是互斥的。当一个模块在对输入数据进行采样时,另外一个模块就对数据处理单元进行数据输出,然后不停地有序切换,一来一往就好像打乒乓球一样,这就是所谓的乒乓操作。

乒乓操作要求两个缓冲模块和数据处理模块的大小必须一致,驱动时钟的频率必须相等且相位差固定,否则将出现有些路径数据拥堵、有些路径空闲的状况,这样不仅不能提高性能,反而会引起数据处理错误。

7.2.2 流水线操作

流水线操作不是硬件描述语言的专利。在现实生活中尤其是团队合作时,按照顺序来完成一个事情,人们就会不自觉地采用流水线的工作方式来提高工作效率。后来软件设计师把这一方法应用于软件设计中,使之成为软件设计的一种思想。而硬件描述语言既然是继承和借鉴软件语言而发展起来的,流水线操作同样地也就成为硬件设计中的一大技巧。

电子系统中流水线应用最为广泛的情形就是对一系列的组合逻辑进行处理,如图7-2所示。

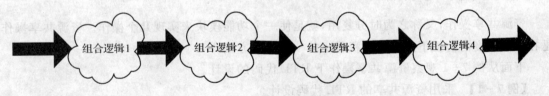

图 7-2 串行多任务示意图

每个组合逻辑都需要一定的延时,整个任务完成下来所需要的时间就是所有组合逻辑延时之和。如果每次与第一个数据相关的输出被存储后第二个输入数据才开始出现,这样就会花费很长的等待时机,从而影响了数据处理的速度。

图7-3采用流水线操作,在每个组合逻辑块之间加入寄存器簇,所有的寄存器都采用一个公共的时钟信号来驱动,一旦时钟的有效沿到来,寄存器就会将前一阶段所得出来的结果输出到下一级组合逻辑块,否则就一直等待。这样当整个系统满负荷运转时,只要经过一个最长的组合逻辑块延时就可以实现完整的数据处理。

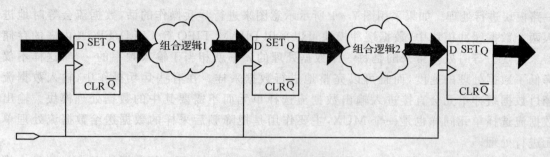

图 7-3 流水线操作示意图

观察图 7-4 可知,当流水线刚开始加载时,数据会有一个等待时间,因此第一个数据从输入到输出所经历的时间和非流水线操作的时间几乎相等,第一个时间时产生的任务 a1 从开始到结束的用时与有没有采用流水线操作没有关系。

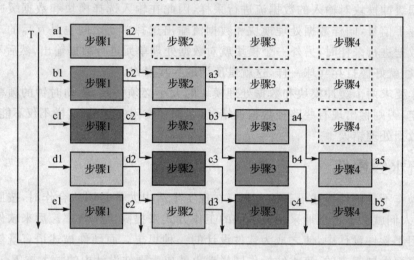

图 7-4 通用流水线操作示意图

7.2.3 资源共享操作

资源共享操作,又称之为时分复用,就是使一个功能模块来实现几个操作。资源共享操作是在保证速度的前提下来实现面积最小的一种操作方式。

下面从例 7-1 观察资源共享操作下 RTL 代码的设计。

【例 7-1】 采用资源共享的 RTL 代码设计。

本实例主要描述的是一个乘法运算——当 en 有效时,把 dat1 和 dat2 相乘的结果赋给 dat_o,否则就把 dat3 和 dat4 相乘的结果赋给 dat_o,实现方法一和实现方法二采用了两种不同设计理念进行 RTL 代码设计——实现方法一没有采用资源共享操作而实现方法二则采用了资源共享操作,两者综合后的结果均能满足设计的要求,但是它们本质上有不同——图 7-5 和图 7-6 表示的是第一个模块经过 synplify pro 综合工具综合后生成的 RTL 线路图和资源利用报告,可见它生成了 2 个乘法器,占用 CCU2 为 26 个;图 7-7 和图 7-8 则是第二个模块经过 synplify pro 综合工具综合后的 RTL 线路图和资源利用报告,相比于第一种方法,它只生成 1 个乘法器,CCU2 只用到 13 个——两种方法占用的逻辑资源相差将近一倍——在综合时需要把综合软件中 resource sharing 的选项关闭。

实现方法一：

```
//本例是未采用资源共享的程序设计：
//当 en 有效时,把 dat1 和 dat2 相乘的结果赋给 dat_o,否则就把 dat3 和 dat4 相乘的结果赋给 dat_o
module rs_share(dat1,dat2,dat3,dat4,en,dat_o);
//信号和内部变量声明
input   [4:0]   dat1,dat2,dat3,dat4;
input           en;
output  [9:0]   dat_o;
assign dat_o = en? (dat1 * dat2):(dat3 * dat4);

endmodule
```

图 7-5 为上述程序通过 synplify pro 综合工具综合后生成的 RTL 电路,可以看出它生成了 2 个乘法器和 1 个 Mux。相关的资源利用报告如图 7-6 所示。

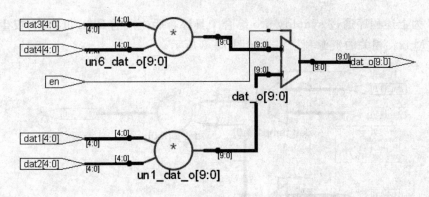

图 7-5 未采用资源共享的 RTL 线路图

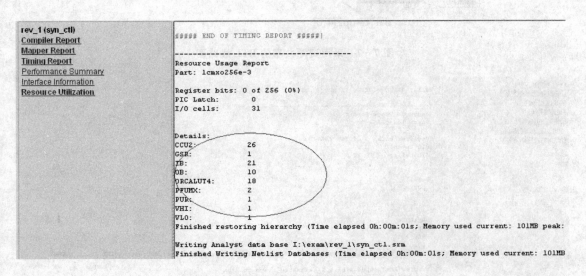

图 7-6 未采用资源共享的资源利用报告

第7章 RTL 设计原则及技巧

实现方法二：

```verilog
//本例是采用资源共享的程序设计:
//采用 en 信号把 dat1,dat2 和 dat3,dat4 分别赋给中间寄存器 dat_temp1,dat_temp2,
//然后将 dat_temp1 和 dat_temp2 相乘的结果赋给输出 dat_o
module rs_share(dat1,dat2,dat3,dat4,en,dat_o);
//信号和内部变量声明
input    [4:0]  dat1,dat2,dat3,dat4;
input           en;
output   [9:0]  dat_o;
wire     [4:0]  dat_temp1,dat_temp2;
assign   dat_temp1 = en? dat1 : dat3;
assign   dat_temp2 = en? dat3 : dat4;
assign dat_o = dat_temp1 * dat_temp2;
endmodule
```

图 7-7 为上述程序通过 synplify pro 综合工具综合后生成的 RTL 电路，它仅生成 1 个乘法器和 2 个 Mux。相关的资源利用报告如图 7-8 所示。

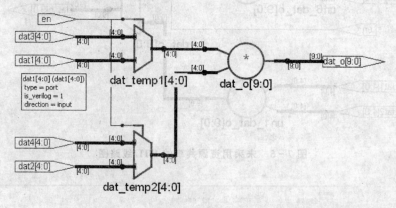

图 7-7 采用资源共享的 RTL 线路图

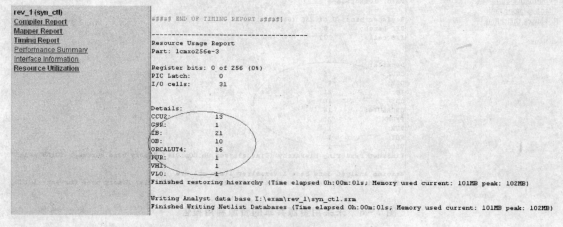

图 7-8 采用资源共享的资源利用报告

资源共享操作适合于有选择器的结构。目前的综合工具都具有资源共享选项,只要选择它就可以自动进行资源共享优化操作。然而代码毕竟是最基础的,它最能体现设计者思想,同时综合工具的优化能力毕竟有限,因此如果需要采用资源共享设计,则最好在代码设计中完成。

7.2.4 逻辑复用操作

逻辑复用操作跟资源共享操作是一个相反的过程。资源共享操作要求在满足速度要求的前提下尽量实现面积最小。而逻辑复用则是通过增加面积来改善时序条件的优化手段。逻辑复用最常用的场合就是调整信号的扇出。一个驱动如果要驱动很多信号,就必须通过增加 buffer 来增强驱动能力,从而造成了输出延时的增加。可以采用复制信号的逻辑,减少扇出来达到提高信号驱动能力的目的,同时也增加信号的处理速度。

资源共享操作中的实现方法一就是一个逻辑复用的逆操作。香农扩展定律则可以清楚地表明怎样把一个逻辑组合来实现逻辑复用、提高频率。而卡诺图化简则相当于香农扩展的逆操作,相当于资源共享操作。

7.2.5 串并转换操作

串并转换是数据流处理常用的一个手段,也是面积与速度互相转换思想的直接体现。将串行信号转化成并行信号相当于逻辑复制,通过增加面积来提高设计的性能,提高整个设计的吞吐率;并行信号转化成串行信号则相当于节省逻辑资源,从而节省了芯片的面积。

串并转换有许多种方式,如采用高速的 SERDES 来实现高速的串并转换;也可以采用内存(如 DRAM、FIFO)来实行串并转换;从某种层面来说,乒乓操作就是一种特殊的串并转换操作过程;同样也可以通过代码来实现串并转换过程。它的基本格式如下:

```
reg[n-1:0] par_temp;
par_temp = {par_temp[n-2:0],ser_in};
```

或者

```
par_temp = {ser_in,par_temp[n-1,1]};
```

串行信号 ser_in 在时钟信号的作用下进入并行的寄存器 par_temp,从而形成一个并行信号。

在创建 RTL 代码时,了解综合工具是如何运行的很重要。比如 if...else 语句中的嵌套结构,每个 if...else 语句生成一个 2 选 1 的多路复用器。最里面的嵌套就是最快的路径,而最外层的则成为关键路径,因此一个嵌套的 if...else 结构将成为优先级结构,这样也就被称为串行多路复用器。而采用 case 语句生成的是并行的多路复用器,与输入有关的所有时序路径都是均等的。

7.2.6 异步时钟域数据同步化操作

CPLD/FPGA 设计的重点就是怎样划分不同的时钟域以及怎样在不同的时钟域之间进行数据传度,也就是怎样在异步时钟域中实现数据的同步化操作。同步设计之于异步设计,在逻辑综合和时序分析,特别是静态延时分析方面有着较大的优势。但是在多时钟域设计时,数据的跨时钟操作经常会引起建立时间和保持时间违例,这也就成了设计中的一大难点。

第7章　RTL 设计原则及技巧

异步时钟有几大表现形式：同频异相、异频同相和异频异相。不同的表现形式有不同的处理方式。时钟频率不同，处理的方式也会稍有不同。不管是采用哪种方式进行异步时钟域数据同步，都不推荐采用增加缓冲和采用时钟双沿采样来进行——因为增加缓冲有可能可以解决保持时间的问题，但是有可能会造成建立时间违例，同时则增加缓冲相当于增加组合逻辑延时，这样容易产生毛刺，进而整个采样时序也会完全紊乱，电路的可维护性就变差；而采用时钟双沿采样，表面上相当于同频异相的处理，但是同一时钟的双沿采样相当于把时钟周期缩短了一半，这样带来的约束压力可想而知，同时时钟的上升和下降斜率不会一样，而且因为时钟本身固有的抖动，这样的操作会出现采样不稳定的现象。

因此处理异步时钟域数据同步化的问题的最好方式就是采用 DRAM 或者 FIFO 来进行时钟域隔离，用上级输入时钟信号写入数据，用下级时钟读出数据。采用这种方式需要设置告警信号来提醒不能出现 DRAM 或者 FIFO 数据溢出，因此设计一个好的缓冲区并增加一些监控信号来保证数据不会溢出显得尤为重要。

图 7-9 是一种典型的同频异相的解决方案，它采用后级时钟对前级数据采用两次，这样可以减少亚稳态的传播，并有效地减少毛刺。

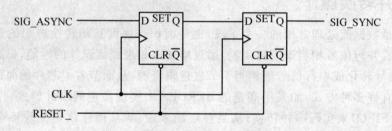

图7-9　异步时钟域数据同步化操作

7.2.7　复位操作

在硬件系统中，有两种复位模式：同步复位和异步复位。所谓同步复位，是指所有的复位操作都是在时钟的作用下进行的，即使复位信号有效，如果没有时钟的有效沿触发就不能进行复位；而异步复位的复位信号与时钟信号没有关系。我们先来观察例 7-2 是怎样进行同步复位的操作的。

【例 7-2】　同步复位的 Verilog HDL 代码。

```
//本例实现一个同步复位的程序设计
module sync_rst(clk,rst_,d,q);
//信号和内部变量声明
input       clk,rst_,d;
output reg  q;
always @(posedge clk)
 begin
    if(!rst_)           //同步复位
        q <= 1'b0;
    else
        q <= d;
```

        end
    endmodule

always 语句中的敏感变量表达式并不包含复位变量，复位变量出现在条件表达式中，这样只有在时钟的作用下才能检测到复位信号。图 7-10 上段程序经 synplify pro 综合后在 MAXII 系列芯片生成的 RTL 逻辑电路。

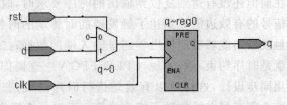

图 7-10　同步复位逻辑电路图

从图中可以看出，复位信号和数据信号之间形成一个 MUX，通过复位信号来选择是数据信号还是直接给触发器的数据端给 0 值。采用这样的复位方式的好处在于不论是复位信号还是数据信号，都由时钟信号控制，因此能够真正地实现同步设计。但是纯同步复位也有缺点：一是复位信号因为被当成数据信号来看待，因此要求它能够满足特定的时序要求，在设计中需指出复位信号的脉宽等参数；二是从系统层面来说，如果复位信号用来复位整个触发器链，那么与复位信号直接相连的第一级触发器能明白是复位信号，但是对于第二级甚至更后的触发器来说，它就成了一个普通的数据信号，这样有可能不能起到真正复位的作用。

例 7-3 描述了怎样进行异步复位。

【例 7-3】　异步复位的 Verilog HDL 程序代码。

```
//本例实现一个异步复位的程序设计
module async_rst(clk,rst_,d,q);
//信号和内部变量声明
input clk,rst_,d;
output reg q;
always @(posedge clk or negedge rst_)         //异步复位
  begin
      if(!rst_)
          q <= 1'b0;
      else
          q <= d;
  end
endmodule
```

与同步复位不同，它的复位信号不仅出现在 always 语句中的条件判断表达式中，同时也出现在敏感事件表达式中——只要复位信号有效，不用管时钟信号就可以实现复位。图 7-11 就是针对上述程序采用 synplify pro 综合后在 MAXII 系列芯片中生成的 RTL 电路。

从图 7-11 所示的电路可以看出，复位信号直接利用了触发器的复位端，而不再使用数据端。因为异步复位、置位的 D 触发器是目前绝大多数 CPLD/FPGA 中所固有的结构，所以只要满足基本的复位到输出的时序要求，就可以实现复位；同样因为触发器是器件的基本单元，只要把复位信号连接到全局复位引脚，就可以实现真正意义上的复位。但是它同样也存在着缺点：一是有可能会产生亚稳态的状态，比如当时钟信号和复位信号同时有效时，或者复位信号出现在前但还没有达到复位到输出的时序要求时，时钟信号的有效边沿又到达了触发器的时钟端的时候，触发器不能够决定输出零还是输入端的数据；二是就是时序约束不好实现，CPLD/FPGA 一直提倡采用同步设计，这样可以有效地进行时序约束；三是综合和布局布线软件不好生成静态延时分析报告。

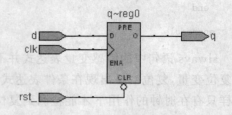

图 7-11　异步逻辑复位图

许多书籍或者专家都推荐采用同步复位，但是不管采用同步复位还是异步复位，设计工程师都必须了解这两种复位方式都有优点和缺点——毕竟现在几乎没有哪个厂商生产出来的 CPLD/FPGA 有真正意义上的同步结构的触发器，同样异步复位也不好实现时序约束。比较好的方式之一就是对复位信号进行同步化后采用异步复位，其基本程序代码如下：

```
module async_rst(clk, rst_, d, q);
    input clk,rst_,d;
    output reg q;
    reg rst_reg_;
always @(posedge clk)                    //同步化
    rst_reg_ <= rst_;
always @(posedge clk negedge rst_reg_)   //异步复位
    begin
        if(!rst_reg_)
            q <= 1'b0;
        else
            q <= d;
    end
endmodule
```

图 7-12 是对上述程序采用 Synplify pro 综合软件综合后生成的 RTL 电路。复位信号一旦有效，采用一级触发器来实现复位的同步，这样有利于静态延时分析，然后把触发器输出来的信号对各个触发器进行异步复位，这样可以充分利用异步复位的优势。

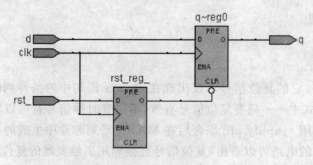

图 7-12　同步复位异步释放 RTL 线路图

7.3 组合逻辑设计

组合逻辑设计是 CPLD/FPGA 设计中的最基本的要素。在组合逻辑设计中需要注意以下事项。

7.3.1 锁存器

除非有必要,不建议在组合逻辑设计中使用锁存器。因为一是锁存器的使用有可能会出现潜在的竞争冒险;二是综合工具对组合逻辑的优化和综合仅仅会对每一个输入可能的值赋给输出一个值,这就意味着事件控制表达式必须对每一个输入都敏感,每一条活动的路径都必须给每个输入赋一个值。我们先观察例 7-4~例 7-9 这 5 个实例来分析怎样的程序会产生生成锁存器。

【例 7-4】 分支不完整产生的锁存器代码及解决方案。

```
//本例主要描述由于分支不完整产生的锁存器的程序设计及其解决方案
module latch1(cnt,a,b,c);
//信号和内部变量声明
input   [1:0]   cnt;
input   a, b;
output reg   c;
always @(cnt or a or b)
  begin
    case(cnt)
      2'b00: c = a;
      2'b01: c = b;
    endcase
  end
endmodule
```

这个实例产生的锁存器是由于当 cnt 为 2'b10、2'b11 时没有相应的表达式,从而就会生成一个锁存器。解决的方法就是把它的表达式写完整或者采用默认语句来表示,如下所示:

```
always @(cnt or a or b)
  begin
    case(cnt)
      2'b00: c = a;
      2'b01: c = b;
      default: c = 0;
    endcase
  end
```

【例 7-5】 初始化不完整导致锁存器的程序代码及解决方案。

//本例主要描述由于初始化不完整产生的锁存器的程序设计及其解决方案

第 7 章 RTL 设计原则及技巧

```verilog
module latch1(cnt,a,b,c,d);
//信号和内部变量声明
input   [1:0]  cnt;
input    a, b;
output reg    c,d;
always @(cnt or a or b)
 begin
      c = 1'b1;
      case(cnt)
         2'b00: begin c = a; d = b; end
         2'b01: begin c = b; d = a; end
      endcase
  end
endmodule
```

例 7-5 比例 7-4 多了一个初始化的过程，但是初始化不完整——没有对所有的输出进行初始化，同时 case 语句又不完整，当 cnt 为 10、11 时，c 为 1，可是 d 值是一个未定的状态。可以改写成如下：

```verilog
always @(cnt or a or b)
 begin
   c = 1'b1;
   d = 1'b1;
     case(cnt)
        2'b00: begin c = a; d = b; end
        2'b01: begin c = b; d = a; end
     endcase
  end
```

【例 7-6】 表达式赋值不完整产生的锁存器及其解决方案。

```verilog
//本例主要描述由于表达式赋值不完整产生的锁存器的程序设计及其解决方案
module latch1(cnt,a,b,c,d);
//信号和内部变量声明
input   [1:0]  cnt;
input    a, b;
output reg    c,d;
always @(cnt or a or b)
 begin
     case(cnt)
        2'b00: begin c = a; d = b; end
        2'b01: begin c = b; end
        default: begin c = 1'b1; d = 1'b1; end
     endcase
```

这个锁存器之所以存在,是因为本程序代码没有初始化,在 cnt 为 01 时 d 值未定。解决这个锁存器的方式就是把表达式写全,如下:

```
always @(cnt or a or b)
 begin
      case(cnt)
          2'b00: begin c = a; d = b; end
          2'b01: begin c = b; d = a; end
          default: begin c = 1'b1; d = 1'b1; end
     endcase
 end
```

【例 7 - 7】 缺少 default 分支的 casex 语句产生的锁存器及其解决方案。

```
//本例主要描述由于缺少 default 分支的 casex 语句产生的锁存器的程序设计及其解决方案
module latch1(cnt,a,b,c,d);
//信号和内部变量声明
input   [2:0]   cnt;
input    a, b;
output reg    c,d;
always @(cnt or a or b)
 begin
      casex(cnt)
          3'b000: begin c = a; d = b; end
          3'b001: begin c = b; d = a; end
          3'b100,
          3'b101: begin c = 1; d = 0; end
          3'b11x: begin c = 0; d = 1; end
     endcase
 end
endmodule
```

和例 7-4 相似,case 语句分支不完整并且采用了 casex 语句,还需要考虑 x 和 z 两种状态的组合,因此生成了锁存器。casex、casez 语句一定要有默认分支语句。如:

```
always @(cnt or a or b)
 begin
      casex(cnt)
          3'b000: begin c = a; d = b; end
          3'b001: begin c = b; d = a; end
          3'b100,
          3'b101: begin c = 1; d = 0; end
          3'b11x: begin c = 0; d = 1; end
```

```
        default: begin c = 1; d = 1; end
    endcase
 end
```

【例 7-8】 敏感变量列表不完整导致的锁存器及其解决方案。

```
//本例主要描述由于敏感变量列表不完整而产生的锁存器的程序设计及其解决方案
module latch1(a,b,c,d);

//信号和内部变量声明
input    c;
input    a, b;
output reg   d;
always @(a or c) //b为不敏感变量,因此当b有效而敏感变量无效时,产生错误
 if(a)
     d = c;
 else if(b)
     d = b;
     else
     d = 1'b0;

endmodule
```

此例的锁存器是因为 always 模块中敏感变量表达式不完整而造成的。由于敏感信号中没有 b 信号,所以当信号 b 有效、同时 a 和 c 无效的时候,整个 always 模块不会有动作,因而不会把 b 值赋给 d。要消除这样的锁存器就必须在敏感信号变量中增加信号 b。

```
always @(a or b or c)
 if(a)
     d = c;
 else if(b)
     d = b;
     else
     d = 1'b0;
```

【例 7-9】 if...else 语句不完整产生的锁存器及其解决方案。

```
//本例主要描述由于if...else语句不完整而产生的锁存器的程序设计及其解决方案
module latch1(en,rst,d,q);

//信号和内部变量声明
input    en,rst,d;
output reg    q;

always @(en or d)
 if(en)
     begin
       if(rst)
```

```
            q <= 0;
        else
            q <= d;
        end
endmodule
```

或者

```
//本例主要描述由于if...else语句不完整而产生的锁存器的程序设计及其解决方案
module latch1(en,rst,d,q);
//信号和内部变量声明
input    en,rst,d;
output reg   q;
always @(en or d or rst)
 if(rst)
     q <= 1'b0;
    begin
     if(en)
         q <= d;
    end
```

例 7-9 中的两个程序都会生成锁存器,其原因在于 if...else 语句不完整。如果采用数据流来表示,则例 7-9 中的两个程序与下面两个语句等效。要消除因为 if...else 所生成的锁存器,就一定要确保 if...else 语句必须完整。

```
assign q = rst ? 1'b0 : (en? d: q);
assign q = en? (rst? 1'b0 : d) : q;
```

7.3.2 组合逻辑反馈环路

组合逻辑反馈环路是数字同步逻辑设计中的一个大忌,它不仅有可能造成信号振荡、产生毛刺,还会经常引起时序违例,不能很好地进行时序分析,进而引起系统的不稳定。

图 7-13 是一个典型的组合逻辑反馈电路——触发器的输出经过一段组合逻辑后又直接反馈到触发器的异步复位端。

异步复位端不受时钟信号的控制,如果触发器的输出产生的值经过组合逻辑恰好能使异步复位端有效,这样就会产生无限的循环——CPLD/FPGA 工程师应该尽量避免出现这样的情况。

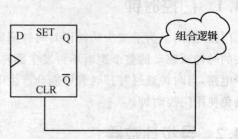

图 7-13 组合逻辑负反馈示意图

要避免组合逻辑反馈回路的出现,可以在图 7-13 中的组合逻辑部门增加一级触发器,或直接更改设计。

7.3.3 脉冲产生电路

在数字电路设计中有时候会看到如图7-14所示的电路来实现脉冲的产生。本电路的基本原理是利用信号经过不同的路径产生不同的延时而产生脉冲序列,这样充分利用了逻辑缓冲的器件延时和布线延时,但是组合逻辑器件本身由于温度、电压等关系会造成延时的不确定,同时PCB布线方式不一样,同样会造成延时的不一致,因此这样的脉冲产生电路的延时性和稳定性都很差,并且这样的脉冲产生电路也容易造成竞争冒险。

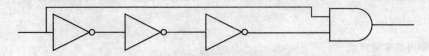

图7-14 组合逻辑脉冲产生电路示意图

在CPLD/FPGA中,图7-15是典型的脉冲产生电路方案之一——利用时序逻辑电路来实现。

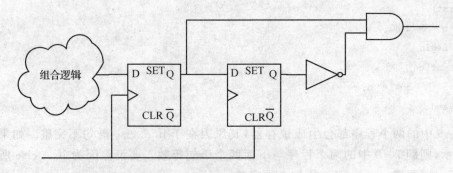

图7-15 正确的脉冲产生电路

7.4 时序逻辑设计

时序逻辑设计是CPLD/FPGA设计的一个最重要部分,特别是高速逻辑设计部分,尤其要重视时序逻辑。在时序逻辑设计中,时钟信号的设计是重中之重。

7.4.1 门控时钟

门控时钟,是为了减少功耗而对时钟采取的一种组合逻辑设计。通过屏蔽时钟信号而使相关的时钟所驱动的整个逻辑不再发生翻转,从而降低功耗。但是由于门控时钟电路不同于同步电路,当时钟通过"门"时有可能会产生毛刺,增大时钟的抖动。因此,在同步设计中应尽量避免使用门控时钟。

7.4.2 异步计数器

异步计数器也叫行波计数器。它利用时钟驱动一组寄存器的第一个时钟引脚,然后利用第一个时钟的输出驱动第二个寄存器的时钟引脚,级联而下。它可以节省芯片的资源,但是不能很好地进行静态延时控制,从而带来许多的时序问题,因此不建议采用。

7.4.3 次级时钟的产生

当时钟输入到 CPLD/FPGA 后,需要通过分频/倍频等方式对时钟进行处理。最简单的方式就是通过组合逻辑来进行分频,但是容易产生毛刺。而毛刺的产生必然会引起系统的错误反应或者亚稳态的产生,为了防止毛刺的产生或者过滤毛刺,解决方案之一就是插入寄存器。

建议使用 PLL/DLL 来产生次级时钟,这样可以实现时钟约束,确保时钟的质量,目前所有的 FPGA 以及最新的高端 CPLD 里面都内置有 PLL/DLL 硬件模块,可以自由调用,但是传统的 CPLD 以及最新的低端 CPLD 里面没有 PLL/DLL 模块,因此在时序约束要求严格的系统中,不建议采用传统的或者最新的低端 CPLD 进行设计。

7.4.4 亚稳态

时序逻辑设计特别是时序之间的转换,需要确保不会出现亚稳态的现象。所谓的亚稳态,其基本原因还是建立时间和保持时间的违例,从图 7-16 中可以看出,亚稳态大致有如下几种表现:T_{co} 违例、V_{oh}/T_{ol} 违例、斜率违例、振荡和小脉冲。

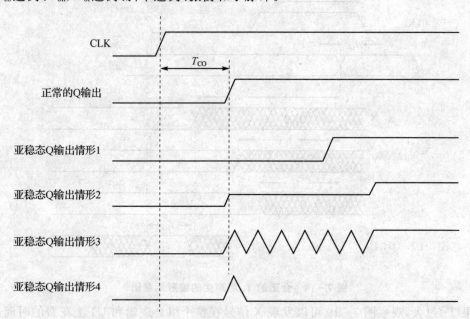

图 7-16 亚稳态现象和正常的波形比较

7.4.5 实例 7:T_{co} 引起的亚稳态分析

我们先通过一个具体的实例来分析 T_{co} 怎样引起亚稳态的现象。图 7-17 表示一个数据在时钟信号的作用下通过组合逻辑来驱动 3 个寄存器输出。各个组合逻辑的延时分别为 t_1、t_2、t_3。

如果 3 个寄存器都输出正确值,就要求 Q1 输出的值经过各个组合逻辑的延时后还能够满足 U2、U3、U4 的建立时间的要求,图 7-18 为其对应的波形示意图。

第 7 章 RTL 设计原则及技巧

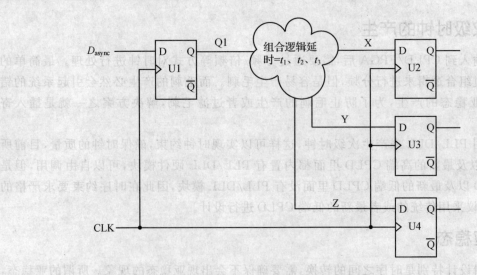

图 7-17 T_{co} 产生亚稳态模型图

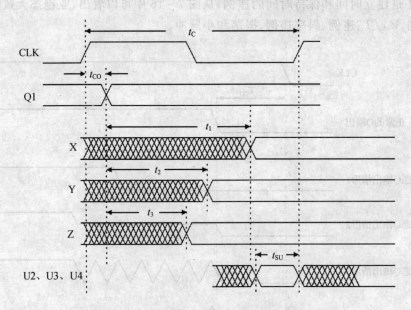

图 7-18 合适的 T_{co} 所产生的波形示意图

如果 T_{co} 过大,观察图 7-19 可以发现 X 信号在整个组合逻辑和 U1 上花费的时间过多而造成建立时间不足,从而产生了亚稳态。

更多的亚稳态的描述说明可以参考 Lattice 公司、Xilinx 公司以及 Altera 公司的相关 CPLD/FPGA 技术资料。也可以参考下面的链接:

① AN219 from:

http://www.semiconductors.philips.com/acrobat/applicati/onnotes/AN219_1.pdf

www.deepchip.com/items/0225-03.html

http://www-s.ti.com/sc/psheets/sdya006/sdya006.pdf

② AN042 from:

http://www.altera.com/literature/an/an042.pdf

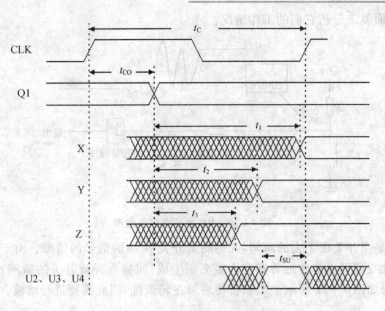

图 7-19 T_{co} 过大引起的亚稳态示意图

7.5 代码风格

随着综合软件和布局布线软件发展得越来越强大，CPLD/FPGA 工程师会有一种错觉——代码风格在程序设计中已经变得无关紧要了；另外由于硬件描述语言的特点之一就是并行性，因此有些工程师会认为代码设计可以随心所欲，这是不正确的。一个优秀的代码风格不仅可以增加可读性，而且有利于设计的优化、综合。

代码风格特别要注意以下几个方面。

① 代码的注释一定要简洁、明了，注释量要丰富。

② 代码模块设计要尽量避免在顶层文件中进行过度的具体功能描述，同时也要避免分层过多。顶层一般只是模块的例化和全局性信号的处理，这样有利于增量设计。模块的层次不要太深，推荐最好是三到四层左右。

③ 代码需要紧扣 CPLD/FPGA 的硬件结构。

7.6 实例 8：信号消抖时的亚稳态及解决方案

7.6.1 信号消抖基本介绍

在电子世界中，维持信号的稳定、保持信号工作的连续性是对电子工程师最基本的要求。一旦信号出现毛刺或者尖峰脉冲，将有可能导致系统工作错误，甚至瘫痪。因此，几乎所有的稍微复杂的电路系统中都会有不同方式的信号消抖电路。最常见的有两种：一种是采用 RC 滤波电路来实现；另外一种就是采用 CPLD/FPGA 或者 ASIC 来进行编程滤波。我们先来观察 RC 滤波电路的设计，如图 7-20 所示。可以看到它是由一个 RC 电路加一个施密特触发器组成的。有些 IC 的引脚本身就有施密特触发器的功能，这样采用 RC 滤波时就可以省掉施密特触发器。下面就来分析它们的工作情况。

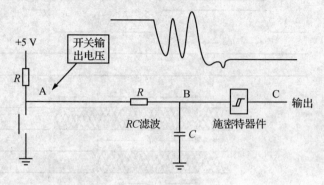

图 7-20　RC 滤波电路示意图

图 7-21 是当开关按下去的瞬间，我们测量开关 A 端的信号的情形。由于开关本身会有机械抖动，因此我们可以清楚地看到有许多毛刺生成；同样在释放开关的瞬间，也会有许多毛刺生成，其波形如图 7-22 所示。毛刺会使后续逻辑紊乱，因此需要进行滤波。

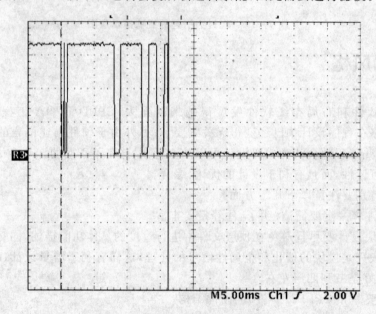

图 7-21　开关按下时未滤波的开关信号

RC 滤波电路的实际原理就是采用延时的策略忽略开关按下和释放的瞬间，一直等到开关信号稳定时进行信号采样，这样就避免了毛刺的影响，但是需要特别关注的是毛刺产生时间的长短。开关信号的毛刺持续的时间可长可短，并不是一个固定的时间长度，这样 RC 电路的 RC 所形成的延时就显得尤为重要。RC 延时太短，滤波就会不干净，只有把 RC 的数值设置准确才能产生合适的延时来滤掉所有的毛刺。图 7-23 和图 7-24 分别显示 RC 延时不够和延时恰如其分时的滤波波形情况。

那么是不是 RC 的延时越长越好呢？答案显然是否定的。RC 延时太长就意味着电容值太大，从而使信号的斜率变小，同样也会引起亚稳态现象，也就是所谓的 V_{OH}/V_{OL} 违例，导致下一级逻辑错误，图 7-25 就是延时太大时信号在 Vil 和 Vih 之间停留时间过长，从而产生了

第 7 章　RTL 设计原则及技巧

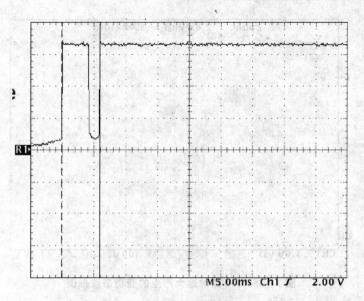

图 7-22　开关释放时未滤波的开关信号

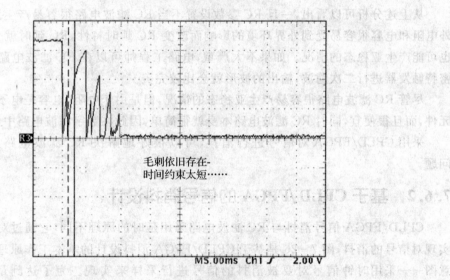

图 7-23　RC 延时太短时 RC 电路输出的波形

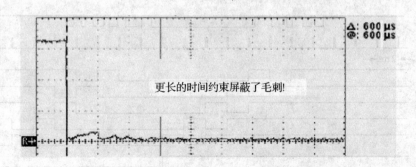

图 7-24　RC 延时正常时 RC 电路输出的波形

第7章 RTL 设计原则及技巧

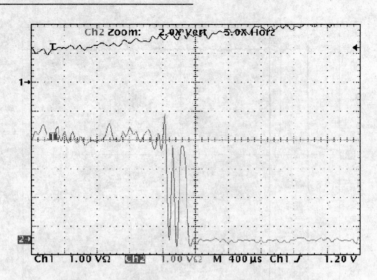

图 7-25 RC 延时过大产生的亚稳态波形图

大量毛刺的现象。

从上述分析可以看出,一旦 RC 参数设置不当 RC 滤波电路很容易产生亚稳态的情况;另外电阻和电容很容易受到外界环境的影响而改变 RC 延时特性,RC 延时就会产生漂移,同样也可能产生亚稳态的情况。如果不太严重,电路工程师可以在 RC 滤波电路后再增加一级施密特触发器进行二次滤波,输出的波形就会比较完美。

尽管 RC 滤波电路很容易产生亚稳态的情况,但是由于电阻、电容是电子世界中最常见的元件,而且很便宜,同时 RC 滤波电路本身就很简单,因此在数字滤波电路中还是被广泛应用。

采用 CPLD/FPGA 对信号进行消抖,可以很好地解决 RC 滤波电路所出现的亚稳态问题。

7.6.2 基于 CPLD/FPGA 的信号消抖设计

CPLD/FPGA 信号消抖与 RC 滤波电路采用延时的原理不同,它通过对开关信号采样来实现对信号的消抖,图 7-26 是基于 CPLD/FPGA 消抖设计的基本工作原理及相关的波形示意图——采用时钟信号对要被消抖的信号进行采样来实现。为了达到最好的采样效果,CPLD/FPGA 采用 2 ms 时钟作为采样时钟信号,通过状态移位来实现滤波。

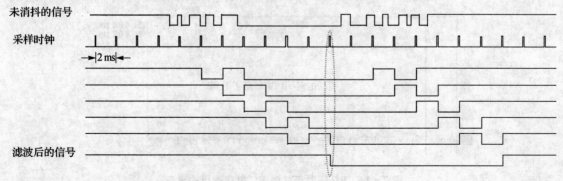

图 7-26 采用 CPLD/FPGA 进行信号滤波的波形图

采用 CPLD/FPGA 进行信号滤波的好处在于它使用硬件描述语言来实现滤波，既不会增加 RC 的价格成本，也不会增加 PCB 布线的负担，同时能够更加精确地实现信号滤波。本例就采用 Verilog HDL 语言来实现这样的滤波程序，具体程序如下：

```verilog
//模块定义与信号声明
module debounce(
        input clock,
        input reset,
        input PB1,              //开关信号输入
        output pb1_out          //经消抖的开关信号输出
            );
//内部信号定义与声明
reg     [6:0]   shift_register;
wire            scaler;
wire            out0;
wire            out1;

reg             s1_pb1;
reg             s2_pb1;
reg             s3_pb1;
reg             s4_pb1;
reg             s5_pb1;

assign   scaler = (shift_register[6] == 1'b1);
assign   out0 = (s1_pb1 || s2_pb1 || s3_pb1 || s4_pb1 || s5_pb1);
assign   out1 = (s1_pb1 && s2_pb1 && s3_pb1 && s4_pb1 && s5_pb1);
assign   pb1_out = reset? 1'b1 : (out0 && pb1_out || out1 &&(! pb1_out));

//2 ms 时钟信号生成
always @(posedge clock or posedge reset)
    begin
        if(reset)
            shift_register[6:0] <= 7'h00;
        else if(scaler)
            shift_register[6:0] <= 7'h00;
        else
            shift_register <= shift_register + 7'h01;
    end
always @(posedge clock or posedge reset)
    begin
        if(reset)
            begin
                s1_pb1 <= 1'b1;
                s2_pb1 <= 1'b1;
                s3_pb1 <= 1'b1;
                s4_pb1 <= 1'b1;
                s5_pb1 <= 1'b1;
```

第7章 RTL 设计原则及技巧

```
            end
        else
            if(scaler)
                begin
                    {s5_pb1,s4_pb1,s3_pb1,s2_pb1,s1_pb1} <= {s4_pb1,s3_pb1,s2_pb1,s1_pb1,PB1};
                end
        end
endmodule
```

当然这只是滤波方式之一而已。采用 CPLD/FPGA 实现消抖滤波程序可以有很多种实现方式,但总体思路基本都是这样的。各位也可以试着采用状态机来实现信号的滤波。

7.7 本章小结

本章是对前面的几章的思考与总结。一段优秀的 RTL 代码,不管是复杂到包括几十甚至几百个模块的代码还是一个简单的赋值语句,都需要综合考虑各种因素,需要充分了解设计的要求以及现有的条件,需要充分考虑 RTL 设计的原则和指导思想,同时注意避免产生毛刺以及亚稳态的状态。除非充分论证锁存器存在的必要性,应该需要尽量避免产生锁存器。

7.8 思考与练习

1. RTL 代码设计有哪几个重要原则?
2. 同步复位和异步复位各有什么优点和缺点?怎样实现同步复位和异步复位的优点最大化?
3. 同步数字系统和异步数字系统有什么不同?怎样实现不同时序的数据同步?
4. 什么是门控时钟?什么是次级时钟?采用门控时钟和次级时钟有什么隐患?
5. 什么是锁存器?怎样避免产生锁存器?
6. 什么是亚稳态?亚稳态是怎样产生的?如何避免?
7. 什么是面积?什么是速度?为什么说面积与速度之间是不可调和的矛盾?怎样实现面积与速度之间的转换?
8. 什么是乒乓操作?乒乓操作的主要目的是什么?它的本质是什么?
9. 资源共享的本质是什么?采用资源共享的前提与条件是什么?怎样实现资源共享?
10. 怎样实现串并转换操作?串并转换的本质是什么?

第 8 章 仿真与 Testbench 设计

前面几章主要讲述的是 RTL 的可综合性设计。本章主要讲述怎样进行 Testbench 设计及其仿真。CPLD/FPGA 设计主要有两种仿真方式:一种是功能仿真;一种是时序仿真。

本章的主要内容有:
- 仿真概述;
- Testbench 设计;
- 仿真实例;
- Testbench 结构化。

8.1 仿真概述

逻辑仿真是目前逻辑设计工程师最主要的验证方法之一。但是相对于硬件来说,仿真器的速度永远不够快。现实中的电子器件每秒钟可以开关 10 亿次,而仿真器在计算机中运行最快也就每秒几亿次。因此需要对仿真器进行优化,一般基于两种方式:周期驱动和事件驱动。

8.1.1 周期驱动

周期驱动是基于时钟周期的仿真模型。我们先观察图 8-1 所示逻辑电路和相关波形图,上一级的触发器在时钟 clk 的作用下触发经过两个"与"门,最后经过下一级触发器输出数据。

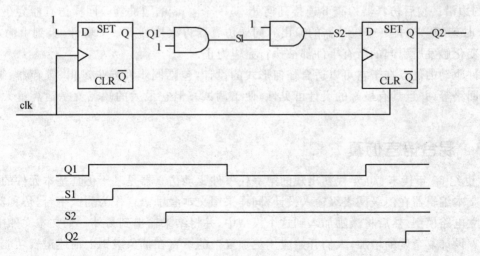

图 8-1 周期驱动模型图

周期驱动的仿真器只在乎 Q2 的输出,即每个时钟有效沿到来时的输入和输出,时钟周期之内的延时全部不考虑,S1 和 S2 之间的变化和时序完全被忽略——仿真器假定所有触发器的建立时间和保持时间均满足条件。这种模型只能应用于同步模型,如果设计中包含了锁存器或者多时钟域的情况,则周期驱动的仿真器模型都不适用。如果需要应用的话,只能使用静态延时分析来实现。

8.1.2 事件驱动

目前逻辑仿真最普遍的形式就是事件驱动。事件驱动仿真模型有个重要特点:一是如果输入不变化,输出就不会变化,因为输入不变化就不需要仿真;二是一旦输入发生变化,不管输出有没有变化,仿真器都会执行仿真。

为了了解事件驱动仿真模型的特点,我们先观察图 8-2。图中所示的是一个组合逻辑,为了简化,我们假定"与"门只有一个输入发生变化,另一个输入固定为 1。

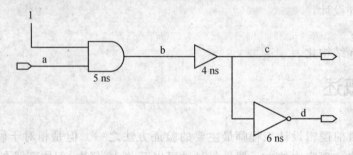

图 8-2 事件驱动模型图

仿真器在内部会维护一些信息来记录某些时刻要被激活的事件。而每个输入都是一些离散的事件。当输入 a 发生变化时,标记为 T_1,仿真器会检查这个输入连接到了何处,检测到了一个 5 ns 的"与"门,仿真器会在 T_1 之后的 5 ns 时(T_2)安排一个"与"门输出的时间。接着仿真器检查当前时刻 T_1 是否还有其他动作需要执行。b 就是下一个事件,发生在 T_2 时刻,也就是 T_2 的边沿。然后仿真器检查 b 连接到何处,是一个 4 ns 的缓冲器。同样仿真器会在 T_2 后的 4 ns 时刻(T_3)安排一个缓冲器的输出。同样仿真器再次检测下一个事件,直到由输入端 a 的首次变化触发所引起的所有事件都被执行完毕为止。

事件驱动的优点在于它可以适合任何形式的设计,包括同步和异步逻辑、锁存器、组合逻辑反馈回路等,并且具有极好的设计可见性,便于调试。但它最大的缺点就是运算量大、速度非常慢。

8.1.3 混合语言仿真

20 世纪 60 年代末、70 年代初出现的第一代事件驱动仿真器是基于仿真基本元件的、采用标准的文本编辑器在门级网表级输入设计,同样采用文本激励语言作为测试平台,仿真器使用网表建立电路模型,然后将激励加入到这个模型中,并将结果输出到另外一个文本文件中。

随着设计复杂度的增加,人们开始应用更加复杂的语言在抽象级别上描述逻辑功能,比如 GWDL 语言(GenRad Hardware Description Language)。后来又出现了硬件描述语言的工业标准,而且有了两种,这样就产生了一个问题:同一个设计由于不同工程师的不同喜好,有可能会采用不同的语言进行设计,仿真器该怎样兼容这两种标准?同样在购买 IP 核的时候也会出现类似的问题。要解决这样的问题有几种方式。一是先将其中的一种语言所写的设计翻译成另外一种语言,然后再进行仿真——这样有可能设计表现出来的行为往往与期望值不一样;二是在仿真器中使用多核——一个用来进行 VHDL 仿真,另外一种进行 Verilog HDL 仿真。但是在同一设计中往往是一个仿真核在运行中,另外一个仿真核不得不停止工作等待它的结束,这样性能就大大降低了;三是采用单核仿真器,同时支持多种语言(例如 Modelsim 等),它可以很好地解决多核仿真器的缺点。

8.2 仿真器的选择

人们往往倾向于选择最好的仿真器,但是正如硬件描述语言一样,每种仿真器都有各自的优缺点。因此需要有一个权衡,大体可以从以下四个方面来考量和选择仿真器。

一是选择的仿真器必须能够支持混合语言仿真。尽管在一个设计团队里面会要求采用某种语言进行设计,但是不得不面对的就是有时候会遇到 IP 核的问题。

二是仿真器的性能需要满足设计要求。要测试仿真器的性能,可以自己设计一个基准程序在仿真器中运行;也可以采用厂商提供的。不过大家都知道厂商提供的往往都进行了一些专门的调整。

三是仿真器需要有一个良好的调试环境。具有良好交互性的调试环境可以很容易找到错误。

最后还要考虑的是仿真器的代码覆盖能力。代码覆盖能力包括很多种,如:基本代码覆盖率;分支覆盖率;条件覆盖率;表达式覆盖率;状态覆盖率;功能覆盖率;断言/属性覆盖率。

8.3 Modelsim 简介与仿真

8.3.1 Modelsim 简介

Mentor 公司的 ModelSim 是业界最优秀的 HDL 语言仿真软件之一,它能提供友好的仿真环境,是业界唯一的单内核支持 VHDL 和 Verilog HDL 混合仿真的仿真器。它采用直接优化的编译技术、Tcl/Tk 技术和单一内核仿真技术,编译仿真速度快,编译的代码与平台无关,便于保护 IP 核,个性化的图形界面和用户接口,为用户加快调错提供强有力的手段,是 CPLD/FPGA/ASIC 设计的首选仿真软件。

Modelsim 的主要特点有:
① RTL 和门级优化,本地编译结构,编译仿真速度快,跨平台跨版本仿真;
② 单内核 VHDL 和 Verilog HDL 混合仿真;
③ 源代码模版和助手、项目管理;
④ 集成了性能分析、波形比较、代码覆盖、数据流 ChaseX、Signal Spy、虚拟对象 Virtual Object、Memory 窗口、Assertion 窗口、源码窗口显示信号值、信号条件断点等众多调试功能;
⑤ C 和 Tcl/Tk 接口,C 调试;
⑥ 直接支持 SystemC 和 HDL 任意混合;

第 8 章 仿真与 Testbench 设计

⑦ 支持 SystemVerilog 的设计功能；
⑧ 对系统级描述语言（如 SystemVerilog、SystemC、PSL）的最全面支持；
⑨ ASIC Sign off。

ModelSim 分几种不同的版本：SE、PE、DE 和 OEM，其中 SE 是最高级的版本，而集成在 Actel、Atmel、Altera、Xilinx 以及 Lattice 等 FPGA 厂商设计工具中的均是其 OEM 版本。SE 版本和 OEM 版本在功能和性能方面有较大差别，比如对于大家都关心的仿真速度问题，以 Xilinx 公司提供的 OEM 版本 ModelSim XE 为例，对于代码少于 40 000 行的设计，ModelSim SE 比 ModelSim XE 要快 10 倍；对于代码超过 40 000 行的设计，ModelSim SE 要比 ModelSim XE 快近 40 倍。ModelSim SE 支持 PC、Unix 和 Linux 混合平台；提供全面完善以及高性能的验证功能；全面支持业界广泛的标准。下面以 Modelsim PE 6.3c 为例简要介绍怎样进行功能仿真和时序仿真。

8.3.2 功能仿真

① 在桌面单击 Modelsim 图标，或者在"开始"→"所有程序"中选择 Modelsim，如图 8-3 所示。

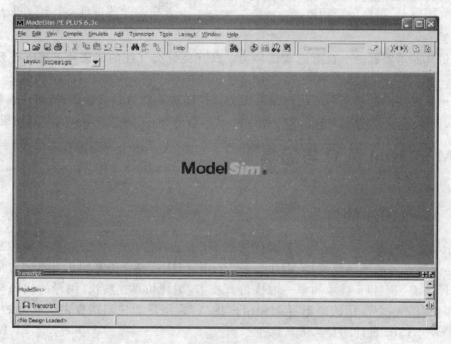

图 8-3 Modelsim 界面

② 建立仿真工程。选择 File→New→Project 即出现如图 8-4 所示界面，输入仿真工程的名字，并选择工程路径，单击 OK 按钮。

③ 弹出一个对话框，选择 Add Existing File，添加测试平台和被测文件到仿真工程中，单击 OPEN，然后单击 OK 按钮，如图 8-5 所示。

④ 关掉对话框。在 Modelsim 工程中单击 Layout，选择 Simulate，如图 8-6 所示。

⑤ 如图 8-7 所示，选中测试程序，然后单击 project→Setting 来选择 Verilog 仿真器，单击 OK 按钮。

第 8 章 仿真与 Testbench 设计

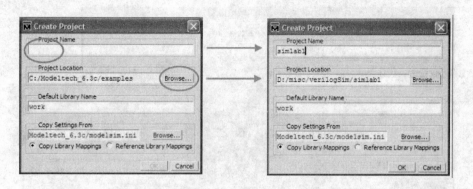

图 8-4 建立仿真工程界面

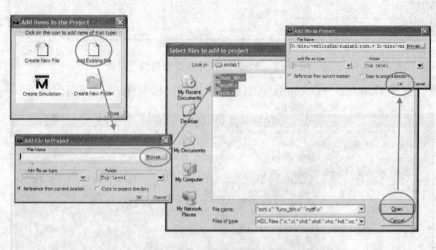

图 8-5 添加仿真文件界面

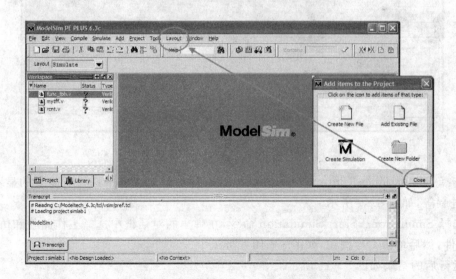

图 8-6 Modelsim 仿真参数设置

第 8 章 仿真与 Testbench 设计

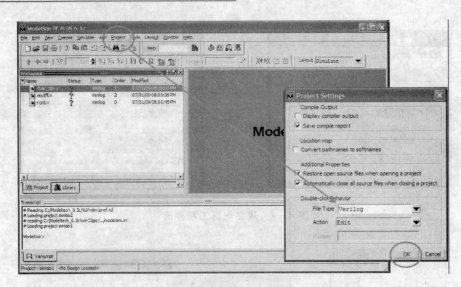

图 8-7 Modelsim 仿真语言选择

⑥ 编译。选择 Compile→Compile All,单击 OK 按钮,如图 8-8 所示。

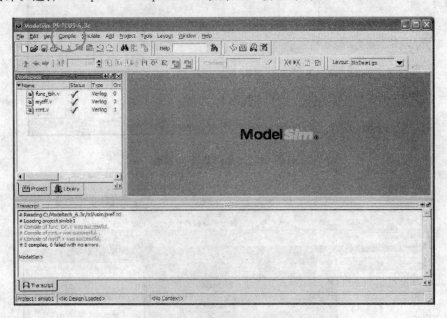

图 8-8 编译界面

⑦ 选择 Simulation→Runtime Options 命令,在弹出的对话框中选择所需要的显示,如十进制、二进制等,如图 8-9 所示。

⑧ 选择 Simulation→Start Simulation 命令,在弹出的对话框中选择工作路径和仿真平台的顶层文件,然后单击 OK 按钮,如图 8-10 所示。

⑨ 运行后的结果如图 8-11 所示。

⑩ 在工作区窗口选择顶层仿真文件,选择 Add→Wave→Selected Instance 命令,如图 8-12 所示。

第 8 章 仿真与 Testbench 设计

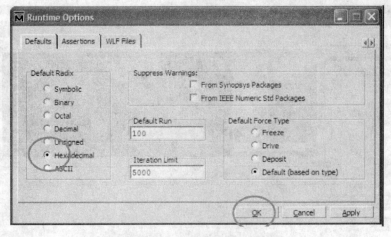

图 8-9 Modelsim 仿真格式选择

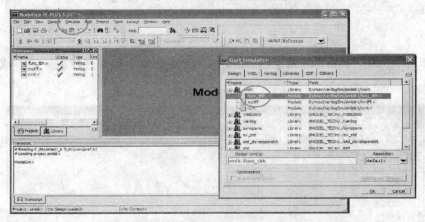

图 8-10 仿 真

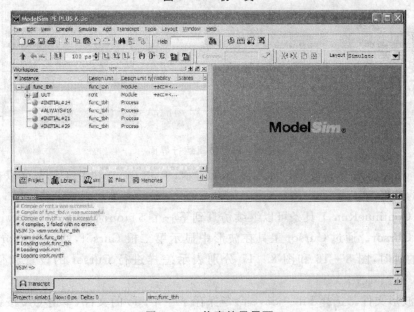

图 8-11 仿真结果界面

第 8 章 仿真与 Testbench 设计

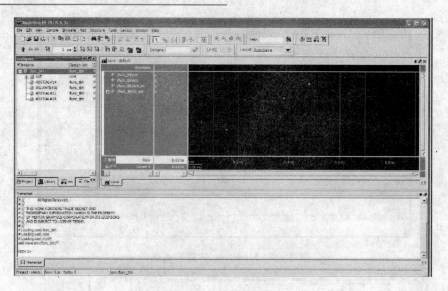

图 8-12 添加仿真波形

⑪ 选择 Simulate→Run -all 命令,如图 8-13 所示。整个仿真过程在 $stop 或者 $finish 停止。

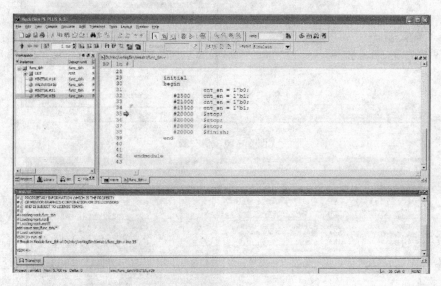

图 8-13 仿真运行界面

⑫ 单击 wave 查看仿真波形。如图 8-14 所示,单击 Zoom Full 工具条可以在屏幕上显示整个仿真的波形。

⑬ 单击 ContinueRun 工具条可以继续仿真到下一个 $stop,如图 8-15 所示。

⑭ 设置 Cursor。通过 Cursor 工具在波形中显示第二根 Cursor,通过 Cursors 来测量两个信号之间的延时,图 8-16 和图 8-17 分别表示怎样进行 Cursor 的设置和信号延时的量测。

⑮ 保存波形文件。选择 File→Save 命令保存了一个 .do 的文件,单击 OK 按钮保存。然后选择 File→Quit 命令退出 Modelsim,如图 8-18 所示。

第 8 章 仿真与 Testbench 设计

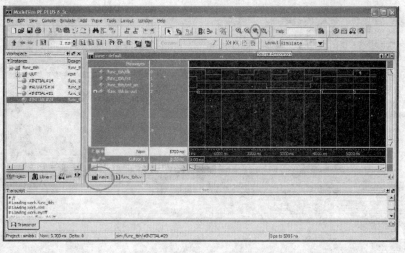

图 8-14 查看仿真波形

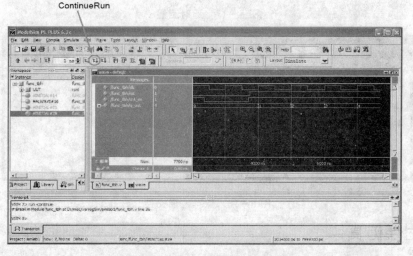

图 8-15 继续仿真界面

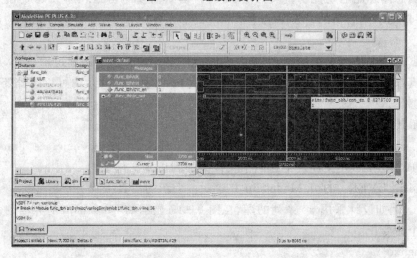

图 8-16 Cursor 设置

第 8 章 仿真与 Testbench 设计

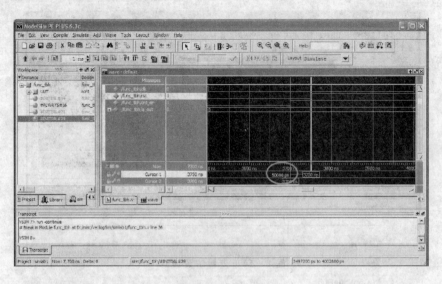

图 8-17 延时测量

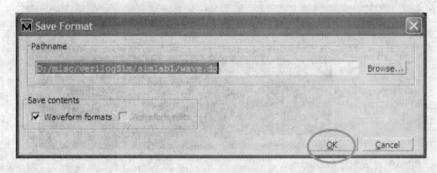

图 8-18 保存波形文件

8.3.3 时序仿真

时序仿真总体思路与功能仿真类似，只是时序仿真需要考虑逻辑单元延时和布局布线延时，因此需要借助不同公司的开发平台生成相应的静态延时报告，并且结合相关的器件模型来进行仿真。

时序仿真比功能仿真更加精确，但是花费时间较多。如果进行高速逻辑设计，那么时序仿真和功能仿真都必须具备，但是如果 CPLD/FPGA 内部延时在设计中可以忽略不计，那么功能仿真就足够了。

下面以 Lattice 公司的器件为开发平台来讲述怎样进行时序仿真。

① 生成 .sdf 文件。通过 ispLEVER 建立一个工程文件，单击 Generate Timing Simulation Files 生成 .vo 和 .sdf 文件。把这两个文件添加到仿真文件夹中。

② 关掉 ispLEVER。打开 Modelsim 并建立一个新的仿真工程。

③ 建库。例如设计采用 xo 系列的库，在图 8-19 显示的 Modelsim 的界面的命令框中键入下面的两个命令：

Vlib machxo

Vlog -work machxo C:/Lattice/ispLever72/ cae_library/ simulation/verilog /machxo/

*.v(注:这个命令用于确定 xo 系列在 ispLEVER 文件中的具体路径。ispLEVER 软件的安装路径不同,第二条命令也会有相应的不同)。

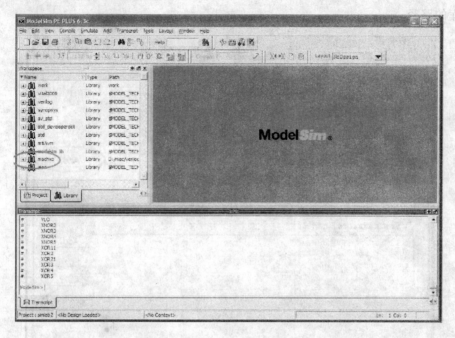

图 8-19 建库界面

④ 编译。选择 Compile→Compile All 命令。
⑤ 选择 Simulate→Start Simulation 命令,出现一个配置窗口。
⑥ 单击打开 SDF 选项卡,然后单击 Add 按钮,如图 8-20 所示。

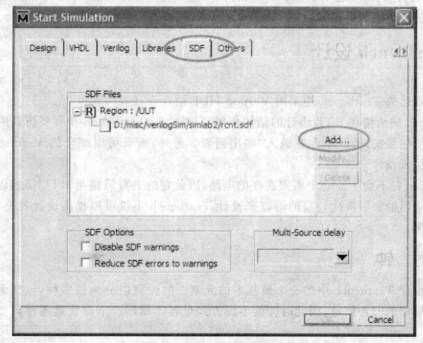

图 8-20 添加.sdf 文件界面

第 8 章 仿真与 Testbench 设计

⑦ 选择.sdf 文件。在 Apply to Region 区域写入/UUT。

⑧ 添加库。按照图 8-21 的方式,单击打开 Libraries 选项卡,然后单击 Add 按钮,选择 machxo 库的路径。

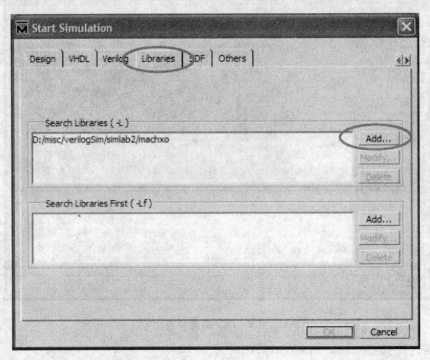

图 8-21 添加库界面

⑨ 单击打开 Design 选项卡,从工作文件夹中选择仿真程序,然后单击 OK 按钮。
后续方法与功能仿真相同。

8.4 Testbench 设计

本章所描述的 Testbench 均采用 Verilog HDL 语言设计。

Testbench 的结构和 RTL 设计的结构相似,只是由于 Testbench 和所要仿真的程序构成的是一个封闭的系统,所以不存在输入/输出列表。另外,所有可以综合的 Verilog 语言都可以用来进行仿真设计。

Testbench 并不会生成一个实实在在的电路,因此它的书写风格与 RTL 描述语言可以不一样。尽量采用抽象层次比较高的语言来设计 Testbench 不仅可以提高设计效率,而且可以提高仿真效率。

8.4.1 时 钟

时钟是设计 Testbench 中的一个最基本的元素。时钟可以分为很多种,包括无限循环时钟和有限个周期的时钟信号,因此时钟的生成方式也各不相同。下面就是各种典型的时钟生成实例。

1. 无限循环的时钟信号

【例 8-1】 用 initial 语句产生一个周期为 20 ns 的时钟信号。

```
'timescale 1ns/1ns
module tb;
……
parameter PERIOD 20;
reg clk;
initial
  begin
    clk = 1'b0;
    forever
      #(PERIOD/2) clk = ~clk;
  end
……
endmodule
```

【例 8-2】 用 always 语句产生一个周期为 20 ns 的时钟信号。

```
'timescale   1ns/1ns
module tb;
……
parameter   PERIOD   20;
reg         clk;
initial
   clk    =   1'b0;
always
  #(PERIOD/2) clk   = ~clk;
……
endmodule
```

2. 占空比非 50% 的时钟信号

【例 8-3】 占空比非 50% 的时钟信号程序代码。

```
'timescale   1ns/1ns
module tb;
……
parameter   HI_TIME    11;
parameter   LW_TIME    9;
always
  #HI_TIME   clk   = 0;
  #LW_TIME   clk   = 1;
```

```
……
endmodule
```

3. 有限循环的时钟信号

采用 repeat 语句来实现有限循环的时钟信号。

【例 8-4】 采用 repeat 语句来实现 20 个脉冲的时钟信号。

```
`timescale    1ns/1ns
  module   tb;
  ……
  parameter   PULSE   20;
  parameter   PERIOD  10;
  reg  clk;
  initial
    begin
      clk = 1'b0;
      repeat(PULSE)
        #(PERIOD/2)  clk  = ~clk;
    end
```

4. 同频异相时钟信号

【例 8-5】 同频异相时钟信号程序代码。

```
`timescale    1ns/1ns
  module   tb;
  ……
  parameter   PULSE   20;
  parameter   PERIOD 10;
  parameter   PHASE   2;
  reg      clk;
  wire     clk1;
  initial
    begin
      clk = 1'b0;
      repeat(PULSE)
        #(PERIOD/2) clk = ~clk;
    end
  assign #PHASE  clk1 = clk;
  ……
  endmodule
```

8.4.2 值序列

值序列是 Testbench 中经常使用到的一种信号形式,它可以描述有限个规则或者不规则的数据形式。严格来说,时钟信号是一种特殊的值序列。

1. 离散值序列

采用 initial 语句。如:

```
initial
  begin
    q = 1;
  #5  q = 0;
  #10 q = 1;
  #4  q = 0;
  end
```

图 8-22 为其对应生成的波形。

本例采用的是阻塞赋值,因此有严格的先后顺序——必须先执行第一句,然后才能执行第二句,以此类推,直到结束。

如果采用非阻塞赋值则会出现另外一种值序列,其相关代码如下。图 8-23 是其相关的波形图。

```
initial
  begin
    q <= 1;
  #5  q <= 0;
  #10 q <= 1;
  #4  q <= 0;
  end
```

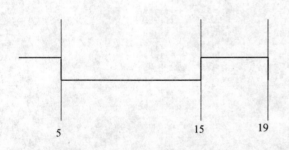

图 8-22 值序列波形图

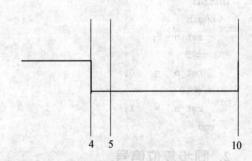

图 8-23 非阻塞赋值的值序列波形图

从图 8-23 中可以看出,波形与我们的设计初衷不相符合,因此推荐采用阻塞赋值的方式产生值序列而不采用非阻塞赋值。

2. 重复值序列

采用 always 语句实现重复执行。

例如:

```
always
  begin
    a = 0;
```

第 8 章 仿真与 Testbench 设计

```
    #5 a = 1;
    #6 a = 0;
    #7 a = 1;
    #3
end
```

这段程序表示初始化信号 a 为 0,过 5 个单位为 1,接着过 6 个单位为 0,再过 7 个单位为 1,再等待 3 个单位的值序列,不断重复,如图 8-24 所示。

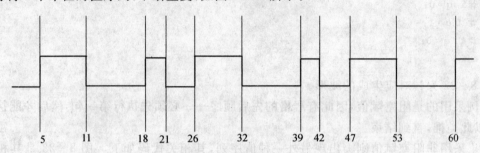

图 8-24 重复值序列示意图

8.4.3 复 位

1. 异步复位信号

直接通过一个值序列来产生异步复位信号。例 8-6 为一个 10 ns 宽的复位脉冲信号。

【例 8-6】 10 ns 宽的异步复位信号程序代码。

```
initial
  begin
    rst_n = 1;
    #5
    rst_n =   0;
    #10
    rst_n =   1;
  end
```

2. 同步复位信号

同步复位信号需要在时钟的作用下才能产生。同步设计需要满足建立时间和保持时间的要求,因此产生和释放复位信号必须使用时钟信号的非有效沿,比如时钟信号为上升沿有效,则使用下降沿来生成同步复位信号。例 8-7 为生成一个脉冲为 20 个单位时间的低有效的同步复位信号。

【例 8-7】 20 个单位时间的低有效的同步复位信号程序代码。

```
initial
  begin
    rst_n =   1;
    @(negedge clk)
    rst_n = 0;
```

```
        #20;
        @(negedge clk)
        rst_n = 1;
    end
```

在有些设计中,同步复位信号的脉宽需要严格与时钟信号挂钩,比如复位信号为几个时钟周期,而不是绝对的脉冲宽度,这个时候可以采用 repeat 语句来实现。例 8-8 为实现一个 5 个时钟周期的复位信号。

【例 8-8】 5 个时钟周期的复位信号程序代码。

```
initial
  begin
    rst_n = 1;
    @(negedge clk)
      rst_n = 0;
    repeat(5) @(negedge clk);
    @(posedge clk)
      rst_n = 1;
  end
```

8.4.4 任 务

在 Testbench 中,任务是一个很重要的概念。任务就像一个过程,它能够把共同的代码段封装起来,从而实现封装的代码段可以在设计中被不同的位置调用。任务中可以包含时序控制,并且可以调用其他任务和函数。其基本格式如下:

```
task task_name;
    declarations;
    procedural_statement;
endtask
```

【例 8-9】 任务:寄存器初始化。

```
task Init_Mem;
    input [7:0] Din;
    integer i;
    begin
        for(i = 0; i <= 7; i = i+1)
            Dout[i] = Din[7-i];
    end
endtask
```

任务名可以有参数,也可以没有参数。任务通过 output 声明输出任务值。

在上层模块中,如果需要调用任务的话,可以采用如下格式:

```
task_name(signal list);
```

如需要调用上面的任务,则可以使用如下语句:

```
Init_Mem(Data_In, Data_Out);
```

8.4.5 函 数

函数与任务相似,它也可以在模块的不同位置执行共同代码,它们之间的不同之处在于函数只能返回一个值,而且不能有任何延时或者延时控制。它必须有一个输入,但是可以没有输出和输入声明。函数可以调用其他函数,但不可以调用任务。它的基本格式如下:

```
function [range] function_name;
  declaration;
  procedural_statement;
endfunction
```

下面我们设计一个 8 位乘法器,具体来看怎样使用函数。

【例 8 - 10】 8 位乘法器的 Verilog HDL 代码。

```
function [15:0] product;
   input [7:0] a;
   input [7:0] b;
   begin
       product = a * b;
   end
endfunction
```

上级模块如果要调用此模块,即可使用如下语句:

Result = product(A,B);

8.4.6 事 件

事件是 Verilog 的另外一类数据类型,它必须在使用前被声明,基本格式如下:
event Start,Ready;
即声明了两个事件 Start 和 Ready。如果要触发这两个事件,则采用如下格式:
→Ready;
→Start;
事件一旦被触发,事件发生的动作就会被执行。先来看看一个实例怎么执行事件。

【例 8 - 11】 采用 event 进行程序设计的 Verilog HDL 代码。

```
//事件定义
  event  Start, Ready;
//初始化
  initial
  begin
    - > Ready;                    //触发事件 Ready
  ......
    end
//事件 Ready 下发生的动作
```

```
always @(Ready)
  begin
    ……//初始化
      ->Start;
  end
//事件 Start 下发生的动作
  always @(Start)
    begin
      procedural_statement;
end
```

仿真一开始就触发一个事件 Ready，在 Ready 中执行完一系列初始化的动作后触发 Start 事件，开始执行语句。

8.4.7 并行激励

两个或者两个以上的任务需要同时执行时，可以采用并行激励的方式。在 Verilog HDL 语言中通常采用 fork...join 语句来执行，如需要则同时启动读/写数据的任务：

```
task initial;
task read;
task write;

initial
  begin
    initial;
    #100
    fork
      read;
      write;
    join
  end
```

8.4.8 系统任务和系统函数

在 3.10 节中讲述了系统任务和系统函数的使用，这里不再赘述，但是需要强调的是，编写测试平台时可以尽量调用系统任务和系统函数，从而帮助我们产生测试激励、显示调试信息、协助错误定位。

8.5 Testbench 结构化

我们比较习惯使用值序列设计初级的 Testbench 进行仿真激励，可是随着系统越来越复杂，单独的值序列已经不能满足代码覆盖的要求。或者说即使可以满足要求，整个 Testbench 代码也会是一个很庞大、很繁琐的工程。

初级的 Testbench 往往喜欢把测试用例和测试套具写在一起，不仅可读性不强，而且维护起来也比较麻烦,测试用例不能得到重用。

图 8-25 就是一个初级仿真的典型模型,在这个模型中,仿真模块是顶层模块,而被测模块是子模块,仿真模块驱动设计模块中的信号。

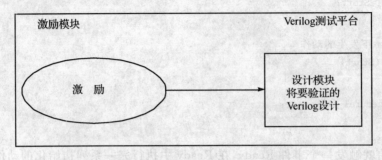

图 8-25 初级仿真模型示意图

将 Testbench 结构化即可解决上述的这些问题,它不仅可以提高测试用例的重用率,使整个设计的结构清晰,而且可以提高代码的抽象程度,适合复杂的设计。

先来看图 8-26 所示的一个仿真模型。

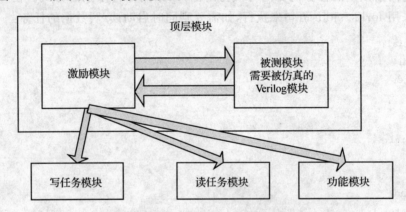

图 8-26 结构化 Testbench 模型图

在这个模型中,顶层模块对仿真模块和设计模块都例化,仿真模块与设计模块之间通过接口相互影响,仿真模块直接调用复杂的任务和函数来进行仿真。这样整个顶层模块就是一个封闭的系统,仿真模块和设计模块之间相互影响,又相互独立。

再来看图 8-27 所示的另一个仿真模型。

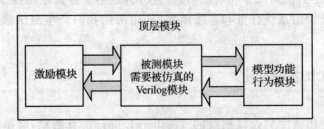

图 8-27 BFM 模型示意图

这个模型和上一个仿真模型之所以不同在于这个模型增加一级行为级模块,这样被测模块与仿真模块和行为模块之间同时作用。假设被测模块是一个 I^2C 主机模块,那么行为模块就可以是从机模块,而仿真模块则提供一些激励给主机模块,主机模块的响应就直接在从机模块中反映出来。

这两种模块特别适合复杂的设计。

8.6 实例9:基于 Modelsim 的 I²C SlaveTestbench 设计

在第 4 章中,我们采用 Verilog HDL 对 I²C 从机进行设计,在此设计中,RTL 代码为一个最简单的 I²C 从机,里面包含一个器件识别数据。因此,相应的 Testbench 只要模拟 I²C 主机读出从机的识别数据并且认为正确就可以。为了更简单,我们假定从机的地址和识别数据是一致的。

```verilog
//全局时钟精度声明
`timescale 10ps / 10ps
//模块定义及声明
module i2c_tb;

    reg     reset_l;                    //全局复位信号
    reg     sysclk;                     //全局时钟信号
    reg     i2c_scl;                    //i2c 时钟信号
    wire    i2c_dat;                    //i2c 数据信号
    reg     i2c_data_out;               //i2c 数据寄存器
    reg [7:0] CPLD_DATA;
    integer i;
    integer j;
    integer k;
    reg     CPLD_DATA_ADD_SHIFT;        //地址移位寄存器
    reg     CPLD_DATA_SHIFT;            //数据移位寄存器
    reg [6:0] CPLD_ADDR_DATA = 7'b1101_010;  //从机地址

//i2c 模块例化
i2c i2c_inst(
        .i2c_scl(i2c_scl),
        .i2c_dat(i2c_dat)
        );

//i2c 数据位处理
assign i2c_dat = i2c_data_out;

//系统时钟周期为 1 ns
parameter PERIOD = 100;

//时钟生成模块
initial
  begin
    sysclk = 1'b1;
    forever
       #(PERIOD/2) sysclk = ~sysclk;
```

```
      end
   //仿真主体
   initial
      begin
         //Master 进行系统复位
         reset_initial;
         //i2c 初始化任务
         i2c_initial;
         //Master 呼叫从机程序,高位在前,低位在后
         for(i = 7;i>= 1;i = i - 1)
         begin
            CPLD_DATA_ADD_SHIFT = CPLD_ADDR_DATA[6];
            CPLD_ADDR_DATA = {CPLD_ADDR_DATA[5:0], 1'b0};
            i2c_write_add(CPLD_DATA_ADD_SHIFT);
         end
         //i2c 读/写标志位判断任务
         i2c_read_write;
         //slave 响应 master 任务
         slave_response(i2c_dat);
         //master 接收数据程序
         for(j = 1; j<= 7; j=j+1)
         begin
            master_read(i2c_dat);
            CPLD_DATA[j - 1] = CPLD_DATA_SHIFT;
         end
         //master 对接收的数据进行判断并响应,如果为 01 则接收正确,否则错误
         if(CPLD_DATA == 8'h01)
            begin
               $display("CPLD DATA is right!");
               i2c_master_response ;
            end
         else
            begin
               $display("CPLD DATA is wrong!");
               i2c_master_response ;
            end
         //Master 结束 I²C 传输
         i2c_stop;
      end

   //全局复位任务
   task reset_initial;
   begin
      i2c_data_out = 1'b1;
      i2c_scl = 1'b1;
      CPLD_DATA = 8'hff;
```

```verilog
        reset_l = 1'b1;
        repeat(20) @(posedge sysclk);
        @(posedge sysclk)
        reset_l = 1'b0;
        repeat(20) @(posedge sysclk);
        @(posedge sysclk)
        reset_l = 1'b1;
        repeat(20) @(posedge sysclk);
    end
endtask

//i2c 初始化程序
task i2c_initial;
 begin
   @(posedge sysclk)                  //I²C start
        begin
           i2c_data_out = 1'b1;
           i2c_scl      = 1'b1;
        end
     repeat(4) @(posedge sysclk);
     @(posedge sysclk)
      i2c_data_out = 1'b0;
     repeat(10)@(posedge sysclk);
     @(posedge sysclk)
      i2c_scl = 1'b0;
     repeat(4) @(posedge sysclk);
 end
endtask

//i2c 写地址任务
task i2c_write_add;
input  CPLD_DATA_ADD_SHIFT;
begin
    @(posedge sysclk)                  //MSB
         i2c_data_out = CPLD_DATA_ADD_SHIFT;
      repeat(4) @(posedge sysclk);
      @(posedge sysclk)
          i2c_scl = 1'b1;
      repeat(10) @(posedge sysclk);
      @(posedge sysclk)
         i2c_scl = 1'b0;
      repeat(4) @(posedge sysclk);
end
endtask

//Master 填写 i2c 读/写标志位任务
task   i2c_read_write;
```

```verilog
        begin
            @(posedge sysclk)                    //read or write showing , read:1   write:0
             i2c_data_out = 1'b1;
            repeat(4) @(posedge sysclk);
            @(posedge sysclk)
             i2c_scl = 1'b1;
            repeat(10)@(posedge sysclk);
            @(posedge sysclk)
             i2c_scl = 1'b0;
            repeat(4) @(posedge sysclk);
             @(posedge sysclk)
                i2c_data_out = 1'bz;
            repeat(4) @(posedge sysclk);          //response to the requirement
        end
endtask

//判断 slave 响应任务
task slave_response;
    input   i2c_dat;
    begin
        @(posedge sysclk)
             i2c_scl = 1'b1;
        repeat(10)@(posedge sysclk);
        @(posedge sysclk)
          begin
            i2c_scl = 1'b0;
            if(i2c_dat == 1'b0)
                $display("CPLD connect successfully!");
             else
                $display("CPLD mismatch, disgard");
          end
        repeat(4) @(posedge sysclk);
    end
 endtask

//master 读数据任务
task master_read;
input i2c_dat;
//output CPLD_DATA_SHIFT;
begin
 @(posedge sysclk)
        i2c_data_out = 1'bz;
     repeat(4) @(posedge sysclk);
     @(posedge sysclk)
      begin
       i2c_scl = 1'b1;
       CPLD_DATA_SHIFT = i2c_dat;
```

```
                end
            repeat(10)@(posedge sysclk);
            @(posedge sysclk)
             begin
                i2c_scl = 1'b0;
             end
            repeat(4) @(posedge sysclk);
    end
    endtask

    //master 判断数据后的响应任务
    task    i2c_master_response ;
        begin
            @(posedge sysclk)
            i2c_data_out = 1'b1;
            repeat(10)@(posedge sysclk);
            @(posedge sysclk)
             i2c_scl = 1'b1;
             repeat(10)@(posedge sysclk);
            @(posedge sysclk)
            i2c_scl = 1'b0;
            repeat(4) @(posedge sysclk);
       end
    endtask

    //i2c 传输终止任务
     task i2c_stop;
        begin
            @(posedge sysclk)
            i2c_data_out = 1'b0;
            repeat(10)@(posedge sysclk);
            @(posedge sysclk)
             i2c_scl = 1'b1;
             repeat(10)@(posedge sysclk);
            @(posedge sysclk)
            i2c_data_out = 1'b1;
            repeat(100) @(posedge sysclk);
             $ stop;
        end
     endtask

   endmodule
```

8.7 实例10：基于Modelsim的LPC Slave接口仿真设计

在第6章中对 LPC I/O 读/写传输方式进行了接口设计,但是没有进行仿真。现在我们

第8章 仿真与 Testbench 设计

通过 Modelsim 运行相关的测试用例来验证 LPC 程序的设计是否正确。

本例中我们充分使用 task 语句来实现测试平台,具体代码如下:

```verilog
//定义时钟精度和周期,精度为 0.1 ns,LPC 时钟周期定义为 10 ns
`timescale 1ns / 100ps
`define PERIOD 10

//模块定义及声明
module lpc_testbench();

reg     sysclk;                 //全局时钟信号
reg     reset_;                 //全局复位信号
reg     frame_;                 //lpc 帧开始信号
wire    [3:0]   lpc_ad;         //lpc 数据地址信号
wire    [7:0]   LPC_ADDR0;
wire    [7:0]   LPC_ADDR1;
reg     [7:0]   data;
reg     [3:0]   lpc_ad_out;
wire    #2 sysclk2;

//执行过程,首先例化和对数据地址信号线进行处理
lpc lpcx(
        .LPC_CLOCK(sysclk),
        .LPC_FRAME_(frame_),
        .LPC_RESET_(reset_),
        .LPC_AD(lpc_ad),
        .LPC_ADDR0(LPC_ADDR0),
        .LPC_ADDR1(LPC_ADDR1)
        );

assign lpc_ad = lpc_ad_out;

//数据初始化过程
 initial
    begin
        frame_ = 1'b1;
        lpc_ad_out = 4'bz;
        reset_ = 1'b0;
        @(posedge sysclk)
        reset_ = 1'b1;

        //分别对 I/O 地址 36h 和存储器地址 36 写 C3 和 95,并判断是否真的是 I/O 写
        io_write(16'h36,8'hc3);
        mem_write(32'h36,8'h95);
        if(LPC_ADDR0 != 8'hc3)
            begin
                $display("Write to LPC_ADDR0 failed, Actual Data =  %h", LPC_ADDR0);
            end
```

```verilog
//读 I/O 中的数据并比较是否真正写入
io_read(16'h36);
if(data != 8'hc3)
    begin
        $display("Read from LPC_ADDR0 failed, Actual Data = %h", data);
    end

//分别对 I/O 地址 37h 和存储器地址 37h 写 8B 和 32,并判断是否为真的是 I/O 写
io_write(16'h37,8'h8B);
mem_write(32'h37,8'h32);
if(LPC_ADDR1 != 8'h8B)
    begin
        $display("Write to LPC_ADDR1 failed, Actual Data = %h", LPC_ADDR1);
    end
//读 I/O 中的数据并比较是否真正写入
io_read(16'h37);
if(data != 8'h8B)
    begin
        $display("Read from LPC_ADDR1 failed, Actual Data = %h", data);
    end
 repeat(30) @(posedge sysclk);
 $stop;
 repeat(30) @(posedge sysclk);
 $finish;
end
//I/O 写任务
task io_write;
input [15:0] addr;
input reg [7:0] wr_data;
begin
    @(posedge sysclk2)
      begin                    //开始传输
          frame_ = 1'b0;
          lpc_ad_out = 4'h0;
      end
    @(posedge sysclk2)
      begin                    //I/O 写
          frame_ = 1'b1;
          lpc_ad_out = 4'h2;
      end
  @(posedge sysclk2)
    lpc_ad_out = addr[15:12];
  @(posedge sysclk2)
    lpc_ad_out = addr[11:8];
```

```verilog
        @(posedge sysclk2)
            lpc_ad_out = addr[7:4];
        @(posedge sysclk2)
            lpc_ad_out = addr[3:0];
        @(posedge sysclk2)
            lpc_ad_out = wr_data[3:0];
        @(posedge sysclk2)
            lpc_ad_out = wr_data[7:4];
        @(posedge sysclk2)
            lpc_ad_out = 4'h0;
        repeat(3) @(posedge sysclk2);
    end
endtask

//I/O读任务
task io_read;
    input [15:0] addr;
    begin
        @(posedge sysclk2)
            begin                    //开始传输
                frame_ = 1'b0;
                lpc_ad_out = 4'h0;
            end
        @(posedge sysclk2)
            begin                    //I/O读
                frame_ = 1'b1;
                lpc_ad_out = 4'h0;
            end
    @(posedge sysclk2)
        lpc_ad_out = addr[15:12];
    @(posedge sysclk2)
        lpc_ad_out = addr[11:8];
@(posedge sysclk2)
    lpc_ad_out = addr[7:4];
@(posedge sysclk2)
    lpc_ad_out = addr[3:0];
@(posedge sysclk2)
    lpc_ad_out = 4'hz;
repeat(3) @(posedge sysclk2);
@(posedge sysclk2)
    data[3:0] = lpc_ad;
@(posedge sysclk2)
    data[7:4] = lpc_ad;
repeat(3) @(posedge sysclk2);
    end
endtask
```

//存储器写任务
```verilog
    task mem_write;
input [31:0] addr;
input reg [7:0] wr_data;
begin
    @(posedge sysclk2)
      begin                     //开始传输
          frame_ = 1'b0;
          lpc_ad_out = 4'h0;
      end
    @(posedge sysclk2)
      begin                     //存储器写
          frame_ = 1'b1;
          lpc_ad_out = 4'h6;
      end
@(posedge sysclk2)
    lpc_ad_out = addr[31:28];
@(posedge sysclk2)
    lpc_ad_out = addr[27:24];
@(posedge sysclk2)
    lpc_ad_out = addr[23:20];
@(posedge sysclk2)
    lpc_ad_out = addr[19:16];
@(posedge sysclk2)
    lpc_ad_out = addr[15:12];
@(posedge sysclk2)
    lpc_ad_out = addr[11:8];
@(posedge sysclk2)
    lpc_ad_out = addr[7:4];
@(posedge sysclk2)
    lpc_ad_out = addr[3:0];
@(posedge sysclk2)
    lpc_ad_out = wr_data[3:0];
@(posedge sysclk2)
    lpc_ad_out = wr_data[7:4];
@(posedge sysclk2)
    lpc_ad_out = 4'h0;
@(posedge sysclk2)
    lpc_ad_out = 4'h0;
@(posedge sysclk2)
    lpc_ad_out = 4'h0;
repeat(3) @(posedge sysclk2);
end
endtask
```
//存储器读任务

第8章 仿真与 Testbench 设计

```verilog
task mem_read;
    input [31:0] addr;
    begin
        @(posedge sysclk2)
         //begin                        //开始传输
            frame_ = 1'b0;
            lpc_ad_out = 4'h0;
         //end
        @(posedge sysclk2)
         //begin                        //存储器读
            frame_ = 1'b1;
            lpc_ad_out = 4'h4;
         //end
      @(posedge sysclk2)
        lpc_ad_out = addr[31:28];
      @(posedge sysclk2)
        lpc_ad_out = addr[27:24];
    @(posedge sysclk2)
      lpc_ad_out = addr[23:20];
    @(posedge sysclk2)
      lpc_ad_out = addr[19:16];
        @(posedge sysclk2)
          lpc_ad_out = addr[15:12];
        @(posedge sysclk2)
          lpc_ad_out = addr[11:8];
      @(posedge sysclk2)
        lpc_ad_out = addr[7:4];
      @(posedge sysclk2)
        lpc_ad_out = addr[3:0];
      @(posedge sysclk2)
        lpc_ad_out = 4'hz;
      repeat(3) @(posedge sysclk2);
      @(posedge sysclk2)
        data[3:0] = lpc_ad;
      @(posedge sysclk2)
        data[7:4] = lpc_ad;
      repeat(3) @(posedge sysclk2);
    end
  endtask

//系统时钟生成
initial
  begin
      sysclk = 1'b1;
      forever
        #(`PERIOD/2) sysclk = ~sysclk;
```

```
        end
    assign sysclk2 = sysclk;
endmodule
```

图 8-28 是采用 Modelsim PE 6.3c 对上述程序进行综合仿真后得出的仿真波形,我们可以清楚地看到整个程序在进行 I/O 读/写操作而不是存储器读/写操作,并且能够被正确地读/写。

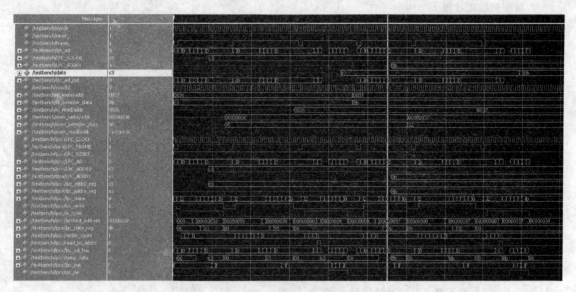

图 8-28 LPC Slave 仿真波形图

8.8 实例 11:基于 Modelsim 的信号消抖程序仿真设计

在第 7 章中讲述了怎样采用 Verilog HDL 语言来实现对信号特别是一些开关信号如何进行抖动消除的设计。现在我们通过一个在 Modelsim 上来运行简单的测试用例来验证程序的设计是否正确。

首先我们先来实现一个简单的测试用例,采用 Verilog HDL 语言来写测试程序。为了简单表示,我们采用延时实现测试信号的生成。程序如下:

```
//定义时钟精度和周期,精度为 1 ns
`timescale 1ns / 1ns
//模块定义及声明
module debounce_tb();

reg     clock;          //全局时钟信号
reg     reset;          //全局复位信号
reg     PB1;            //未消抖的开关信号
wire    pb1_out;        //消抖后的开关信号

//执行过程,模块例化和接口关联
debounce uut(
```

```verilog
        .clock(clock),
        .reset(reset),
        .PB1(PB1),
        .pb1_out(pb1_out)
        );
//定义原始时钟周期为 31 250 ns
parameter per = 31250;

//数据初始化过程
 initial
   begin
       clock = 1'b0;
       reset = 1'b0;
       PB1 = 1'b1;
   end

//时钟生成模块
 always
   #(per/2) clock = ~clock;
//复位信号生成以及未滤波的开关信号生成程序
   initial
     begin
         //复位信号生成与释放
         #(20 * per) reset = 1'b1;
         #(60 * per) reset = 1'b0;
         //按下开关时的开关信号
         #(20 * per) PB1 = 1'b0;
         #(12 * per) PB1 = 1'b1;
         #(20 * per) PB1 = 1'b0;
         #(30 * per) PB1 = 1'b1;
         #(15 * per) PB1 = 1'b0;
         #(20 * per) PB1 = 1'b1;
         #(20 * per) PB1 = 1'b0;
         #(20 * per) PB1 = 1'b1;
         #(20 * per) PB1 = 1'b0;
         #(480 * per) PB1 = 1'b1;

         //释放开关时的开关信号
         #(20 * per) PB1 = 1'b0;
         #(10 * per) PB1 = 1'b1;
         #(7 * per) PB1 = 1'b0;
         #(10 * per) PB1 = 1'b1;
         #(30 * per) PB1 = 1'b0;
         #(20 * per) PB1 = 1'b1;
         #(20 * per) PB1 = 1'b0;
         #(10 * per) PB1 = 1'b1;
         #(10 * per) PB1 = 1'b0;
         #(20 * per) PB1 = 1'b1;
         #(10 * per) PB1 = 1'b0;
```

```
        #(10*per) PB1 = 1'b1;
        #(1000*per)
        $stop;
    end
endmodule
```

采用 Modelsim PE 6.3c 软件来实现其仿真。由于在第 8.3 节中已经比较详细地介绍了怎样使用 Modelsim 软件,在此不再重复。我们仅观察图 8-29 所显示的功能仿真的结果,可以清楚地看出初始的开关信号被完全消抖滤波。

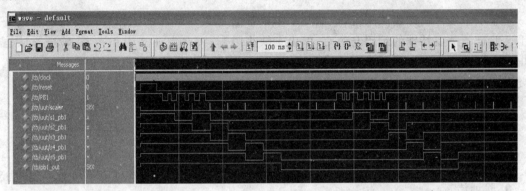

图 8-29 采用 Modelsim PE 6.3c 实现信号消抖仿真波形图

8.9 本章小结

本章主要讲述了怎样采用 Verilog HDL 语言来进行 Testbench 设计,怎样采用 modelsim 来实现功能仿真和时序仿真。要设计一个优秀的仿真和测试平台,其基本原则是:每一行、每一个语句、每一个条件都必须覆盖到并有判断,因此测试平台和测试用例必须完整,需要花费大量的时间、精力并且有一定的经验来作出判断,尽量在仿真阶段发现并解决问题,实现代码覆盖的最大化。

8.10 思考与练习

1. 仿真器有哪几种类型?它们的基本原理是什么?
2. 怎样使用 Verilog HDL 语言产生一个有限的时钟和一个无限的时钟?
3. 怎样使用 Verilog HDL 语言实现一个同步复位逻辑和异步复位逻辑?
4. 函数和任务各是什么意思?它们之间有什么区别?
5. $stop 与 $finish 有什么区别?试用 for 语句实现对一个存储器的初始化。
6. 功能仿真与时序仿真有什么区别与联系?
7. 什么是 Testbench 结构化?为什么要采用 Testbench 结构化设计?
8. begin...end 与 fork...join 之间有什么样的区别与联系?
9. 什么是事件?采用什么样的关键字来表示事件?一般用于什么场合?
10. 试用 Verilog HDL 语言实现对 PCI Slave 的仿真。

第 9 章

CPLD/FPGA 的验证方法学

对于一个硬件设计团队来说,他们几乎不得不把 60%~80% 的工作量主要花费在验证工作上。验证不需要特殊的编码与语言,但由于缺少限制,没有专业知识和参考,验证方法也就层出不穷。验证之所以如此重要,主要是因为不规范的验证带来的后果很严重。因此,本章节主要讲述验证方法学的一些基本概念。

本章的主要内容有:
- 验证与仿真;
- 验证与测试;
- 验证的目的;
- 验证语言;
- 断言;
- 形式验证;
- 功能验证;
- 代码覆盖;
- 验证工具;
- 验证计划;
- DFT;
- 版本控制。

9.1 验证与仿真

很多工程师容易混淆验证与仿真的概念,以为验证就是仿真,仿真就是验证。其实它们之间存在着很大的区别。

图 9-1 是验证过程的示意图,它表明验证是确保设计在功能上正确的一个过程,它有一个起点,也会有一个终点。而仿真则是利用 EDA 工具通过对实际情况的模拟来验证设计的正确性。

CPLD/FPGA 设计过程是一个自顶向下的过程,也就是从设计规则开始一直到最终的门级网表、到版图成型的过程,也就是从一种形式到另外一种形式的转换工程——这就是设计的过程。而验证就是确保每一次的转换都是

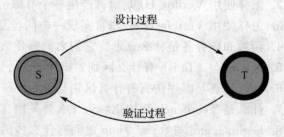

图 9-1 验证过程示意图

正确的,因此验证过程就是确保转换后的结果符合转换前的期望,从某种意义上来说,验证就是设计的逆过程。

9.2 验证与测试

另外一对容易混淆的概念就是:验证与测试。

测试很容易与验证相混淆。验证的目的是为了确保设计符合预期的功能,是设计的逆过程,而测试则主要是确保设计是否被正确地制造出来,是制造的逆过程。

因此验证和测试是对同一设计的两个不同阶段所进行检验的过程,CPLD/FPGA 的验证主要是集中在从规格到门级网表之间的过程,而测试则主要集中在从门级网表到最后芯片成型的过程。

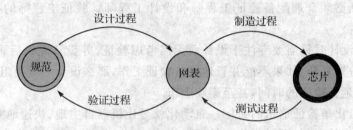

图 9-2　验证过程与测试过程的比较

如果一个已知的输入激励施加到一个已知的状态中,而且如果有一个可预测的或者已知的响应能够进行评估,那么测试就是可能的。因此一个系统能够被测试需要有三个要求:已知的输入激励、已知的状态、已知的预期响应。

一个系统被测试出来发现其结果与预期响应不相符时,往往会存在 3 种可能:

1) 失效(failure):把已知激励施加到初始化的电路,评估响应,如果发现与预期的响应不符,就出现了失效。失效必须满足两个条件:

① 故障模型必须是可演练的和可观测的;

② 已经建立失效度量准则。

2) 缺陷(Defect):所谓的缺陷,就是指硅片上出现的物理问题。不同的工艺和物理尺寸都有可能导致不同的类型的缺陷,如对 CMOS 电路来说,主要有:栅氧短路、掺杂不充分、工艺或掩膜错误、金属线断路、金属线桥接、通孔裸露和阻塞、电源短路或者接地短路等等。

3) 故障(Fault):故障可以看作是缺陷的一种失效模式的表现形式。

测试的过程通过测试矢量进行,这些矢量并不是要执行某种功能,而是要让设计内部的物理节点发生逻辑的变化和翻转并且能够从外部观测到这些变化。测试矢量是通过自动测试模式生成(ATPG)的过程来自动产生的。而测试的物理节点数和总的物理节点数之比就是测试覆盖率。

9.3 验证的期望

有人说只要设计做好了就无须验证,这种说法表面上看似乎很有理由,但设计的主体是人,人难免会犯错误,我们可以先观察例9-1来分析验证的必要性。在这个实例中,设计规则要求把总线a的高8位赋给总线b,可是由于工程师的疏忽,把总线a整体赋给了总线b,系统可以综合并仿真通过,但是由于总线宽度不一致,赋给总线b的数据实际上是总线a的低八位,设计出来的系统不符合设计的要求,因此验证是必须的。

【例9-1】 总线宽度不一致造成设计的错误。

```
input [8:0] a;
output [7:0] b;
assign b = a;
```

另外一个复杂的设计的验证工作量会很巨大,缺少了合格的验证工程师就会使几乎所有的项目的验证都不能按时完成。通常验证工作会占到设计工作总量的70%左右。一个CPLD/FPGA团队必须合理配备验证工程师和设计工程师。验证工程师的数量一般是设计工程师的两倍左右。

有人也会说,设计时只需要专注于设计而无需考虑验证,等设计完以后再进行验证工作。然而目前的设计纷繁复杂,如果不能并行地进行验证工作,那么设计一旦受阻验证工作将会被严重延后,从而会延长验证的时间,甚至影响上市。

自动化和随机化是验证追求的目标。自动化就是让机器自主地、快速地完成任务,得出验证结果,而无须人为的干预;而随机化则是通过构建一个随机发生器来产生在特定范围内的有效输入,从而自动产生所有感兴趣的输入状态。自动化和随机化不仅可以检测和验证一些潜在的误会和风险,减少人为的失误,而且可以提高验证的覆盖率,缩短验证的时间。

因此验证是一个过程,而不是一系列测试平台的集合;验证需要独立于设计规范及其具体的实现方式,每一位验证工程师必须明白要验证什么、该怎么验证;验证需要降低人为因素,特别要避免既是裁判又是运动员的情况——可以通过采用冗余的方式,让两个人互相检查对方的工作来尽量消除人为错误。

9.4 验证的语言

在前面的章节中我们反复讨论了HDL语言。对于HDL语言来说,最主要的无外乎就是VHDL和Verilog HDL语言。至于哪种语言更好,这个论证一直在进行当中。VHDL和Verilog HDL语言各有优势,但是又各有不足,特别是两者在验证方面都存在不足。

当设计规模不是很大的时候,设计者可以利用PLD自带仿真器手动地为输入信号增加激励,然后检查对应的响应是否满足设计的需要。随着设计复杂度的增加,这种纯手工的方法不能满足设计的需要,设计者开始使用HDL语言来写Testbench。Testbench可以不受平台的约束,因此可以采用高级的比较抽象的语言来进行描述。随着设计杂度的进一步增加以及上市时间的不断缩短,出现了系统芯片所谓的"验证危机"。而硬件描述语言在验证过程方面存在着先天的不足。人们需要一种更加高级、更加灵活、更加抽象的语言来进行验证。硬件验证语言(HVL)的提出解决了这个危机。

由于目前IC设计和EDA领域还没有一个标准的验证方法学,所以出现了许多种硬件验证语言,甚至刚开始人们就考虑使用C/C++来进行设计与验证,毕竟这两种语言不仅抽象层次更高,而且有着较好的描述能力,更重要的是软件工程师对这两种语言都很熟悉。然而由于C/C++语言的先天不足,不具备 HDL 语言的并行性,不能直接利用这两种语言进行设计而需要在这两种语言上进行一些改进。这样在 C/C++的基础上,人们又陆续开发了一些私有的验证语言,如 Cadence 公司(注:2005 年 1 月,拥有 e 语言诉 Verisity 公司被 Cadence 公司收购)的 e 语言、Synoposys 公司的 OpenVera、Freescale 的 CBV 等。

随着硬件验证语言的日益丰富以及验证工作的日益重要,业界越来越需要一个标准化的 HVL 标准,这样不仅可以提高验证的通用性,减少验证工程师的盲目性,还能加速硬件验证语言的发展。2000 年,OVI(Open Verilog International)和 VI(VHDL International)联合组成了 Accellera 组织,推动、开发和培育新的国际标准——加强以语言为基础的设计自动化的过程。成立之后,Accellera 组织通过不断遴选,最后 Freescale 的 CBV、Intel 的 ForSpec、Verisity 的 e 语言和 IBM 的 Sugar 语言作为 4 种候选语言。后来经过讨论,在 2002 年 4 月选定了 IBM 的 Sugar 2.0——而这也造成了 Accellera 组织的分裂,大部分公司包括 Cadance 公司支持 Accellera 的决定,而另外一部分公司转向支持 Synopsys 公司的 OpenVera2.0。2002 年 6 月,Accellera 的 HDL+委员会又宣布推出下一代 Verilog 语言标准——SystemVerilog。

目前的硬件验证语言就商业应用而言有:Cadence 公司的 e 语言、Synopsys 公司的 OpenVera、Forte Design 公司的 RAVE。开放源代码的有:Cadence 公司的 SystemC 验证库、Juniper Networks 的 Jeda 等。下面具体介绍几种硬件验证语言。

9.4.1 e 语言

e 语言是 Cadence 公司努力推出来的一种语言。在 SystemVerilog 成为 IEEE 正式标准后,许多验证语言已经显得有些黯淡,但是 e 语言却受到很大的关注,并最后被确立为 IEEE 的正式标准。e 语言是一种 ESL 验证语言,而 SystemVerilog 是 RTL 语言,e 语言的真正对手是 Cadence 公司发起的 SystemC。

9.4.2 SystemVerilog

SystemVerilog 是一门硬件描述与验证语言,于 2005 年成为 IEEE 标准,它是 Verilog-2001 标准的扩展。SystemVerilog 实际上是 Co-design Automation 公司 Superlog 的 ESS 部分。相比于 Verilog-2001,它主要致力于芯片的设计验证以及系统级的设计,同时扩展了 SOC 设计中的功能。它可以通过 DPI 调用 C/C++/SystemC 的功能,能够和 SystemC 联合仿真。与 VHDL 语言相比,SystemVerilog 的优势在于其迎合了市场需求——VHDL 过于复杂而 SystemVerilog 提高了具有大量门电路的芯片设计效率。采用 SystemVerilog 在相同的芯片面积上实现同样的功能可以节省多达 80%的程序代码。SystemVerilog 断言比 Verilog HDL 和 VHDL 更为简练。同时它也吸收了 OpenVera 的特点,特别是在形式上与 OVA 很相似。

9.4.3 SystemC

SystemC 是带有新类别的 C++,其主要特点是成熟和公共域状态,它起源于 C++,因此它是一种可靠的语言,但不支持硬件建模的行为。SystemC 在 C++的基础上增加了四值的逻辑系统从而允许建立数字逻辑模型,但是它至今还不支持数字逻辑和模拟逻辑之间的交互作用,也不支持模拟模块的体系结构检验。SystemC 的基本目标是定位在那些习惯于使用

C/C++的系统设计者,而不是RTL的硬件设计者。

目前这几种语言都是适合高级验证的最重要语言,业界对于它们中哪个更适合于系统设计与验证有着很大的争议。不管怎么样,HVL标准化进程一直在持续着,各种硬件验证语言也一直在不断发展和完善,有时甚至会采用混合语言验证。但不得不提出来的是,目前由于缺乏商业化的工具以及验证方法学的指导原则使得人们在改变验证方法方面还在观望。

9.4.4 验证语言的分类

目前验证语言主要分为两类:基于事务的验证(TBV)和基于断言的验证(ABV)。所谓事务就是数据和控制的转移。事务可以很简单也可以很复杂,简单可以仅仅只是读/写I/O,复杂可以是一些复杂数据包的传输。基于事务的验证过程包括:测试的生成、设计的查错以及功能覆盖分析。每个阶段都抽象到事务处理的层次。目前有一些高级验证语言(如Vera、e语言)就属于此类。

基于断言的验证就是把形式化的方法集成到传统模拟流程中的一种有效的验证方法,其中有一个重要的概念就是断言。设计团队在RTL代码中插入断言,然后通过形式化的技术来检查断言,从而可以大大提高模拟的效率。

9.5 断 言

断言是ABV语言中的一个重要因素。断言一般都与属性联合一起,断言就是判断属性是否符合设计的要求,如果不符合就设置一个违例。

断言本质上就是一个条件判断语句,在软件语言中使用了很多年,但是硬件系统需要有延时的特性,这些是软件语言所不具备的。在硬件语言中,功能的正确性往往反映在一段时间之内的行为。比如"在任何时刻,信号A都为高";又如"信号B一定会在信号A之后的3个时钟周期内有效"等,都需要时钟和延时的概念。

断言有两种:一种是设计者自行定义的断言(Implementation Assertion),另一种是验证工程师定义的规范断言(Specification Assertion)。两者的目的不一样,设计断言是断言设计者在开发的时候设定的假设情况,用来指示设计中的误用或者错误情况。通过设计断言,可以知道设计的实际情况和假设情况之间的出入。但是由于设计断言是设计者自行定义的断言,也就是说是建立在设计者自行对规范解释的基础之上的,所以不能用来验证设计意图。而验证断言则是验证工程检查设计的功能是否达到预期目的的断言,它是一种典型的白盒验证,用来弥补测试平台自检能力的不足。

断言规范是一个很复杂的课题,OVL一直致力于断言的发展。断言能够检测出时间和空间上与实际故障很相近的错误而且效率很高,因此断言在验证方法学中占有很重要的地位。

9.6 验证的分类

验证主要分为两大类:形式验证与功能验证。它们的验证方式和原理不同,具有不同的公共起点和收敛点,因此验证对象也不同。

9.6.1 形式验证

尽管一些大型的计算机公司和芯片公司很早就开始在公司内部开发和使用各种形式工具,但是大多数人还是觉得形式验证(FV)很新鲜,而且也最容易被误解,在 FPGA 设计领域尤其如此。不了解形式验证的工程师往往会把它想象成一种从纯数学角度来验证设计正确性的工具。

形式验证(Formal Validation)和等效性检查(Equivalency Checking)是两个不同的概念。严格意义上来说,等效性检查可以看作是形式验证的一个子集,这种技术可以用来探测一个系统的空间状态以便测试某个属性是否为真。等效性检查在大多数情况下是在作两个网表的比较,确保网表的后处理没有改变电路的性能,包括为了改善 DFT 而增加的扫描链以及手动修改网表等,图 9-3 是它的一个等效示意图模型。等效性检查可以检查出综合工具的缺陷,因为综合软件和工具是一个庞大的软件系统,而它很容易产生综合的错误,毕竟要维护它需要靠算法的精确性和资料库的完整。等效性检查在这方面可以检查 RTL 代码和综合后的网表是否一致。等效性检查可以查找一些算术运算方面的缺陷,通过比较组合逻辑和时序逻辑来验证逻辑综合的变换,但是需要注意的是它不关心严格的时序约束。

另外,等效性检查还可以检查两个 RTL 代码是否在逻辑上是一致,这样可以避免一些不必要的仿真。

与等效性检查很相似的一个概念就是模型检查(Model Checking)。有些书籍会把模型检查归类为等效性检查,它们在本质上还是有着一些不同。图 9-4 是一个典型的模型检查示意图,从图中可以看出模型检查主要的一个特征就是断言/属性。属性是指要验证的设计所具有的某种行为能力,比如说"A 和 B 在任何时刻都不会同时有效"。断言则来自仿真领域,说明在仿真期间要监控的设计所具有的某种功能行为。它们通常用来鉴别和捕获一些不希望看到的意外情况。

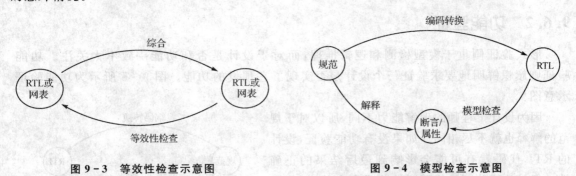

图 9-3 等效性检查示意图　　　　图 9-4 模型检查示意图

模型检查证明和否认了设计中的断言/属性,不过最困难的是要确定哪些断言应该被证明,而且要正确地描述这些断言。毕竟目前的模型检查技术还不能证明设计的高层次的断言,不能确定是否正确地实现了那些复杂的功能。

等效性检查和模型检查是建立在模型理论的基础上的,验证时需要使用有限状态转换系统对验证系统建模,并使用逻辑公式来描述系统所期望的性质。等效性检查和模型检查的最大的优点是验证过程可以通过模型检测器自动完成。它采用穷举法等算法遍历系统中的所有状态来检测性质是否成立,如果不成立则能提供反例来定位错误。但是这种方法不能应用于无穷状态系统——毕竟穷举法需要有确定的数目和状态。

与等效性检查和模型检查不同的一个类别是自动推理,它使用逻辑推理来证明具体实现和相关的规范是否一致,就好像一个数学形式的论证和推演一样,因此自动推理是建立在定理证明理论之上,验证者需要先提取系统的模型并表示为逻辑的命题、谓语、引理和定理等,并且确定待验证的性质。验证者通过不断的引导、不断地对现有条件包括已证明的定理应用规则来产生新的定理,直到推出所需要的定理为止。

自动推理相对于模型检查和等效性检查而言,最大的优点莫过于它既可以应用于无穷状态转换系统,又可以应用于有限的状态系统。人为因素在自动推理中占有很重要的位置——依照目前的技术,自动推理还不能由计算机来自动完成,需要验证者具有相当丰富的证明经验才能得以实现。

等效性检查、模型检查以及自动推理互相补充,在验证过程中同时应用。

如果形式验证与仿真和断言结合,那么又可以分为静态形式验证和动态形式验证。

仿真器可以覆盖很大的范围,但是需要动态地产生测试激励或者验证环境。另外有些仿真并不能完全覆盖设计中的每一项,特别是深藏在设计中的大量的交互逻辑行为。静态形式验证中的最大的特点就是采用一个合适的工具读取设计的功能描述,然后尽可能地对逻辑进行分析以确保异常的状况不会出现。它不需要仿真器就可以检查所有的状态空间,并且非常精准。但是它只能检测设计中的一小部分,随着空间的呈指数型增大就有可能出现"状态空间爆炸",因此在这种情况下使用静态形态验证就不再适合。

为了解决静态形态验证的局限性,动态形式验证把仿真和静态形式验证相结合来实现形式验证。动态形式验证会直接设置一个边界条件——在设计中很难遇到或者很难达到的功能性条件。在边界条件里面使用静态形态验证工具尽最大可能来评估边界条件,而不采用仿真器。一旦达到一个边界条件,或者说静态形态验证已经完成了对边界条件的评估后,控制权就交给仿真器继续原来的仿真。

9.6.2 功能验证

形式验证侧重于模型检测和逻辑推理,而对于设计是否和功能一致不太关注。功能验证则旗帜鲜明地要求验证一个设计是否实现了它预设的功能。图9-5所示为功能验证示意图。

因为设计工程师的理解能力不同,所以对于规范的解释也就不尽相同。如果没有功能验证,设计的RTL代码就有可能会影响到最后结果的正确性。但是功能验证只能证明缺陷是存在的,不能证明缺陷不存在,这是因为规范是用自然语言写成的而RTL代码则是采用硬件描述语言,只要验证设计一个点与设计规范不相同那么就存在缺陷,但是除非设计规范采用具有精确语义的形式描写否则基本上是不能证明缺陷不存在的。

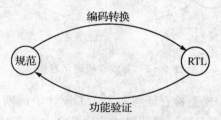

图9-5 功能验证示意图

功能验证有三种验证方法:黑盒法、白盒法和灰盒法。

图9-6是白盒法测试的示意图,白盒法也叫做alpha测试、结构测试或者逻辑驱动测试,白盒法验证要求对设计内部细节和结构有完全的观察能力和控制能力,通过测试内部动作是

否符合设计规范的正常工作来验证功能正确与否,按照程序内部的结构测试程序穷举并测试每一条路径并分析其结果——但是这并不代表白盒测试完成以后就不会有错误出现——这主要是因为白盒测试不会关注设计也不会顾及设计的功能,所以如果程序本身就完全违反了设计的规范,本身就是一个错误的程序,白盒测试无法验证其正确与否;另外程序可以检查出缺陷的存在,但是如果因为路径遗漏而出现的错误是检测不到的;最后就是它发现不了与数据相关的错误。

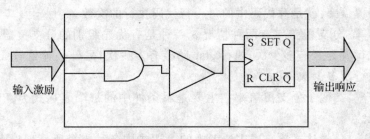

图 9-6 白盒测试示意图

白盒测试一般采用的方法是逻辑驱动、基路测试等。白盒测试的主要覆盖标准为逻辑覆盖、循环覆盖和基本路径覆盖。因此在挑选测试工具时需要考虑这些方面。

相对于白盒法测试,图 9-7 则是一个典型的黑盒测试示意图,黑盒法就叫做 Belta 测试、功能测试或者数据驱动测试。相对于白盒法而言,黑盒验证不需要知道被测程序的内部结构和内部特性而只需要知道程序的功能,然后通过程序的测试接口进行测试,确保程序功能按照设计规

图 9-7 黑盒测试示意图

范正常工作。因此黑盒法验证很难对故障源进行定位和隔离,尤其是在故障产生时刻和它在设计的输出端表现出来的时刻之间有较长的时间延时时更加难以定位。

黑盒测试的主要方法有等价性划分、边值分析、因果图、错误推测等。黑盒法采用穷举输入测试——把输入的所有组合情况作为测试使用,这样不仅要测试合法的输入,也要测试不合法但是可能的输入,因此会降低测试用例的效率。

白盒法验证、了解并控制设计的内部细节,与特定的实现相关联;而黑盒法不能检测设计的内部,它的测试用例与实现方式无关。白盒法不能确定设计是否可以实现正确的功能,黑盒法不能准确定位某种状态,因此在这样的情况下灰盒测试就在上述二者中取了个折中。

灰盒测试关注输出对于输入响应的正确性,同时也关注内部信号和节点的表现,但是关注程度没有白盒那么详细、完整,只能通过一些表征性的现象、事件和标志来判断内部的运行状态。

灰盒测试不仅考虑了白盒测试的因素,提高了测试效率,同时兼顾了用户端、特定的系统和操作环境。

9.7 代码覆盖

代码覆盖是验证方法学中的一个很重要的概念。代码覆盖率从某种程度上反映了验证是

否已经完成。代码覆盖的目的并不是检测代码的正确性,而是反映代码的完整性——一个100%的功能覆盖率并不一定所有的功能都准确,只是意味着所有功能的覆盖点都已经验证过而已。

代码覆盖会有许多相关的报告,需要仔细分析。如果不是很重要的信息就没有必要计算它,因此需要作一个特别的判断。

代码覆盖有许多种类型,包括:

- 基本代码覆盖率:就是源代码中的每一行代码执行的次数。
- 分支覆盖率:分支覆盖率有两种情况。一种是有优先级别的分支覆盖率,如 if...else 语句中执行 if 路径有多少次,执行 else 路径有多少次;另外一种是 case 语句每一个分支路径执行了多少次。
- 条件覆盖率:类似于分支覆盖率。主要是看条件中的每个表达式为真时,执行次数的比较情况。
- 表达式覆盖率:表达式覆盖率主要考虑的表达式中各种组合所呈现出来的路径执行次数的比较情况。
- 状态覆盖率:主要是指的有限状态机中各个状态被访问的次数。包括哪些状态被访问过,哪些状态被忽略以及状态之间的转换过程。
- 功能覆盖率:分析哪些种类的事务级事件和事件之间的排列组合的执行。
- 断言/属性覆盖率:收集组织各种验证引擎给出的结果,并使结果能够用于分析,包括仿真驱动、静态的和动态的基于断言/属性的验证引擎。

代码覆盖率又可以分为规范级代码覆盖率和实现级代码覆盖率。规范级代码覆盖率是对高层次功能进行验证时使用的一种衡量表征。而实现级代码覆盖率则是对微观方面进行验证的一种衡量。

9.8 验证工具

目前的验证工具五花八门,商用的也不少。另外由于 HVL 语言很多,从而各自的验证工具也各有不同。这里只介绍一种比较通用的验证工具——Lint。

Lint 工具是一种静态工具,不需要激励,也不需要描述期望的输出,是完全静态的检验,因此能够比程序更快地发现问题。它能够发现程序员犯下的一般性错误,不过它只能识别出某些类型的问题,并且由于过于谨慎还会经常报出一些伪错信息,因此需要经常仔细过滤错误信息。同时在使用 Lint 工具的时候,设计和验证工程师需要特别注意代码风格和编码规则,包括信号的命名等。

9.9 验证计划

随着设计的复杂度越来越高,产品的上市时间也要求越来越短,一个优秀的完整的验证过程必不可少,而详细的覆盖率高的验证计划是保证验证信誉、验证过程能够按时完成的一个前提。

验证计划需要重点考虑三个方面。一是需要什么样的工具来帮助确定什么时间能够完成验证,如需要多少人、需要多少设备、需要使用到什么样的工具和语言来进行验证。二是要有一个待验证的设计规范,这个设计规范必须是书面正式的,而不是口头的。所有的验证计划和设计都需要从设计规范入手,这是验证和设计共同的起点。设计规范通常包括两方面:一方面是结构级的规范;另一方面是设计规范。从设计规范来确定功能,并列举出哪些功能需要验证。对不同层次的设计规范,需要进行不同层次的验证——单元级的验证、系统级的验证、板级验证等。各个级别验证的方式和途径不一样,验证的策略也就不一样,希望得到的响应也不尽相同。三是要对首步成功进行明确的定义。只有首步成功了以后,才能进行下一步的验证。验证计划不能是随便或者敷衍了事,整个项目组都必须对验证计划负责。设计团队在开始设计的时候就要注意怎样才有利于验证,而验证团队要确保验证的覆盖率高且功能准确,如哪些模块可以验证重用、哪些模块需要和设计团队进行验证沟通、哪些设计用例需要进行分组等。每个测试用例都需要一个工程师来验证,而且为了避免人为的因素可以采用冗余的测试,通过同伴的检查来验证测试平台。

总之,验证计划需要有一个详细的、可实现的、完备的规划,使潜在的设计错误和系统错误尽早被发现。

9.10　DFT

当可测性设计被提出来时,人们一直在争论着这个话题。对于设计者来说,DFT 无疑就相当于一次技术的更新,它给设计方法和流程增加了工作量和复杂度,在设计预算和设计进度方面增加了风险,特别是在设计越来越复杂、上市时间要求越来越短的情况下,设计工程师需要在功耗、面积、速度以及封装引脚方面作出平衡,从而使得这个工作比之前更有挑战性。

对于测试工程师来说,DFT 无疑就相当于给了他们一双洞察设计内部工作的眼睛,使他们能够确定测试的质量等级,容易生成所需的测试向量,易于支持所用的测试环境,降低生产成本等。

在介绍 DFT 之前,先来了解专门为 DFT 而设计的一种多路选择 D 类型的扫描触发器,如图 9-8 所示。在一个 D 触发器上增加了一个 MUX,同时增加了 SDI、SDO 和 SE 三个扫描端口。扫描链通过 SE 控制是进行扫描(选择 SDI)还是正常工作(选择 D)。一般来说多路选择器会增加信号的延时,降低设计的速度,减小建立时间的要求,SDO 的连接也会加大输出负载。

图 9-9 是目前广泛使用的是一种带有优先级别的 Mux-D 扫描触发器的示意图,扫描链具有最高优先级。

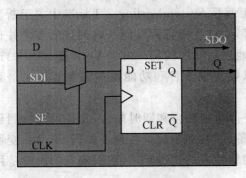

图 9-8　Mux-D 扫描触发器

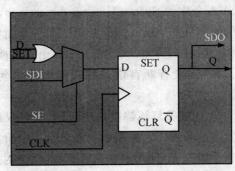

图 9-9　带优先级别的 Mux-D 扫描触发器

不同的级别或者领域的 DFT 有所不同,比如对于嵌入式内核 DFT 来说,测试成本和上市时间是嵌入式内核的设计及基于内核的设计的最大驱动者;对于内核提供者来说,其最终目标就是能够为系统芯片提供易于集成的内核或者快速的设计市场,因此向量文件是一个有竞争力的定价项目。

在内核开发过程中,DFT 需要考虑以下几个因素:一是内核测试的结构和接口是直接访问还是附加的测试外壳;二是接口共享外壳还是 LBIST 或者全速扫描;三是参考时钟是否可重用;四是内核的最终商业应用在哪个领域等。

对于芯片级 DFT 集成而言,每个内核必须考虑测试中的功耗、频率、故障覆盖率以及可重用向量所需的测试结果、向量集长度和格式等。

9.11 版本控制

验证工作中的一大难题就是要保证待验证和被验证的设计是同一个设计。编译一个源代码文件时,如何保证设计人员在综合时候使用的是同一个文件至关重要。尤其是当项目是一个项目组来完成——验证人员和设计人员都不止是一个人时,版本控制需要有效的管理才能避免出现错误。

版本控制属于软件管理的范畴,目前有一些免费工具或者商用工具来管理文件,比如 RCS、CVS、SCCS 等都是比较好的版本管控软件。

对于版本管控来说,在一个小的设计队伍中文件最好是集中管理,这样可以有效地了解对方的文件位置,不过最大的隐患就是其他设计者没有通知别人就在原先的代码上进行了修改。因此当设计团队增大时,这样的版本管控不再有效,最好的方式就是采用源码管理系统——不仅可以保存文件的最新版本,还可以保存每个文件的各个版本。通过它可以恢复到以前的版本,并且判断他们之间的差别。

总之,一个有效的版本控制对于一个设计团队来说至关重要,也是高效验证的前提。

9.12 实例 12:基于 FSM 的 SVA 断言验证设计

9.12.1 SVA 简介

SVA 全称为 SystemVerilog Assertions,实际上就是 SystemVerilog 3.1 标准中关于断言语言的那部分。Verilog HDL 语言是一个过程语言,而过程语言测试同一时刻点的多个并行事件相当困难。另外,Verilog HDL 语言不能较好地进行时序控制。由于 Verilog HDL 的这些先天缺陷,没有断言语句和功能覆盖语句,所以要实现断言和功能覆盖需要冗长的语言表达。

SVA 能够很好地解决这些问题,它不仅能够进行并发断言和即时断言,并且可以检测到过去发生的事情。它的断言一般包含三个阶段:预备、观察和响应。在预备阶段,信号和变量的状态不能改变;进入观察期后 SVA 就会对所有的属性表达式进行求值;而响应阶段则是用于评估属性是否成功。

9.12.2 基于 FSM 的 SVA 断言设计

先看图 9-10 所示的状态机的状态示意图。为了简单起见,采用一个类似移位寄存器的计数器。一旦 reset 出现,FSM 进入 IDLE 状态;而 CNT_EN 一旦有效,FSM 即进入 ADDR_CFM 状态;经过 32 个时钟周期后,FSM 进入 WAIT 状态,每隔 2 个时钟周期计数 1 次并输出响应。3 次这样的循环后进入 JUDGE 状态——如果计数值达到 1024,则表示计数完成,进入 IDLE 状态;否则进入 ADDR_CFM 状态,开始新一轮的循环。

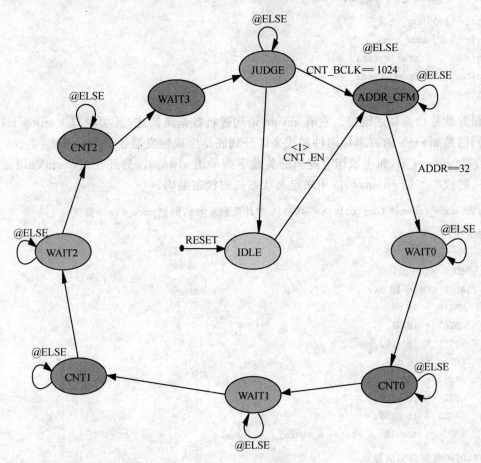

图 9-10 FSM 状态示意图

采用 SystemVerilog 语言描述如下:
先进行模块声明,与 Verilog HDL 语言相似。

```
module fsm_cnt(
            CNT_EN,
            CLK,
            RST_N,
            LATCH_EN,
            DP1_EN,
            DP2_EN
```

第9章 CPLD/FPGA 的验证方法学

```
    );
```

声明信号类型时,与 Verilog HDL 不同,它有 logic 状态。

```
input           CNT_EN;     //计数使能信号
input           CLK;        //全局时钟信号
input           RST_N;      //全局复位信号
output logic LATCH_EN;
output logic DP1_EN,DP2_EN;
logic [11:0] cnt_bclk;
logic [4:0]  addr_cnt;
logic        enable_cnt;
logic        done_frame;
logic        enable_bclk_cnt;
```

紧跟着就是功能描述语言。它有 assign 语句进行数据流描述,其功能与 Verilog HDL 相同。不同的是 always 语言采用两种形式来区分到底是生成触发器还是组合逻辑:生成触发器的关键字为 always_ff,而生成组合逻辑的关键字则采用 always。另外在 SystemVerilog 语言中多了一种枚举类型 enum,可以用来定义状态机的状态编码。

```
assign done_frame = (cnt_bclk == 4095); //计数到 4 095,则把 done_frame 置位
//FSM 编码
enum bit [15:0] {
    IDLE     = 16'd1,
    ADDR_CFM = 16'd2,
    WAIT0    = 16'd4,
    CNT0     = 16'd8,
    WAIT1    = 16'd16,
    CNT1     = 16'd32,
    WAIT2    = 16'd64,
    CNT2     = 16'd128,
    WAIT3    = 16'd256,
    JUDGE    = 16'd512} c_state, n_state;
//DFT,用来观察内部信号
assign LATCH_EN = (c_state == CNT0);
assign DP1_EN = (c_state == CNT1);
assign DP2_EN = (c_state == CNT2);
//计数器描述
always_ff @(posedge CLK)
    if(!RST_N || !enable_cnt)
        addr_cnt <= 0;
    else if(enable_cnt)
        addr_cnt <= addr_cnt + 5'b1;
    else
        addr_cnt <= addr_cnt;
```

```verilog
always_ff @(posedge CLK)
  if(!RST_N)
    cnt_bclk <= 0;
  else if((c_state == JUDGE) && enable_bclk_cnt)
    cnt_bclk <= cnt_bclk + 12'b1;
    else
      cnt_bclk <= cnt_bclk;
//FSM 描述
always_ff @(posedge CLK)
  if(!RST_N)
    c_state <= IDLE;
   else
    c_state <= n_state;
always @(*)
  begin
    enable_cnt <= 0;
    enable_bclk_cnt <= 1'b0;
  case(c_state)
    IDLE: begin
            enable_bclk_cnt <= 0;
            if(CNT_EN)
              n_state <= ADDR_CFM;
             else
              n_state <= IDLE;
          end

    ADDR_CFM: begin
            enable_cnt <= 1'b1;
            if(addr_cnt == 31)
              begin
                n_state <= WAIT0;
              end
             else
              begin
                n_state <= ADDR_CFM;
              end
          end
    WAIT0: n_state <= CNT0;
    CNT0:  n_state <= WAIT1;
    WAIT1: n_state <= CNT1;
    CNT1:  n_state <= WAIT2;
    WAIT2: n_state <= CNT2;
    CNT2:  n_state <= WAIT3;
    WAIT3: begin
            n_state <= JUDGE;
```

```
                    enable_bclk_cnt <= 1'b1;
                end
        JUDGE: begin
                    enable_bclk_cnt <= 1'b1;
                    if(done_frame)
                        n_state <= IDLE;
                    else
                        n_state <= ADDR_CFM;
                end
        default: begin
                    n_state <= IDLE;
                    enable_bclk_cnt <= 1'b0;
                    enable_cnt <= 1'b0;
                end
    endcase
end
endmodule
```

图 9-11 是其通过 Quartus II 软件生成的状态机的状态机原理图。

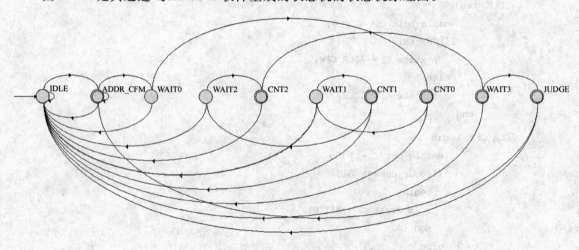

图 9-11 状态机原理图

通过 Synplify pro 软件生成的 RTL 线路如图 9-12 所示。

要对这段程序进行验证,需要明确要验证哪些内容。

① 本状态机的状态编码为独热码,不管输入/输出,FSM 将始终保持独热码状态。采用 \$countones 或者 \$onehot 关键字来检测编码,验证代码如下:

//检测状态编码是否始终为独热码状态。采用 \$countones 或者 \$onehot 关键字来检测编码
```
    property one_hot_check;
        @(posedge CLK) (RST_N) |->
            ($counterones(n_state) == 1);
    endproperty

onehot_assert: assert property(one_hot_check);
```

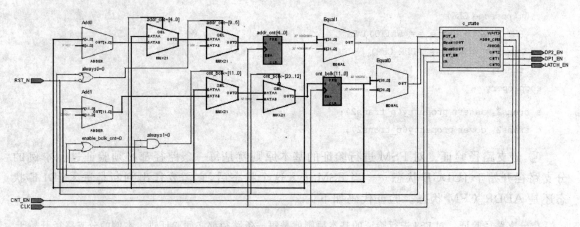

图 9-12 RTL 线路示意图

```
onehot_cover:assert property(one_hot_check);
```

② 如果当前状态为 IDLE,一旦 CNT_EN 有效,则下一个状态必定为 ADDR_CFM。一旦在 ADDR_CFM 中计数满 32,将会跳转到 WAIT0 状态中去。验证代码如下:

```
//如果当前状态为 IDLE,那么一旦 CNT_EN 有效,下一个状态必定为 ADDR_CFM;
//一旦在 ADDR_CFM 中计数满 32,将会跳转到 WAIT0 状态中去
  sequence trans11;
    (c_state == IDLE) ##1
    (c_state == ADDR_CFM)[*32] ##1
    (c_state == WAIT0);
  endsequence

  property trans1_p;
    @(posedge CLK)
(RST_N && $rose(CNT_EN)) |->
(RST_N) throughout(trans11);
  endproperty

  trans1_pa: assert property(trans1_p);
  trans1_pb: assert property(trans1_p);
```

③ 顺序路径验证。FSM 中的所有的顺序路径都必须进行验证以避免跳过或者重复进入某种状态。本例中顺序路径从 CNT0 开始到 WAIT2 结束,验证代码如下:

```
//顺序路径验证。FSM 中的所有的顺序路径都必须进行验证以避免跳过或重复进入某种状态
  sequence trans2;
    ##1 (c_state == CNT0)
    ##1 (c_state == WAIT1)
    ##1 (c_state == CNT1)
    ##1 (c_state == WAIT2)
    ##1 (c_state == CNT2);
  endsequence

  property p_trans3;
```

```
@(posedge CLK)
(RST_N && (c_state == WAIT0)) &&
$ past(c_state == ADDR_CFM) | ->
trans3;
endpropery

a_trans2: assert property(p_trans2);
c_trans2: cover property(p_trans2);
```

④ 分支路径验证。对 FSM 进行验证的基本原则就是每一条路径都必须验证过。本例的分支路径开始于 JUDGE 状态——当 FSM 进入这个状态后,它需要作出判断是进入 IDLE 状态还是 ADDR_CFM 状态。验证代码如下:

```
//分支路径验证。对 FSM 进行验证的基本原则就是每一条路径都必须验证过。本例的分支路径开始于
//JUDGE 状态——当 FSM 进入这个状态后,它需要作出判断是进入 IDLE 状态还是 ADDR_CFM 状态
sequence trans3;
  (c_state == ADDR_CFM) # #31
  (c_state == WAIT0);
endsequence

property p_trans3;
@(posedge CLK)
(RST_N && (c_state == ADDR_CFM) &&
$ past(c_state == IDLE) ||
$ past(c_state == JUDGE)) | ->
trans3 | -> trans2;
endproperty

a_trans3: assert property(p_trans3) cnt ++ ;
c_trans3: cover property(p_trans3);

property p_trans4;
@(posedge CLK)
(RST_N &&
(cnt == 4095) &&
(c_state == CNT2)) | ->
done_frame;
endproperty

a_trans4: assert property(p__trans4);
```

通过以上的验证程序,基本上可以覆盖到本程序的所有路径和功能,但是为了确保所有的路径都被覆盖到,可以采用冗余的方式,通过构建两个独立的属性来验证。验证代码如下所示:

```
//采用冗余的方式,通过构建两个独立的属性来验证
property p_path1;
@(posedge CLK)
(RST_N && (c_state == ADDR_CFM)
&& $ past(c_state == JUDGE)) | ->
```

```
        trans3 |-> trans2;
    endproperty
    property p_path2;
    @(posedge CLK)
    (RST_N &&(c_state == ADDR_CFM)
     && $past(c_state == IDLE))|->
     trans3 \-> trans2;
    endproperty
c_path1: cover property(p_path1);
    c_path2: cover property(p_path2);
```

这样，整个验证代码便可以覆盖所有的情况。

9.13 本章小结

本章主要讲述了验证方法学的一些基本概念和理解——包括验证的工具、验证的语言、验证计划、验证策略以及 DFT 等。并没有一个规范定义验证方法学的基本范畴，目前的验证方法学更多地应用于 ASIC 设计的领域。随着 FPGA/CPLD 的设计复杂度越来越高，设计越来越接近 ASIC，CPLD/FPGA 研发工程师必须对这些概念熟练掌握并加以应用，掌握好验证方法学的要领，对于设计、验证、测试都大有裨益。

9.14 思考与练习

1. 验证与仿真有什么区别与联系？
2. 验证与测试有什么区别与联系？
3. 验证的语言主要有哪些种类？
4. SystemC、SystemVerilog、e 语言之间有什么区别与联系？
5. 什么是断言？什么是属性？属性与断言之间有什么区别与联系？
6. 什么是静态形式验证？什么是动态形式验证？它们之间的主要区别在哪些方面？
7. 验证可以分为哪几类？怎样开始一个好的验证计划？
8. DFT 是什么？为什么要在设计中进行 DFT？怎样实现 DFT？
9. 代码风格对于验证方法学来说有什么意义？
10. 怎么实现提高代码覆盖率？怎么实现版本控制？

第 10 章

CPLD/FPGA 的高级应用

随着科技的进步和工艺的发展，CPLD/FPGA 在面积和速度方面都有显著的提高。单位面积上可实现的功能越来越多，F_{max} 也越来越快。越来越多地工程师采用 CPLD/FPGA 实现更加高速更加复杂的产品以加速产品的上市——这就要求 CPLD/FPGA 能够在高级应用方面有更多的突破和优势，如：可重用的 IP 核、内嵌 CPU 等。

本章的主要内容有：
- 基于 DSP 的 FPGA 设计流程；
- 硬核与软核；
- 基于嵌入式处理器的 FPGA 设计流程；
- 嵌入式虚拟逻辑分析仪。

10.1 基于 DSP 的 FPGA 设计

DSP 是电子学的一个分支，全称为数字信号处理，包括对数字信号的描述与处理。从狭义上来说，DSP 是指数字信号处理器件或设备。

从信号的角度来说，数据处理首先需要对模拟信号进行 A/D 转换，这一步是通过对模拟信号的周期性采样来实现的。然后在数字处理领域中对数据的采样值进行各种处理后，再通过数/模转换的方式把数据以模拟的信号的形式传出来。

DSP 的原理相当简单，再复杂的 DSP 算法都是由乘法和加法组成的。但是乘法和加法的不同组合设计会导致不同的速度和面积。比如说我们针对下面的这个等式进行编程：

$z = a \times b + c \times d + e \times f + g \times h + x \times y$；

如果不对整个表达式进行面积和速度的优化，那么这个表达式需要使用 5 个乘法器和 4 个加法器，图 10-1 就是其通过 synplify pro 综合后形成的 RTL 电路。这种组

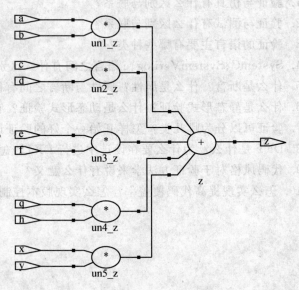

图 10-1 直接编译所形成的 RTL 电路

合设计的速度非常快，但是由于乘法器占有面积特别大而且相当复杂，同时加法器也比较大，

因此会占用很大的面积。

当芯片的面积不能满足设计要求时,则采用资源共享的方式来实现上述的功能,如图10-2所示。通过增加1个选择信号和1个时钟信号和若干个mux来减少乘法器和加法器的数量,但是速度却不如上一种选择——这种方案必须先执行其中的一部分,然后通过触发器采集以后再执行第二部分的功能。如sel为0时,计算$0+e\times f+x\times y$,而sel为1的时候计算$g\times h+a\times b+c\times d$,从而降低了速度。

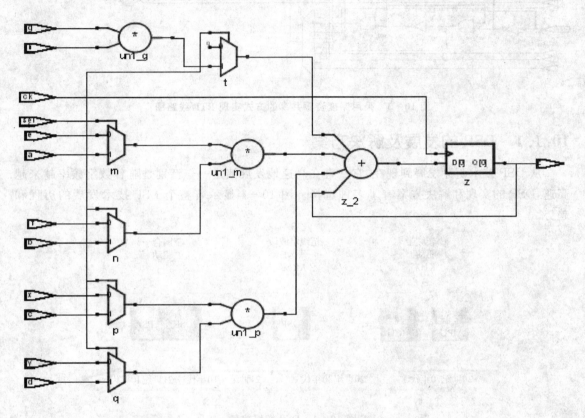

图10-2 采用资源共享的方式实现的RTL线路图

当然如果不在乎速度的要求而仅在乎面积时,则可以采用两位选择信号来实现其功能,这样要重复运算4次才能实现上述表达式的功能,但是只有2个乘法器和2个加法器,在面积方面非常高效,图10-3是经过综合后形成的逻辑电路图。

在FPGA中如果采用可编程逻辑块来实现乘法器和加法器,其速度根本就不会很快,通常在FPGA里面集成了专门的硬件乘法器或者乘累加的模块,并且各家公司都会有相应的设计软件来实现。不过各家公司对于FPGA内集成的DSP模块实现会采用不同的方式,例如Altera公司的DSP实际上是乘法器——如果需要实现乘累加就需要加入一个RAM或者分布式的RAM来实现加法器的功能;而Xilinx和Lattice公司的DSP则既包含有乘法器又有加法器——这样就可以直接调用DSP模块来实现乘累加的功能。

DSP在电子领域中应用非常广泛,特别是在语音传输系统、多媒体设备、无线设备、医疗等需要大量数据处理和实时传输的系统中有着广泛的应用。

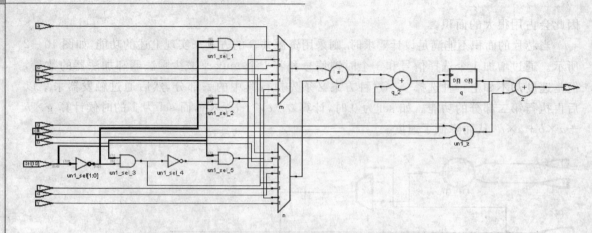

图 10-3 采用深度资源共享的方式实现 RTL 线路图

10.1.1 DSP 的发展及解决方案

从 DSP 技术萌芽发展到现在,它一直在高速地发展演进——特别是随着数字频率越来越高速,DSP 的实现和解决方案有了多种选择。图 10-4 显示着整个 DSP 技术发展的历程和趋势。

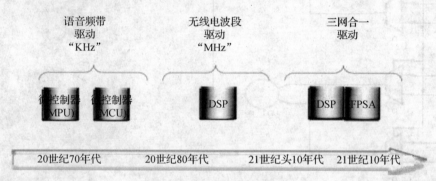

图 10-4 DSP 发展趋势

在信号频率还只是停留在 kHz 级的时代,人们往往会采用通用的微处理器(MPU)或者微控制器(MCU)来实现 DSP——通过在 MPU 或者 MCU 中运行适当的 DSP 算法来执行 DSP 任务,这种解决和实现方案可以很好地满足语音处理系统的要求。但是由于 MPU 和 MCU 的本身数据速率不是很快,一旦数据的频率达到 MHz 级,通用的 MPU 和 MCU 便不能再实现 DSP 的任务。

在这种情况下,DSP 数字处理芯片便产生了。本质上它包含一个可以运行到几个 GHz 速度的高性能数字处理单元,而且可编程,是一个理想的信号处理方案。DSP 芯片对于 MHz 级别的信号处理起来游刃有余,比如无线通信方面的数字信号处理。DSP 芯片一般具有如下主要特点:

① 一个指令周期只能可完成一次乘法和加法;
② 片内具有快速 RAM;
③ 快速的中断处理和硬件 I/O 支持;

④ 程序和数据空间分开,可同时访问指令和数据;
⑤ 支持流水线操作。

目前主要有 TI、ADI、Freescale 等主要的芯片公司在生产和研发 DSP 芯片。由于 DSP 芯片中只有一个高性能的数据处理单元,当需要做比较复杂运算的时候就可能需要来回循环几百次甚至几千次才能完成整个运算,因此它的速度不会很快。然而目前的运算越来越复杂,数据的实时处理要求越来越高,高清、多通路的数据处理越来越受到人们的重视——这一领域是目前 DSP 专用芯片所不能做到的。

从图 10-5 中可以看出,FPGA 是天生的并行处理结构,它包含了有几百个单元,并将部分逻辑固化编程为一个固有的乘法器或者加法器,甚至直接固化成一个乘累加(MAC)——这样数字信号被 FPGA 处理时,就可以利用这些模块来实现乘法、乘累加、计数、比较、矩阵运算等,从而实现 DSP 的功能。

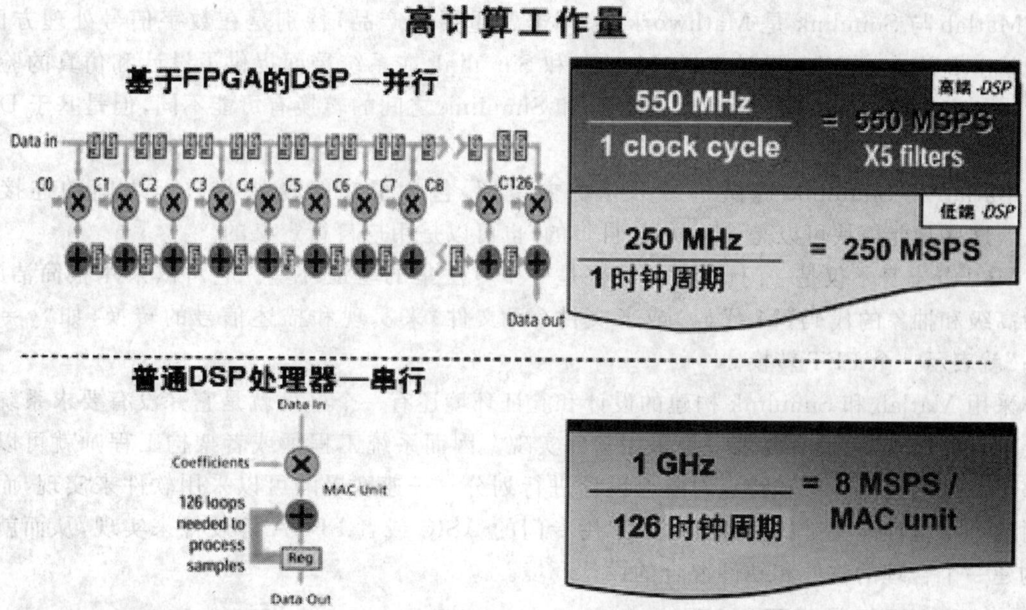

图 10-5 传统 DSP 芯片与基于 FPGA 的 DSP 的区别

FPGA 的运算速度可以达到 250 MHz 以上,相对于传统的 DSP 芯片处理高速信号方面的困难重重,FPGA 在处理高速数字信号方面游刃有余。

10.1.2 基于 DSP 的 FPGA 设计

在介绍基于 DSP 的 FPGA 设计之前,我们需要了解几个具体的概念。

1. 浮点与定点

DSP 最主要的性能指标是数据的精度和准确度。浮点数的优点在于它能够在一个非常大的范围内表示出极其精确的数值。但是如果采用 FPGA 或者 ASIC 等来实现浮点数,它不仅会耗费很大的逻辑资源,而且运算速度也会变得很低。因此采用 FPGA 或者 ASIC 来实现 DSP 时,需要把浮点数转换成定点表示——整数部分和小数部分的数字分别采用固定的位数。

那么 FPGA 设计者该怎样确定整数部分和小数部分的位数呢？——这取决于系统的具体要求和算法的实现（如图 10-6 所示），通常需要实验多次才能得出一个最佳点——这个最佳点需要在满足速度和性能要求的前提下，采用最少的位数来满足精度的要求以便实现面积和速度的最佳组合。

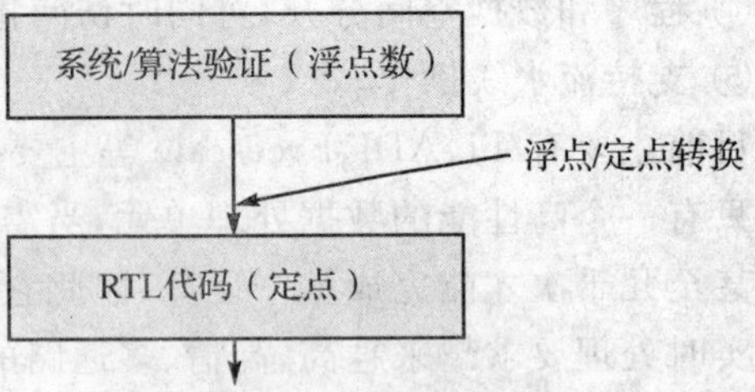

在 Matlab 和 Simulink 中可以采用专门的量化函数来实现浮点信号向定点信号的转换。数据传递到底层的 RTL 时，就以定点数据的形式来表示。

图 10-6 浮点/定点转换

2. Matlab 和 Simulink

Matlab 与 Simulink 是 Mathworks 公司非常重要的产品，特别是在数字信号处理方面。对于基于 DSP 的 FPGA 设计来说，Matlab 和 Simulink 在系统层面提供了设计和仿真的验证环境。各家 CPLD/FPGA 公司与 Matlab 和 Simulink 之间的转换有可能不同，但是基于 DSP 的 FPGA 设计的基本流程大体相似。

Matlab 和 Simulink 提供了图形化的方块图，包含了功能模块和它们之间的连接关系——这些功能模块可以是 Simulink 自带的，也可以是用户自行定义的。

Matlab 本身不仅是一门语言，而且也是一个算法集的验证环境。它可以采用很简洁的、更为高级和抽象的代码（M 代码）或者文件（M 文件）来实现和描述信号的转换，如"y=fft(x);"就表示一个 FFT 转换。

采用 Matlab 和 Simulink 构建的设计和验证环境还有一个好处就是它并没有要求系统一定要用硬件实现，也没有要求一定采用软件实现。因而系统工程师或者架构工程师就可以根据整个系统的运行状况和特点对整个设计进行划分——速度慢的可以采用软件来实现，而那些对整个系统性能关键的任务则可以采用专门的 ASIC 或者 FPGA 等硬件来实现，从而就可以构建一个合理的软件和硬件混合的设计环境。

3. 系统层级转换及验证

以上谈到的都是系统/算法级的设计和验证，采用 CPLD/FPGA 来实现 DSP 的设计验证最终需要把系统/算法级转换成门级的网表文件（如图 10-7 所示），因此需要有一种层级之间的转换机制。我们可以采用各 CPLD/FPGA 厂商或者第三方工具来实现从 RTL 级到网表文件的转换，因此真正需要实现的转换在于从系统/算法级到 RTL 级的转换。

从系统/算法级到 RTL 级的转换可以采用两种方式：一种方式就是手动转化，另一种就是自动转化。系统架构师采用浮点表示法进行系统/算法级的设计验证，并创建一个 C/C++ 模型；RTL 设计工程师根据此模型采用 VHDL/Verilog 语言来实现等价的定点设计版本。这种方式会有许多问题——其中最大的问题就是层级不同、描述方式不同、设计概念也不同，这样造成的层级之间的转换差异相当大；另外改变系统规范所造成的 RTL 代码手工修改将会很耗时，而且需要重新评估层级之间的转化。

自动转化则通过在系统级的设计环境中设置一个直接生成 RTL 代码的工具来实现自动生成硬件描述语言的功能。这种方式节省了大量的时间和人力，免去了手工转换时的人为错

第 10 章 CPLD/FPGA 的高级应用

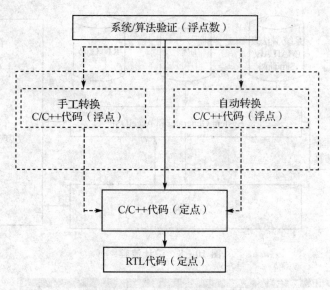

图 10-7 系统层级的转化及验证

误,但是需要注意浮点和定点之间的转换问题。

RTL 级检查设计时由于系统/算法级和 RTL 级之间的差异会存在很多问题,而目前大多数的 DSP 设计会采用 C/C++模型。因此设计时先把系统/算法级转换成 C/C++模型,采用 C/C++模型来进行验证分析,这样的方式并不会对 RTL 代码设计产生任何影响。

4. DSP 设计流程

在了解了上述基本概念之后,在 FPGA 中进行 DSP 设计流程就相对容易很多。采用 FPGA 进行 DSP 设计,我们需要先在 MATLAB/Simulink 中进行系统和算法级设计验证,然后通过浮点和定点转换生成定点的 RTL 代码,最后和逻辑综合实现一样生成的逻辑代码通过综合、映射及布局布线生成可配置文件。

当然不同的公司有不同的 DSP 设计软件,比如说 Altera 的 DSP Builder、Xilinx 的 System generator、AccelDSP 以及用于验证仿真的 HW Co-Sim。但是系统/算法级的设计与验证环境是通用的,不会随着平台的不同而不同。IP 核会根据不同的厂商而有所不同——毕竟大多数的 IP 核都是硬 IP。因此如果要采用 MATLAB/Simulink 来设计 DSP,首先需要把 MATLAB/Simulink 系统开发环境与硬件开发平台相连接,通过 Xilinx 的 System generator 或者 Altera 的 DSP Builder 把系统级的算法和浮点代码转换成 RTL 级代码,最后根据各家公司的开发软件实现功能。图 10-8 就是以 Xilinx System generator 为例来讲述 DSP 设计的大概流程。

DSP 设计流程严格地贯彻和实现了"自顶向下"的流程。根据验证方法学,各个层级的转换都必须要有一个对应的验证以确保转换的结果符合设计的预期,从而保证最后实现的结果满足设计的要求。而这些转换在 MATLAB/Simulink 中都有相应的工具来检查实现,如图 10-9 所示。

第 10 章　CPLD/FPGA 的高级应用

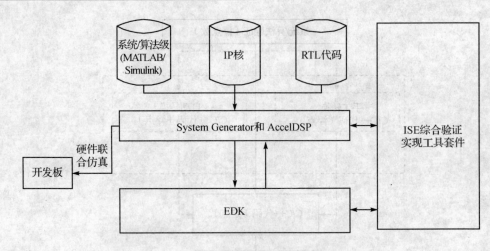

图 10-8　设计流程

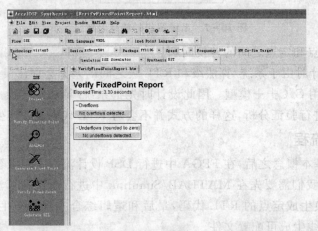

(a) 定点验证操作界面

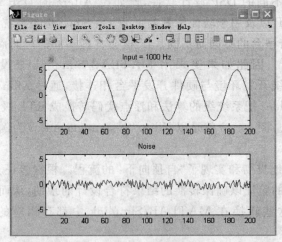

(b) 定点验证子报告：输入信号及其噪声波形图

图 10-9　定点验证与报告示例

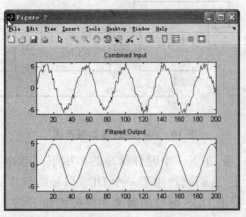

(c) 定点验证子报告：带噪声的输入信号与滤波后的输出信号波形图

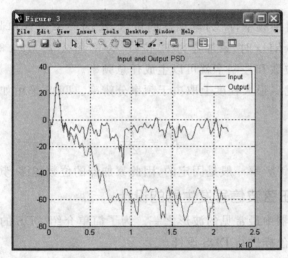

(d) 定点验证子报告：输入输出信号PSD波形图

图 10-9　定点验证与报告示例(续)

10.1.3 实例 13：基于 DDS 的正弦波信号发生器的设计

1. DDS 原理简介

频率范围宽、转换速度快、分辨率高、噪声小一直是现代通信领域的一个追求和方向。而 DDS(直接数字频率合成)技术采用相位概念直接合成所需波形即能够实现这些优点，因而得到广泛应用。

目前有许多公司都推出了专用的 DDS 芯片，但是在某些场合实现的功能达不到系统的要求，特别是速度方面，另外专用 DDS 芯片的灵活度不高。采用 FPGA 来实现 DDS 可以很好地解决这个问题。

图 10-10 是 DDS 的基本原理图。

累加器在时钟的作用下对初始相位和频率预置、调节电路产生的控制数据 K 进行相加。得出的数据一方面存入到波形存储器以便波形存储器产生相应的波形输出给 D/A 转换器，另

第10章 CPLD/FPGA 的高级应用

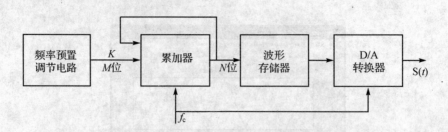

图 10-10 DDS 基本原理图

一方面反馈回到累加器的一端,在下一个时钟脉冲的作用下与频率预置调节电路的控制数据 K 相加,直到累加器溢出为止,从而就产生了一个 DDS 信号的频率周期。

根据上述原理,很容易得出 DDS 信号的频率周期公式如下:

$$f = \frac{f_c}{2^N} K$$

其中,f_c 为基准的时钟频率,N 为累加器的位数,K 为频率预置和调节电路的控制数据。因此,当基准频率为 266 kHz 时,累加器为 12 位,K 为 3,那么 $f = 194.82$ Hz。只要合适地调整基准频率、累加器的位数和控制字就可以生成任意频率。

判断 DDS 设计的优劣很大程度上取决于频率分辨率。DDS 采用如下表达式来表示频率分辨率:

$$R_f = \frac{f_c}{2^N}$$

一个设计的基准时钟频率一般是固定的,因此累加器的位数越多,频率的分辨率就越高。

2. 基于 DDS 的正弦波信号发生器的设计

正弦波是信号发生器中最常见的波形之一。为了简单介绍 DDS 的设计原理我们就以正弦波信号发生器来讲述怎样进行 DDS 设计。

首先需要明确设计要求。本设计主要是 DDS 的输出频率要求。根据奈奎斯特定理可知 DDS 的输出频率范围为 0~50% 的基准时钟频率,实际应用中的 DDS 的输出频率范围会小于这个范围。因此,对于一个输出时钟频率要求为 100 MHz 的 DDS,它的基准时钟频率至少必须为 200 MHz,根据此要求我们采用 Altera 公司的 Cyclone-III。

图 10-11 是在 DSP Builder 下设计的正弦信号发生电路。它由 4 部分组成:频率字的预置模块、查找表地址产生模块、正弦波幅值表存储模块和幅度字的预置模块。

① 频率字预置模块:此模块由一个 28 位的乘法器和一个总线提取模块组成。乘法器一个输入端的常数为 5 626 950,是根据此信号发生器输出的最大频率和精度计算得出的。总线提取模块则是为了提取出总线中有用的数据段而专门设计的,这样可以尽可能地节约系统资源。

② 查表地址产生模块:此模块由一个 48 位的累加器和一个寄存(或延时)模块构成。累加器的位数是由所产生信号的最小可调精度、频率预置常数和尽可能减小误差共同决定的,而 48 位的寄存器是为了及时保存累加的结果。

③ 正弦幅值表的存储模块:此模块由 1 024 个 10 位的 ROM 构成,ROM 中存储了 1 024 个正弦波的幅值参数,LUT 模块中的函数表达式为:$511 \times \sin([0:2 \times pi/2^{10}:2 \times pi]) + 512$。

第10章 CPLD/FPGA的高级应用

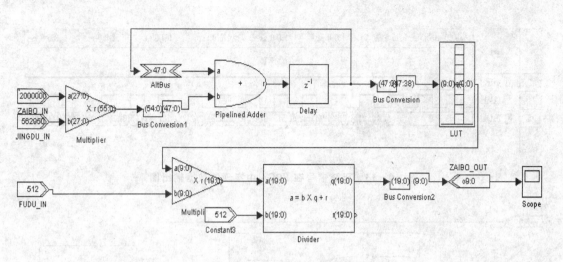

图10-11 正弦信号发生模块原理图

④ 幅度字的预置模块：此模块由一个10位乘法器和一个10位除法器构成。乘法器一个输入端为幅度字的预置端口，此幅度字与LUT表中的某一个10位的幅值参数相乘得一个20位的结果，此位数已经超出了输出端口的位数，需要采用除法器来实现端口输出的要求。

图10-12是此正弦信号发生器在MATLAB/Simulink仿真结果图。

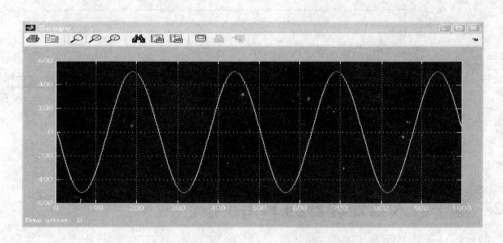

图10-12 正弦信号发生器在Simulink下的仿真波形

然后双击signal Compiler可以选择生成工程文件或者HDL源代码，从而可以在QuartusII软件中直接应用或者例化，后续动作与QuartusII综合设计验证相同。此正弦信号发生器在Quartus II软件中仿真所输出的波形数据序列如图10-13所示。

只要稍微修改一下图10-11原理图LUT表中的内容，便可以设计出三角波、矩形波等信号发生器，稍微复杂一点，设计合适的函数便可以设计出任意信号发生器，图10-14就是一个任意信号发生器的原理图，读者可自行设计。

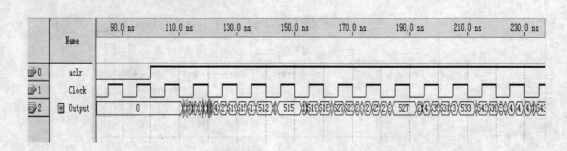

图 10-13 正弦信号在 FPGA 中实现的数据输出图

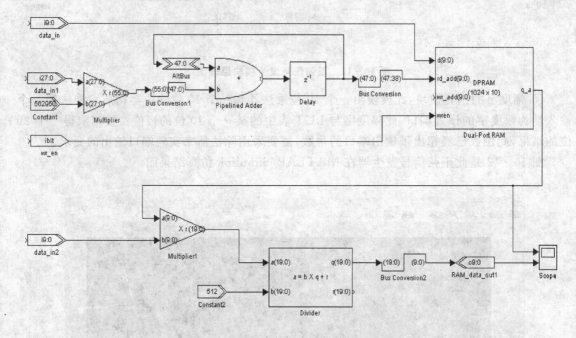

图 10-14 任意信号发生模块的原理图

10.2 基于嵌入式处理器的 FPGA 设计

传统上要实现一个系统设计就必须要一个中央处理器（CPU）以及外围器件，而这些器件通过一个 PCB 板作为载体来实现。CPU 与外围器件、外围器件之间通过公认的总线（如 PCI、PCI-E 等）来实现功能与通信，图 10-15 和图 10-16 所示为两种典型的电路板级连接方式。

由于采用了专门的 CPU 芯片和外围芯片，电子工程师需要在 PCB 上进行大量的布局布线工作，增加了设计面积和 PCB 的厚度，从而增加了设计成本；另一方面，由于 PCB 等材质的原因，信号的速度会被限制，因而时序约束会有更加严格的要求；再者，芯片之间的连接、芯片与 I/O 之间的连接以及转接器之间的连接都有可能涉及到焊接，每一个焊点都有可能是故障的来源，从而降低了系统的可靠性。

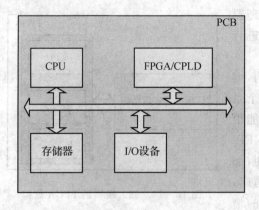 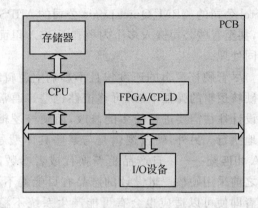

图 10-15 存储器采用通用处理器总线与 CPU 连接　　图 10-16 存储器采用专用总线与 CPU 连接

随着工艺的发展，人们开始采用把 CPU、一部分 I/O 设备甚至存储器都集成到 FPGA 里面，这样不仅可以减小 PCB 板的面积、提高设计的可靠性，更重要的是引入了一种全新的设计理念。图 10-17 所示为嵌入式 CPU 的设计示例。

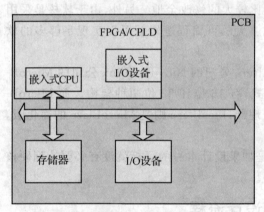 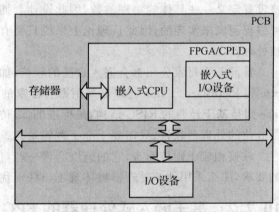

(a) CPU 与存储器通过公用总线相连　　　　　　(b) CPU 与存储器通过专用总线相连

图 10-17 改进后的两种连接方式

在这样的设计模型中，最重要的是怎么对模块进行分工：如哪些功能采用 CPU（也就是软件）实现；哪些功能采用 FPGA（也就是硬件）实现，从而确保设计的无缝工作。

10.2.1 硬核、固核与软核

随着系统芯片的功能设计越来越复杂化，需要采用一些可重用的设计方案来实现其功能，缩短上市周期，提高获利绩效。这些可重用的方案包括在 FPGA 里面选择一种特定的处理器或者 IP 来实现其功能，具体有 3 种方式：硬核、软核以及固核。

硬核就是用专用的预定义好的硬线逻辑块来实现的内核。这种内核无须作太多修改即可立即投入生产；因为是硬逻辑块结构，所以即使 FPGA 被嵌入了这些硬核也不会影响到它的主逻辑结构。图 10-18 是一种典型的嵌有硬核的 FPGA 方块图；相较于软核而言，它的内在运行速度会更快。

目前许多 FPGA 厂商都有嵌入 CPU 的 FPGA 的产品问世，如 Xilinx 公司的 PowerPC、

Actel 公司的 ARM、QuickLogic 公司的 MIPS 处理器等,甚至有些公司嵌入多个内核在 FPGA 里面来进行协同处理。

尽管硬核逻辑的速度快且不影响主逻辑结构,但是硬核逻辑的弹性不够,可移植性也差。通常一个系统设计往往需要进行较多的修改,而硬核逻辑不能很好地执行。另外,硬核逻辑是与某些具体型号的 FPGA 相匹配——一旦产品更新换代或者参数改变,那么之前采用硬核逻辑设计的产品有可能就不再适应,或者即使可以适应也会有可能产生系统不稳定的情况。软核则可以较好地解决这样的问题。

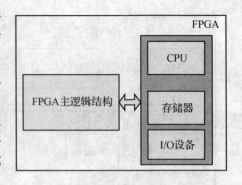

图 10-18　嵌入硬核的 FPGA 结构

与硬核不同,软核将一组可编程逻辑块配置成一个微处理器。从更精确的意义来说,软核又分为固核和软核两种。软核通常是以 RTL 网表形式提供的,有些甚至是 RTL 源代码,固核则是布局布线后的 LUT/CLB 模块——它们都需要和其他可编程逻辑一起进行综合。软核没有定义一些具体的物理参数,因此设计者拥有比较大的修改余地。另外,由于软核是采用可编程逻辑来实现的,因此从理论上来说只要有足够大的可编程逻辑就可以实现足够多的软核处理器。

目前几乎每家公司都会嵌入自己的软核,如 Altera 公司的 Nios II、Xilinx 公司的 MicroBlaze 和 PicoBlaze。Nios 处理器采用寄存器窗的形式,有 16 位和 32 位两种架构。而 MicroBlaze 则是基于经典的 RISC 结构,是标准的 32 位处理器,PicoBlaze 则是 MicroBlaze 的简化版,是 8 位的处理器软核,只需要 150 个逻辑单元。

软核相较于硬核而言,它的速度会慢一些,但是如果设计本身的目标就没有必要达到硬核的要求,那么采用硬核处理器将体现不出任何优势。

10.2.2　基于嵌入式处理器的 FPGA 设计流程

不管是采用硬核处理器还是软核处理器,基于嵌入式处理器的 FPGA 设计首先要明确系统设计的要求,并且恰如其分地划分硬件和软件模块。不同的设计者对硬件和软件模块有不同的划分方式,但是总体原则是采用软件模块实现一些对速度要求不高的信号逻辑,采用硬件模块实现速度要求严格的信号逻辑,特别是涉及到皮秒级或者纳秒级的逻辑。

同时需要考虑到价钱和成本的问题,因此需要采用一个最划算的方式来进行系统划分,特别是有些功能软件和硬件都可以实现时,设计者需要慎重考虑怎样有效地利用现有的芯片资源来实现功能的最大化。

一旦系统划分完毕,设计者需要对所划分的结构进行系统验证。就目前的形式而言,并没有这样的混合验证的环境来实现。系统架构师一般都是在系统划分之前采用系统级和算法级的 SystemC 来描述,划分完毕后就把各个部分的功能交给合适的工程师来完成相应的功能模块。

硬件工程师一般采用 VHDL 或者 Verilog HDL 语言来在 RTL 级进行设计、验证、综合与仿真,而软件工程师会在集成开发环境中采用 C/C++ 进行软件部分的实现,甚至有些复杂的设计会涉及到操作系统。

这样的划分和实现带来的一个问题就是：怎样最好地实现硬件和软件的接口并且能够尽快确定问题的根源所在？软件工程师会假定软件所基于的硬件平台是完美无缺的，而硬件工程师也会认为他所使用的软件部分是成熟的。一旦有问题出现，要确定是硬件的错误还是软件的错误就会比较繁琐，因此需要有一个比较优秀的混合验证环境。而这样的混合验证环境一般都比较昂贵。因此需要采用一些设计来增加设计内部的可见性，如采用虚拟逻辑分析仪、硬件模拟器或者采用 CPU 的 RTL 模型来观察线路和内部寄存器逻辑值的变化等。

图 10-19 可以简单地表示基于嵌入式处理器的 FPGA 设计流程。

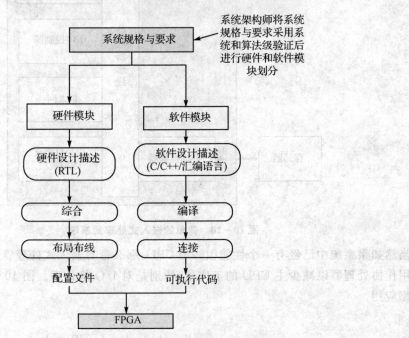

图 10-19 基于嵌入式处理器的 FPGA 设计流程

10.2.3 基于嵌入式处理器的 FPGA 设计应用

嵌入式处理器的出现改变了人们使用 CPU 的传统习惯。随着 FPGA 的应用越来越广泛，人们对嵌入式处理器的使用也越来越广泛，并且可以实现传统 CPU 无法实现的功能和想法。目前嵌入式处理器主要应用在以下领域：
- 处理器系统的定制；
- 协处理器的应用；
- 状态机电路的替代；
- 测试验证；
- I/O 处理。

目前有很多 FPGA 设计开始使用混合设计系统，系统架构师会在系统级和算法级阶段就开始定义、划分软件和硬件模块。软件模块一般都采用嵌入式处理器来进行处理，而硬件部分则采用可编程逻辑结构来实现，从而提高板级的集成度和可靠度。图 10-20 所示为一个在 FPGA 里面实现的简单的处理器系统。

第10章 CPLD/FPGA 的高级应用

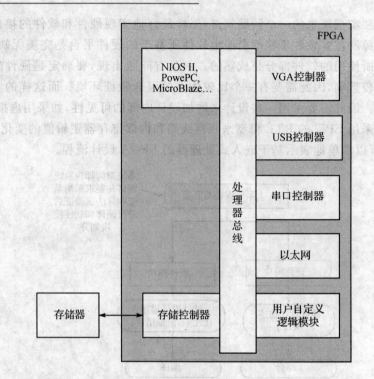

图 10-20 简单的嵌入式处理器系统

当然如果系统中已经有一个性能很好的 CPU，那么带有嵌入式处理器的 FPGA 就可以被考虑用作协处理器以减少主 CPU 的工作量，特别是对 I/O 的处理。图 10-21 是其协处理器的典型应用。

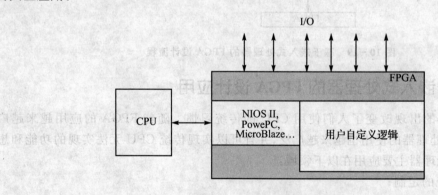

图 10-21 协处理器的运用

如果采用纯粹的 HDL 语言来实现有些比较复杂的状态机不仅会占有比较多的逻辑资源，而且不方便调试，通常会牵一发而动全身。如果采用嵌入式处理器来实现，不仅可以节省逻辑资源，而且维护也会很方便。不过这种状态机不适合用作高速状态机。

设计者可以在一个复杂的系统中增加一个嵌入式处理器来进行调试，从而更好地进行问题跟踪，灵活地进行调试，加速产品的开发进程。

10.3 典型的 SOPC 运用：Nios II 简介及应用

SOPC(System On a Programmable Chip，片上可编程系统)是一种灵活、高效的 SOC 解决方案，是 PLD 和 SOC 技术融合的结果。它将处理器、存储器、I/O 口、LVDS 等系统所需要的功能模块集成到一个 PLD 器件上，构成一个可编程的片上系统。它不仅设计灵活，并且可以任意裁剪和升级，同时还可以对软硬件进行编程，因此它不仅保持了 SOC 以系统为中心、基于 IP 模块的分层、复用等特点，而且也具有 PLD 的设计周期短、风险投资小等优势。SOPC 可以采用硬核来实现，也可以采用软核来实现。对于基于硬核的 SOPC 设计来说，由于硬核多来自第三方公司，因此 FPGA 厂商需要支付其知识产权费用，从而导致 FPGA 价格偏高，同时由于硬核已经预先固定在 FPGA 内部，因此设计者无法改变其结构，也不能根据实际增加处理器核。基于软核的 SOPC 可以较好地解决这些缺点，目前比较有代表性的软核嵌入式系统处理器的有 Altera 公司的 Nios 和 Nios II，以及 Xilinx 公司的 MicroBlaze 和 PicoBlaze。

10.3.1 Nios II 简介

第一代 Nios 就已经体现出了嵌入式软核的强大优势，但是不够完善，特别是没有软件开发的集成环境，用户需要采用命令行的形式来对软件进行编译、运行、调试。而 2004 年 6 月，Altera 公司在 Nios 处理器的基础上推出了 Nios II 嵌入式处理器。Nios II 提供了一个统一的开发平台，适用于所有 Nios II 处理器系统。Nios II 嵌入式处理器采用了 32 位的指令集结构，与二进制代码完全兼容。它具有 3 种不同的内核：快速的、经济的和标准的。不同的内核有不同的应用范围和成本，用户也可以根据不同的产品需要来进行不同的设计。Nios II 的优势不仅仅在于处理器技术，而且还可以轻松地集成特有的功能，通过 Avalon 总线来实现系统性能配置，灵活度高，成本低，已经成为了目前世界上最流行的软核嵌入式处理器之一。

Nios II 的开发环境比较简单，需要使用到 Altera 公司的 Quartus II 软件、SOPC Builder（如图 10-22、图 10-23 所示）以及 Nios II IDE 软件开发环境。图 10-24 就是采用 Nios II 软核处理器进行开发的一个具体流程。对于硬件环境来说，仅仅通过一台 PC 机、一片 Altera 的 FPGA 以及一根 JTAG 下载电缆，软件工程师就能够往 Nios II 处理器系统写入程序并和 Nios II 处理器系统进行通信调试。Nios II 处理器的 JTAG 功能模块是软件工程师调试 Nios II、与 Nios II 通信唯一的方法，用户不需自己建立访问接口。

SOPC Builder 是一个自动化的系统开发工具，它能够极大地简化高性能 SOPC 的设计工作。该工具提供一个直观的图形用户界面，用户可以通过图形界面简化系统的定义工作。由于 SOPC Builder 不需要直接编写 HDL 代码来定义系统，这极大地节约了设计开发时间。SOPC Builder 为每个元件提供了一个向导，利用该向导能很容易地定义元件功能。例如通过向导能够非常容易地在一个设计中加入 Nios II 处理器、外设接口等。为了将微处理器核、外围设备、存储器和其他 IP 核相互连接起来，SOPC Builder 能够自动生成片上总线和总线仲裁器等所需的逻辑。通过自动完成以前易于出错的工作，SOPC Builder 可以节约几周甚至几个月的开发时间。SOPC Builder 在一个工具中实现了嵌入式系统各个方面的开发，包括软件的设计和验证，为充分利用 SOPC 技术提高电子系统的性能、降低成本提供了强有力的支持。

Avalon 规范是 Altera 公司为自家的 SOPC 制定的系统互连架构规范。这些规范给外设

第 10 章 CPLD/FPGA 的高级应用

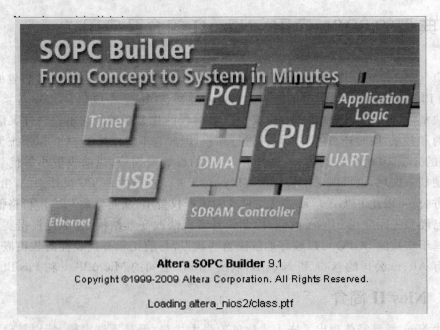

图 10-22 SOPC Builder 引导界面

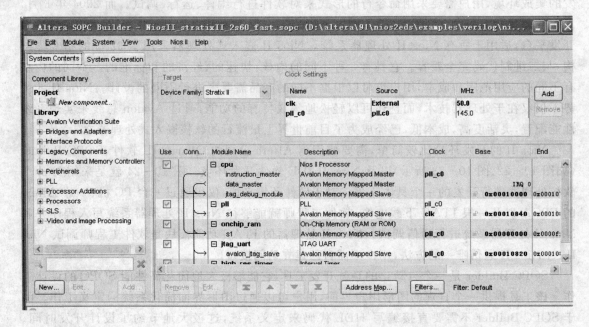

图 10-23 SOPC Builder 的开发界面

工程师提供了一个基本的描述——基于地址的 Avalon 总线上主、从设备的读/写口。Avalon 规范还描述了各个端口在 Avalon 交换总线上的传输方式。根据规范,Avalon 总线可以进行多路数据同时处理,实现无与伦比的系统吞吐量。任何一个 Avalon 上的主设备都可以动态地连接到 Avalon 总线的任何一个从设备上。SOPC Builder 自动生成 Avalon 总线架构并针对系统处理器和外设的专用互联需求进行优化。

Avalon 是一个灵活的接口,工程师可以使用系统所需的有限信号来进行数据传输。传统

第 10 章 CPLD/FPGA 的高级应用

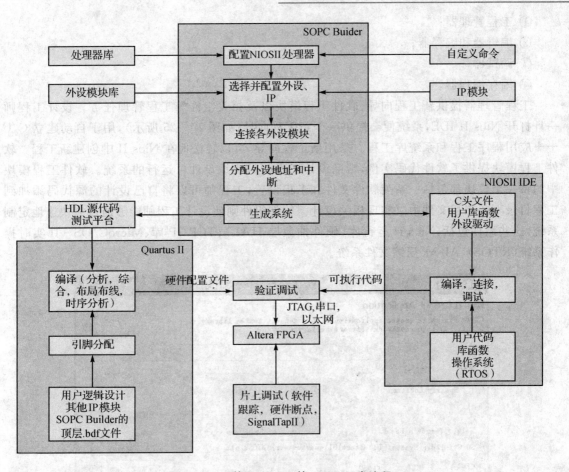

图 10-24 基于 Nios II 的 FPGA 开发流程

的总线结构中,单个总线仲裁器控制总线主机和从机之间的通信,由于每次只有一个主机能够接入总线使用总线资源,这样就会导致带宽瓶颈。Avalon 总线结构同时多主机体系结构提高了系统带宽,消除了带宽瓶颈,每个总线主机都有自己的专用互联,总线主机只须抢占共享从机,而不是总线本身,这样 SOPC Builder 可利用最少的 FPGA 资源实现最佳的 Avalon 交换架构。

Avalon 交换式总线还支持大范围的系统结构,支持外设之间通过不同路径进行无缝数据传输。

Avalon 规范的性能包括:
① 流动任务处理;
② 突发处理;
③ 固定和可变的传输长度;
④ 同步接口;
⑤ 最高 128 位的地址和数据为宽度;
⑥ 灵活地控制信号。

Nios II IDE 是 Nios II 系列嵌入式处理器的基本软件开发环境,所有软件开发任务都可以在 Nios II IDE 下完成,包括编辑、编译和调试。Nios II IDE 作为软件开发提供了 4 个主要的功能:

① 工程管理器；
② 编辑器和编译器；
③ 调试器；
④ 闪存编程器。

工程管理器提供新工程向导、软件工程模块以及相关组件等工程管理任务。设计工程师一旦打开 Nios II IDE，系统便会提供一个新工程向导（如图 10-25 所示），用于自动建立 C/C++应用程序工程和系统库工程。采用新工程向导，可以轻松地在 Nios II 中创建新工程。软件工程模块提供了软件代码实例，帮助设计工程师尽快地设计可运行的系统。软件工程模块中的每一个模块都包括一系列软件文件和工程设置，工程师可以将自己设计的源代码添加到工程目录下的工程文件中以实现相关设计。软件组件则使设计工程师能够通过它快速地定制系统，这些组件包括：Nios II 运行库（硬件抽象层 HAL）、TCP/IP 库、MicroC/OS-II 实时操作系统（RTOS）、Altera 压缩文件系统。

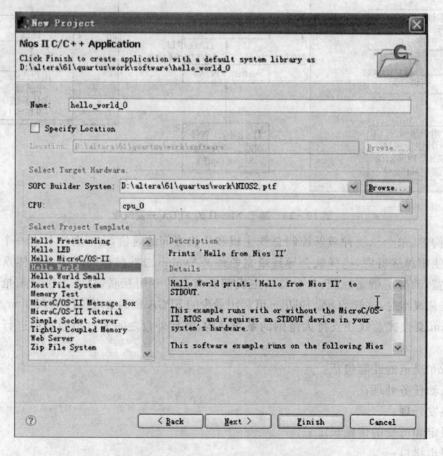

图 10-25 Nios II IDE 新向导界面

Nios II IDE 提供了一个全功能的文本编辑器和 C/C++编译器。

文本编辑器：如图 10-26 所示，Nios II IDE 文本编辑器能够实现语法高亮显示 C/C++、代码辅助/代码协助完成、全面搜索工具、文件管理、快速定位、内置调试等功能。

C/C++编译器：Nios II IDE 为 GCC 编译器提供了一个图形化的用户界面，从而使设计

第10章 CPLD/FPGA 的高级应用

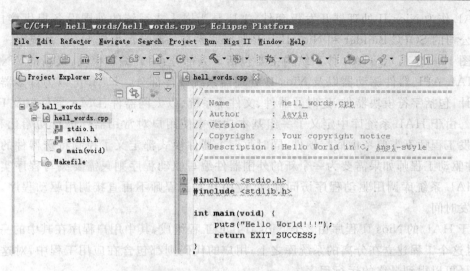

图 10-26 Nios II IDE 文本编译器界面

更加容易。它提供了一个按钮式流程，同时允许设计人员手工设置其高级编译选项。Nios II IDE 编译环境自动生成一个给予用户特定系统配置的 makefile。Nios II IDE 中的编译、链接设置的任何改变（包括生成存储器初始化文件选项、闪存内容、仿真器初始化文件以及 profile 总结文件的相关选项等）都会自动映射到这个自动生成的 makefile 中。

Nios II IDE 包含一个强大的、基于 GNU 调试器的软件调试器——GDB，它包含的基本调试功能如下：

① 运行控制；
② 调试堆栈查看；
③ 软件断点；
④ 反汇编代码查看；
⑤ 调试信息查看；
⑥ 指令集仿真器。

其相应的高级调试功能有：

① 硬件断点调试 ROM 或者闪存中的代码；
② 数据触发；
③ 指令跟踪；
④ 调试信息查看；
⑤ 链接目标。

Nios II 处理器一般会在单板上采用闪存，用来存储 FPGA 配置数据和 Nios II 编程数据。Nios II 闪存编程器通用闪存接口（CFI）对任何连接到 FPGA 的兼容闪存器件进行烧写。

在 Nios II IDE 建立新工程的过程中，系统会自动生成 HAL 系统库。HAL 系统库建立在特定的 SOPC Builder 系统之上，它是一个底层的运行环境，不需要创建或者复制 HAL 文件，或者对 HAL 源代码进行修改，为系统提供了底层硬件的驱动。HAL 系统库应用程序接口（API）由标准的 ANSI C 库组成，允许用户使用 C 语言的函数对器件进行访问，如 fprintf()、fwrite()等。

第10章 CPLD/FPGA的高级应用

HAL作为Nios II处理器开发板套件,主要是为嵌入式系统的外围设备提供接口,并将Altera公司的SOPC Builder和Nios II IDE紧密联系在一起自动生成HAL系统库。

如图10-27所示,HAL体系结构主要包括5大部分:用户编程模块、最新的ANSI C标准库、HAL API、器件驱动器以及Nios II处理器系统硬件部分。HAL可以为许多器件提供模板设计,包括字符模块器件、定时器器件、文件子系统、以太网器件、DMA器件以及Flash存储器等。由于HAL系统库中定义了一组基本功能来使用户对常用器件进行初始化和访问,应用开发工程师不需要考虑底层硬件;同时每一个器件模式都定义了控制特殊器件的基本功能,器件驱动工程师如果需要为一个新的外围器件编写驱动程序则只需要编写程序实现驱动功能,HAL系统库调用驱动程序访问硬件,应用开发工程师不再直接调用驱动程序,从而节省了开发时间。

基于HAL的Nios II程序由2个Nios II IDE工程组成,其中用户程序在其中的一个工程中,并且这个工程建立在分离的系统库之上;用户的代码则都包含在应用工程中,对这个工程进行编译可以得到最终的运行程序。

如图10-28所示,Nios II IDE通过HAL系统库和驱动配置的更新来正确反映硬件系统,SOPC系统发生改变时,IDE在用户编译和运行应用程序时将对HAL进行重新编译,这种结构显示将用户程序和底层硬件相分离,使用户不必担心程序是否与目标硬件相匹配。因此,基于HAL系统库的程序始终与硬件系统保持同步。

图10-27 HAL基本系统结构层次图

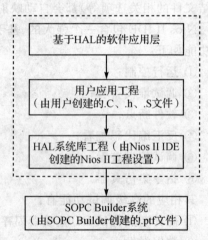

图10-28 Nios II 程序框架

10.3.2 实例14:基于Nios II软核处理器PWM控制器设计

下面设计一个PWM(Pulse Width Modulation,脉宽调制)的控制器,用来输出周期可调、占空比可调的矩形波。

(1) 设计思路与原理

本实例中PWM控制器的设计思想如下:

① 32位计数器为PWM提供一定范围的周期和占空比,最大周期为232个时钟周期。

② 提供一个对PWM寄存器进行读/写的Avalon接口和控制逻辑,使用Nios II来设置PWM的周期和占空比。

③ 定义寄存器来存储 PWM 的周期和占空比的值。
④ 定义一个控制寄存器，使 Nios II 通过控制寄存器的禁止位来关闭 PWM 的输出。
图 10-29 所示为 PWM 控制器的逻辑结构图。

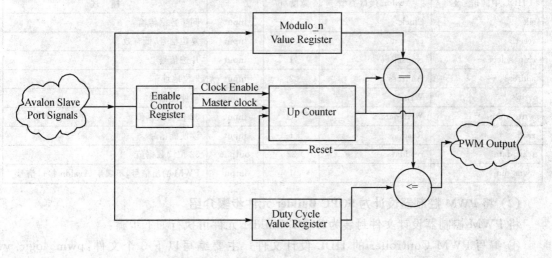

图 10-29 PWM 控制器的逻辑结构图

PWM 控制器的逻辑结构由输入时钟（Clock）、输出信号（pwm_out）、使能位、32 位计数器以及 2 个 32 位比较电路组成。Clock 作为 32 位计数器的时钟信号；32 位比较电路用于比较 32 位计数器的当前值与占空比设定寄存器（Duty Cycle Value Register）中的值，从而决定 pwm_out 输出的是高电平还是低电平；周期设定寄存器（Modulo_n Value Register）用来设定 pwm_out 的输出周期，当计数器的值等于周期设定寄存器的设定值时，产生一个复位信号来清除计数器；使能控制寄存器（Enable Control Register）用来控制计数器是否计数，从而保持 pwm_out 输出当前保持不变。

PWM 控制器的各个寄存器设定介绍。

PWM 控制器内部包括占空比设定寄存器、周期设定寄存器以及使能控制寄存器。在该设计中将各个寄存器映射为 Avalon Slave 端口地址空间内一个单独的偏移地址，每个寄存器都能进行读/写访问。为支持对 3 个寄存器的读/写访问，需要使用 2 位地址线来生成 4 个偏移地址，将其中一个地址保留。各寄存器的地址属性如表 10-1 所列。

表 10-1 寄存器列表

寄存名	地址偏移量	属性	描述
CLOCK_DIVIDER	0x00	R/W	PWM 的周期=系统频率/ CLOCK_DIVIDER
DUTY_CYCLE	0x01	R/W	PWM 的占空比=DUTY_CYCLE / CLOCK_DIVIDER
ENABLE_CTRL	0x02	R/W	D31～D1 一直为 0，D0 为使能位 D0=1，使能 PWM D0=0，关闭 PWM
—	0x03	—	不使用

PWM 控制器是 Avalon 总线的一个 Slave，因此 PWM 控制器需要一个简单的 Slave 接口，该接口用来处理寄存器的读/写传输。PWM 的 Avalon Slave 端口输出信号与 Avalon Slave 端口时钟信号同步，因此读/写的建立和保持时间为零，无须读延时。表 10-2 列出了

第10章 CPLD/FPGA 的高级应用

PWM 控制器的 Avalon Slave 端口需要的信号输出信号及在 HDL 设计用到的信号名称。

表 10-2 PWM 接口信号列表

HDL 中的信号名	Avalon 接口类型	宽度/位	方向	描述
clk	Clock	1	input	同步数据传输
resetn	reset_n	1	input	复位信号,低有效
chip_select	chipselect	1	input	片选信号
address	Address	2	input	2 位地址
write	Write	1	input	写使能信号
write_data	Writedata	32	input	32 位写数据值
read	Read	1	input	读使能信号
read_data	readdata	32	output	32 位读数据值
pwm_out		1	output	PWM 输出信号,不属于 Avalon 接口信号

(2) 将 PWM 控制器设计为 SOPC Builder 元件步骤介绍

将 PWM 控制器设计文件封装为 SOPC Builder 元件可执行如下步骤:

① 编写 PWM Controller 的 HDL 设计文件。主要编写以下 3 个文件:pwm_logic.v、pwm_reg.v、pwm_avalon_interface.v。其中 pwm_logic.v 用来完成 PWM 功能的任务逻辑 Verilog 代码;pwm_reg.v 用来完成读/写 PWM 寄存器的逻辑 Verilog 代码;pwm_avalon_interface.v 为任务逻辑和寄存器文件提供 Avalon Slave 接口逻辑。

② 新建一个 Quartus II 工程(本例为 Test_pwm),在 Quartus II 中选择 Tools→SOPC Builder 命令。

③ 在 SOPC Builder 中按照图 10-30 的方式,单击"Create new component",在打开的界面中选择 Add HDL File 选项卡添加 HDL 设计文件。

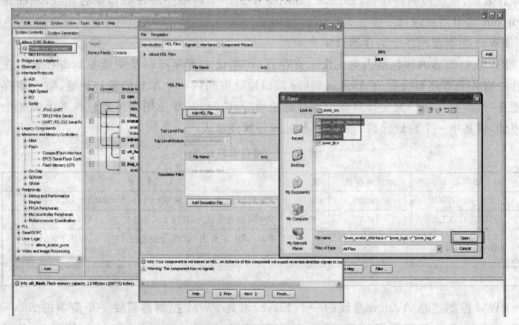

图 10-30 定制元件和添加 HDL 设计文件窗口

第10章 CPLD/FPGA 的高级应用

④ 添加 HDL 设计文件之后,选择 Signals 选项卡,按表 10-2 进行信号的设置,设置完成后如图 10-31 所示。

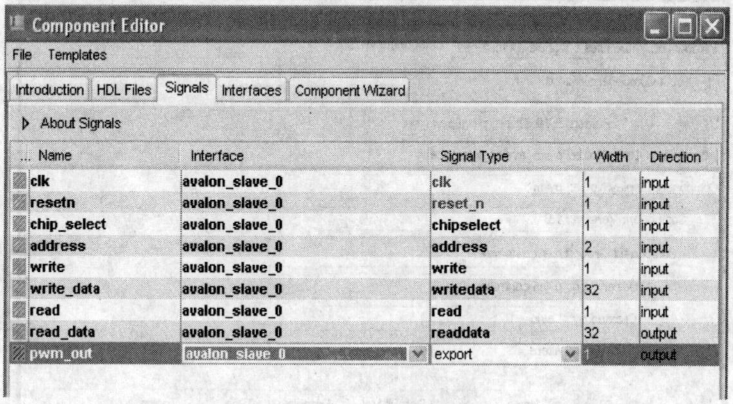

图 10-31 信号设置

Name 栏中是用户定义的信号名称;Interface 是接口类型名称;Signal Type 是信号类型,_n 表示低电平有效;Width 表示信号的宽度;Direction 表示信号的方向选择,这是相对器件而言的,因此 write 等信号都是输入。

⑤ 选择 Interfaces 选项卡,修改 Avalon Slave 名称为"PWM_Slave"。在"Slave addressing"栏中选择端口的地址对齐方式为 NATIVE,即静态地址对齐方式,按照图 10-32 的方式修改"Read Wait =0,Write Wait=0"。

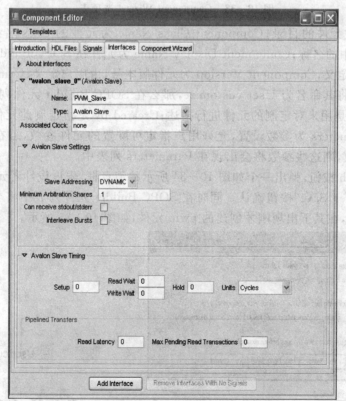

图 10-32 Avalon Slave 接口设置

⑥ 选择进入 Component Wizard 选项卡，如图 10-33 所示。

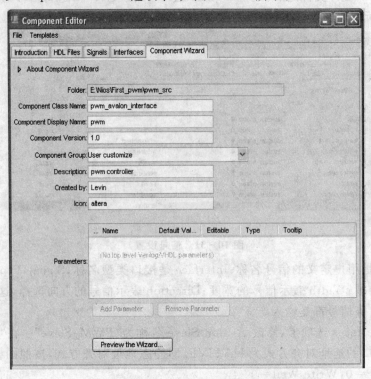

图 10-33　Component Wizard 选项卡

Folder 是存放元件的目录；Component Class Name 为元件的 class 名称，也是在 SOPC Builder 元件列表中的名称；Component Display Name 为元件在 SOPC Builder GUI 中显示的名称，由用户自己定义；Component Version 为元件版本号，由用户定义；Component Group 为元件的组名称，如将其命名为 User customize，那么在 SOPC Builder 元件列表中就能找到该元件；Description 是用来对定制的元件进行描述；Created by 是指定制此元件的作者；Icon 为元件的图标；Parameters 为参数设置，允许用户指定可配置的元件参数，若在 HDL 顶层设计文件中声明了参数，则这些参数将会出现在 Parameters 列表中。

⑦ 单击 Finish 按钮，弹出一个如图 10-34 所示的消息框，告诉设计者元件存放的路径等相关信息，单击"Yes,Save"按钮确认。同时在 SOPC Builder 元件列表中将会产生一个"User customize"的分组，在其下出现刚才创建的 pwm 元件，如图 10-35 所示。

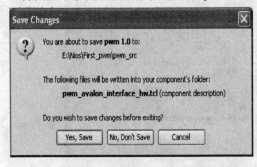

图 10-34　创建元件的消息框

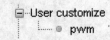

图 10-35　创建的 PWM 元件

第 10 章　CPLD/FPGA 的高级应用

(3) 编写 PWM 控制器的 HAL 驱动并验证创建的元件

① 在图 10-35 中双击 pwm 即可添加 PWM 元件。

② 单击 Generate 重新生成系统,成功后单击 Exit 退出,并返回 Quartus II。在 Quartus II 中将弹出"是否要更新符号"提示,选择 Yes 更新,将 pwm_out 分配到 LED0 上面,用 PWM 来控制 LED0 的亮度。选择 File→Save 命令,然后选择 Processing→Start Compilation 或者单击 ▶ 开始全程编译。将生成的配置文件下载到 FPGA 中。

③ 启动 Nios II IDE,选择 File→New Project→Altera Nios II→Nios II C/C++ Application 命令,建立一个新工程,在"Select Project Template"下选择"Hello World",在 Name 中输入工程名称,如"Test_pwm";设置完成后如图 10-36 所示,单击 Finish 按钮完成工程创建。

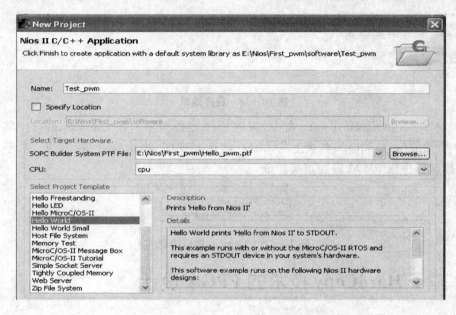

图 10-36　创建 PWM 测试工程

④ 编写底层硬件的 HAL 驱动程序,主要是编写 pwm_regs.h、altera_avalon_pwm.c、altera_avalon_pwm.h,完成后添加到工程中,如图 10-37 所示。

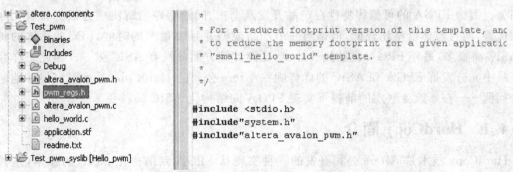

图 10-37　添加 PWM HAL 驱动程序

⑤ 在 hello_world.c 中使用编写好的 API 函数。具体实例代码如图 10-38 所示。

⑥ 右击 Test_pwm,在弹出的快捷菜单中选择 Builder Project。在 Build 完成之后,选择

第 10 章 CPLD/FPGA 的高级应用

```c
#include <stdio.h>
#include"system.h"
#include"altera_avalon_pwm.h"

/*Definition reg value*/
#define PERIOD 0x0000270f
#define PULSE  0x00001388

int main()
{
    printf("Hello from Nios II!\n");

    altera_avalon_pwm_state* sp;
    sp->base=PWM_BASE;

    printf("Test PWM Controller \n");

    write_pwm_period(sp,PWM_PERIOD_REG,PERIOD);
    write_pwm_pulse_width(sp,PWM_PULSE_REG,PULSE);
    Enable_pwm(sp,PWM_ENABLE_REG);

    printf("Sucess Generate pwm\n");
    return 0;
}
```

图 10-38 程序清单

Run→Run AS→Nios II Hardware 命令，观察程序运行现象。在 Console 窗口中将显示如图 10-39 所示的信息，同时实验板上的 LED0 将由亮变暗，再由暗变亮。至此，基于 Nios II 的 PWM 控制器生成 PWM 得到正确验证。

```
Hello from Nios II!
Test PWM Controller
Sucess Generate pwm
```

图 10-39 Console 端口信息

10.4 基于 HardCopy 技术的 FPGA 设计

FPGA 的发展越来越迅猛，人们开始讨论以下问题：FPGA 可以永远代替 ASIC 而一统天下吗？ASIC 是否会消失？如果不会消失，那么怎样才能实现 FPGA 和 ASIC 的设计共享呢？就目前的形式来看，虽然越来越多的场合 FPGA 已经取代了 ASIC，但这并不意味着 ASIC 将会消失。因为 FPGA 的可编程特性在产品开发及上市、问题跟踪与解决等方面都有着无与伦比的优势，而且整体价格比较低，但是当一个产品成型并且要量产的时候，FPGA 总体的价格比 ASIC 高很多，另外 FPGA 在散热设计、功耗设计等方面都没有 ASIC 强——因此怎样在一个产品中充分发挥 FPGA 和 ASIC 的优势呢？Altera 公司的 HardCopy 技术可以很好地解决这个问题——在不改变底层的前提下实现 FPGA 向结构化 ASIC 的转变。

10.4.1 HardCopy 简介

HardCopy 技术是 Altera 公司开发的一种实现从 FPGA 到结构化 ASIC 的技术，这种技术的基本原理是前期采用 Altera 公司的 FPGA（Stratix 系列）进行开发调试——过程和普通的 FPGA 开发调试没有两样；一旦成型后通过 Altera 的 Hardcopy 可以产生等价的 ASIC 设计的文档和网表文件，这些文件可以直接用在等价的 HardCopy 系列的 FPGA 中。如果没有这样一个过程，也可以先进行 FPGA 设计，然后再把网表文件转换成 ASIC 所需的网表文件，但是转换前后的 FPGA 网表文件和 ASIC 网表文件之间会存在很大的差异,甚至影响到功能。

HardCopy 技术可以很好地实现从原型设计到结构化 ASIC 无缝设计。通过它可以实现不需流片就生成 ASIC,也可以利用 Stratix 系列 FPGA 进行市场测试或者试产,真正实现软硬件协同工作,更快地实现系统设计,降低了风险和设计成本,实现了低功耗设计和更高的安全性设计。

10.4.2 基于 HardCopy 技术的 FPGA 设计流程

在 QuartusII 软件中,基于 HardCopy 技术的 FPGA 设计开发方式有两种:一种就是 FPGA(Stratix 系列)优先开发的方式;另外一种就是 HardCopy 器件优先开发的方式。

所谓 FPGA 优先开发的流程,就是采用 FPGA(Stratix 系列)先对系统功能验证,然后再创建一个 HardCopy 的等价器件。这种方式的系统功能验证比较早被执行,因而可以减少整个工程的设计和验证时间。

采用 FPGA 优先开发的流程和传统的 FPGA 开发很相似,但是在把设计映射到等价的 HardCopy 器件中时需要增加一些额外的任务。它需要选择一个 Stratix 器件来作为产品的原型开发,同时选定一个 HardCopy 器件进行转换。在转换之前需要生成 HardCopy 器件所需要的文档和报告并送到 Altera 公司进行后端处理。图 10-40 是一个典型的具体流程图。

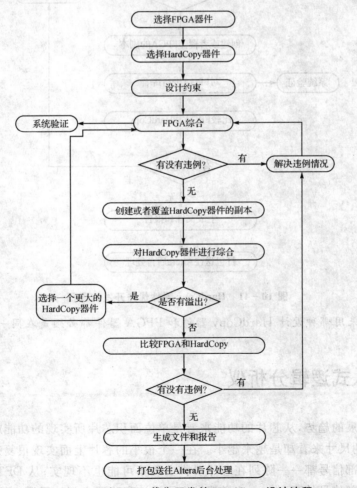

图 10-40 以 FPGA 优先开发的 HardCopy 设计流程

第10章 CPLD/FPGA 的高级应用

所谓 HardCopy 器件优先开发的流程,则是对 HardCopy 器件先进行设计,然后再采用 FPGA 对系统功能验证。这种方法在开发设计阶段比上一种方法可以更精确地预测 HardCopy 器件的最大性能。如果工程师需要优化他的设计使之能够最大程度地提高 HardCopy ASIC 的性能,但又不能够满足等价的 FPGA 的性能要求,那么工程师依旧可以映射他的设计到等价的 FPGA 中,采用降低性能要求的方法来实现系统验证。图 10-41 所示为其设计的具体流程。

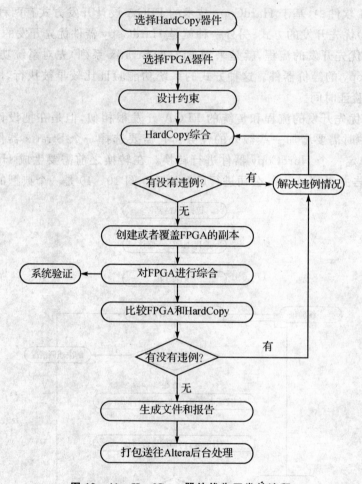

图 10-41 HardCopy 器件优先开发的流程

注意:不管采用哪种设计 HardCopy 器件和 FPGA 器件都必须是在同一个 Quartus II 的工程文件中。

10.5 嵌入式逻辑分析仪

当今芯片发展的趋势,从芯片的功能来看是单位面积芯片所实现的功能越来越多、越来越复杂,而从芯片的尺寸来看却是越来越小。在一个很小的芯片上面实现很复杂的逻辑功能,如果要把所有的内部信号都一一陈列在芯片引脚上既不可能也不现实;从 DFT 的角度来说,则需要尽量增加内部信号的可测性。这样就带来了设计和验证之间的矛盾。解决这个矛盾的最好方式就是采用嵌入式逻辑分析仪。

目前,几乎每家 CPLD/FPGA 厂商都提出了各自的嵌入式逻辑分析仪的解决方案,如 Xilinx 公司的 Chipscope、Altera 公司的 SignalTapII 等。通过 JTAG 口在线调试观测内部逻辑,既可以实时观测内部逻辑变化,解决潜在的隐患,又可以提高测试效率。但 Chipscope、Signal TapII 都需要一定的内部 RAM 才能够实现,否则就不能使用,因此到目前为止,这些调试工具一直是 FPGA 的专利,而不被 CPLD 所拥有。嵌入式逻辑分析仪的存储深度一般取决于具体芯片中 RAM 的大小,一般都不会很大,因此嵌入式逻辑分析仪还不能够做到实时快速采样。替代的方式是先进行比较详细的逻辑和功能验证,然后把信号从 I/O 引脚延伸出来,采用测量仪器厂商提供的逻辑分析仪来观测,这样就可以从外部观测到芯片里面信号的变化,但是对时序要求很紧的信号的测试有可能会造成失真。

采用嵌入逻辑分析仪一般分为三步:生成一个嵌入式逻辑分析仪的工程文件;设置参数和触发条件,并归属在顶层文件下面和其他工程文件一样一起综合映射,布局布线并最后生成配置文档并烧录到目标器件中;打开嵌入式逻辑分析仪界面并通过 JTAG 连接线读取 FPGA 内部信号实时的状态。图 10-42 所示为采用 Chipscope 的设计流程图。

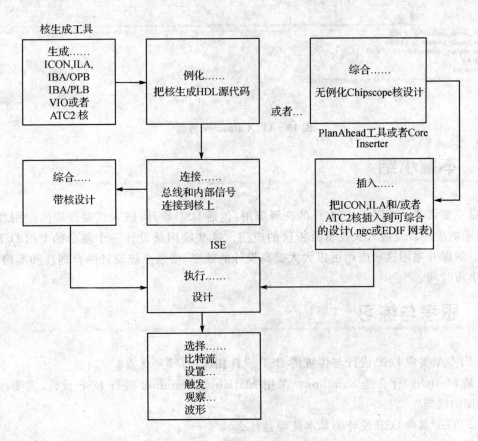

图 10-42 Chipscope 设计流程

通过以上的设计,最后可以看到图 10-43 所显示的实时波形,设计者和验证者可以根据所观测到的波形和数据进行实时分析,确定问题点,迅速解决问题。

第 10 章 CPLD/FPGA 的高级应用

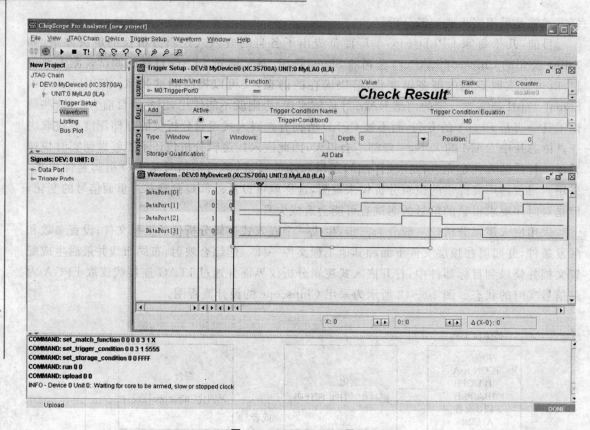

图 10-43 Chipscope 界面

10.6 本章小结

本章主要讲述了 CPLD/FPGA 的高级应用，包括 DSP 设计、嵌入式处理器的应用、HardCopy 技术的应用以及嵌入式逻辑分析仪的应用。这些应用是设计一个复杂的 CPLD/FPGA 的基础。掌握并采用这些应用可以大大提高设计的效率，增强系统设计的合理性和准确性，缩短产品上市时间。

10.7 思考与练习

1. 采用 FPGA 实现 DSP 设计与传统的 DSP 设计相比，有哪些优点？
2. 什么是 Matlab？什么是 Simulink？采用 Matlab 与 Simulink 进行 DSP 设计，需要注意哪些方面的问题？
3. 采用 FPGA 实现 DSP 设计的基本流程是什么？
4. 硬核和软核有什么区别？它们各有什么优点和缺点？
5. 目前的 FPGA 中主要有哪些硬核嵌入式处理器？有哪些软核嵌入式处理器？它们各有什么特点？
6. 什么是 Nios II？Nios II 主要有哪些特点？

7. 采用嵌入式处理器的 FPGA 设计主要可以应用于哪些领域？
8. 目前各主要厂商的嵌入式逻辑分析仪主要有哪几种？
9. 怎样使用嵌入式逻辑分析仪来实现设计分析调试？
10. HardCopy 技术有什么特点？采用 HardCopy 技术的 FPGA 设计流程有什么特点？

第 11 章

CPLD/FPGA 系统设计

在 20 年前,FPGA 设计工程师的关注点相对比较简单,主要是逻辑代码以及 IP 的实现,并不关注 PCB 的设计以及功耗等方面。毕竟在那个年代,最高端的 FPGA 引脚也只有 200 多个而已,并且引脚距离大约是 2.54 mm。信号在 FPGA 里面的延时远远大于在 PCB 上的延时。而到了今天,随着工艺的不断发展进步、引脚的不断增多、引脚之间的间距不断缩小,速度也在不断提升。FPGA 工程师需要从整个系统层面来看待 FPGA 设计,包括信号完整性、电源完整性、功耗和热设计以及高速 PCB 设计等方面。

本章的主要内容有:
- 常用电平标准及其接口设计;
- 信号完整性概述;
- 高速 PCB 设计概述;
- SERDES;
- 电源完整性概述;
- 功耗设计概述;
- 热设计概述;
- FPGA 的前景与展望。

11.1 常用电平标准及其接口设计

11.1.1 常用电平标准

随着技术的发展,人们在追求高速低耗的过程中开发了许多不同的电平标准。最常用的有 TTL、CMOS、LVTTL、LVCMOS、ECL、PECL、LVPECL、LVDS、GTL、PGTL、CML、HSTL、SSTL 等。这些电平标准的应用领域不同。

图 11-1 是典型的 TTL(Transistor-Transistor Logic)的内部结构图,它所要求的 V_{CC} 是 5 V,而它的 V_{OH} 只有 2.4 V。在 2.4 V 与 5 V 之间对噪声容限不仅没有什么改善,而且增加了系统的功耗,影响速

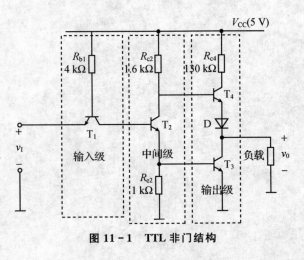

图 11-1 TTL 非门结构

度。于是便出现了 V_{CC} 要求只有 3.3 V、2.5 V 甚至更低的 LVTTL 电平标准。

TTL 的电平过冲比较严重,因此一般建议在起始端串联一个 22 Ω 或者 33 Ω 的电阻。TTL 电平输入脚悬空时,芯片内部一般会认为它是高电平,因此如果需要下拉则需要使用 1 kΩ 以下的电阻。TTL 门不能驱动 CMOS,但是 LVTTL 门可以驱动 LVCMOS 门。

CMOS(Complementary Metal Oxide Semiconductor)门包括 PMOS 结构和 NMOS 结构。相对于 TTL 门而言,CMOS 门有了更大的噪声容限,输入电阻远大于 TTL 输入电阻。可是与 TTL 门存在同样的问题——5 V V_{CC} 无疑增加了系统的功耗,因此目前 3.3 V LVCMOS 便开始广泛应用。更为便利的是,LVTTL 门和 LVCMOS 门可以直接相互驱动。

使用 CMOS 门时需要注意 CMOS 门结构内部寄生有可控硅结构,如果输入引脚的电压大于 V_{CC} 一定值而且电流也足够大,那么可能会因为闩锁效应而导致整个芯片的烧毁。

ECL(Emitter Coupled Logic)、PECL(Preudo/Positive ECL)、LVPECL(Low Voltage PECL)结构速度快、驱动能力强、噪声也小,通常应用在几百兆赫兹(MHz)的系统中,但是 ECL 的功耗比较大,而且需要负电源供电,因此 ECL 的供电系统比较复杂。PECL 简化了电源系统,只采用正电源供电,LVPECL 则在 PECL 结构上采用更低的 3.3 V V_{CC} 供电,功耗也较前两者更低。图 11-2 简单地表示了 ECL 驱动器和接收器的基本结构。

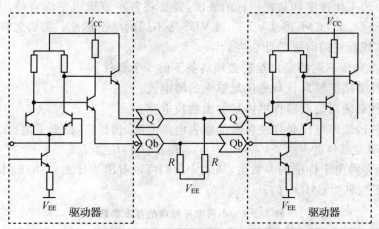

图 11-2 ECL 驱动器和接收器示意图

ECL、PECL、LVPECL 结构由于电平不同而不能直接驱动,中间可用交流耦合、电阻网络或者专用芯片来转化。三者都采用射随结构,需要有电阻拉到一个直流偏置电压上。

上述几种电平标准的摆幅都比较大,LVDS 电平结构可以较好地解决这样的问题。

LVDS(Low voltage Differential Signaling),在两个标准中定义:一个是 1996 年 3 月通过的 IEEE P1596.3,主要面向 SCI(Scalable Coherent Interface)定义了 LVDS 的电特性;另一个则是 1998 年 1 月通过的 ANSI/EIA/EIA-644,主要定义了 LVDS 的电特性。图 11-3 为 LVDS 电平逻辑示意图,它内部采

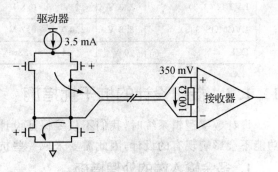

图 11-3 LVDS 电平逻辑示意图

第11章 CPLD/FPGA 系统设计

用一个 3.5～4 mA 的恒流源，外部在接收端附近匹配 100 Ω 电阻，这样就可以转换为 ±350 mV 的差分电平。

LVDS 的速度快、抗噪声能力强、功耗低、成本低。不过设计时需要注意它对 PCB 的要求较高，差分线要求严格等长，电阻的摆放位置也有一定的要求。

其他一些常用的电平标准还有：

① CML 结构是目前所有高速数据接口结构中最简单的一种。它的输入/输出已经匹配好，从而减少了外围器件，适合于更高频段的工作。CML 之间互连时需要考虑两种情况：当收发两端采用相同的电源时它们之间可以采用直流耦合方式，中间不需要任何器件；当收发两端采用不同的电源时要考虑交流耦合，中间需要有耦合电容。同时 CML 结构的驱动能力不足，只适合短距离的连接。

② HSTL 是主要用于 QDR 存储器的一种电平标准。它是一种伪差分信号接口，一端接输入信号，另一端接参考电平。因此对参考电压的要求比较高，必须非常精确、稳定。

③ SSTL 主要用于 DDR 存储器，和 HSTL 基本相同。

11.1.2 接口设计

数字系统由于工作速度和功耗指标的要求，需要将各种逻辑电平混合使用。比如现在的主板系统就有 SSTL、LVCMOS、LVTTL、LVDS 等不同的电平标准。那么怎样才能实现互连呢？或者说要实现互连的前提是什么呢？

一般来说，要实现不同的接口互连必须具备下面 3 个条件：

① 驱动器件必须能够对负载提供足够大的灌电流。
② 驱动器件必须对负载器件提供足够大的拉电流。
③ 驱动器件的输出电压必须在负载的输入电压范围，包括高、低电平值。

具体来说，驱动器件的 $V_{OH} > V_{IH}$，$V_{OL} < V_{IL}$，$I_{OH} > I_{IH}$，$I_{OL} > I_{IL}$。

表 11-1 为各种电平标准的参数值，从表中我们可以看出为什么 CMOS 门可以驱动 TTL 门，而 TTL 门不能驱动 CMOS 门。

表 11-1 不同电平标准的基本参数

电平标准	V_{CC}	V_{IH}	V_{IL}	V_{OH}	V_{OL}	I_{IH}	I_{IL}	I_{OH}	I_{OL}
TTL	5 V	2 V	0.8 V	2.4 V	0.5 V				
CMOS	5 V	3.5 V	1.5 V	4.45 V	0.5 V				
LVTTL(3.3)	3.3 V	2 V	0.8 V	2.4 V	0.4 V		参考不同器件的数据手册		
LVCMOS(3.3)	3.3 V	2.0 V	0.7 V	3.2 V	0.1 V				
ECL	0 V	−1.24 V	−1.36 V	−0.88 V	−1.72 V				

11.1.3 接口设计的抗干扰措施

设计数字逻辑系统时，我们不仅要保证设计本身逻辑的正确，还要确保一些的冗余引脚及功能不会影响现有的设计，因此需要采取一些抗干扰措施。

1. 多余输入端的处理措施

数字逻辑系统不能让多余的输入端悬空以防止干扰信号的引入，除非有特殊的接口要求，如 LVDS 等等。对多余的输入端的处理一般以不改变系统功能和逻辑稳定为原则，比如如果多余的输入端为一个二输入的"与"门输入端，则需要强迫这个输入端上拉到一个高电平，而如果是"或"门则需要将这个输入端接地。

而对冗余的 GPIO(这些端口可以根据用户的需要直接配置成输入端和输出端)进行处理时首先需要考虑把这些端口设置成输入端还是输出端。一般来说设置成输出端有可能会造成漏电的现象，特别这些端口有可能还会与其他芯片互连，造成逻辑的混乱。因此，推荐把这些冗余的 GPIO 都设置成输入端，通过内部的逻辑组合后输出到一个无用的引脚上。

2. 滤波

由于电源不是理想的，所以数字电路在运行时容易产生脉冲电流或者尖峰脉冲。它们流过公共的内阻抗必定将会产生相互的影响，甚至逻辑错位。最常用的方式就是采用去耦滤波器，通过使用 $10\sim100~\mu F$ 的大电容器与直流电源并联来滤掉不需要的频率成分。另外在每一个集成芯片电源引脚上还要加 1 个 $0.1~\mu F$ 的电容来滤掉开关噪声。

电容的摆放位置也很重要，一般都是摆放在集成芯片电源引脚附近。

当芯片的电源有特别严格的设计要求时，一般采用磁珠(Fuse)来滤波。

3. 接地和安装

正确的接地对于降低系统噪声很有好处，反之则有可能会影响到系统和功能。首先需要将数字地和模拟地相互分开，然后将数字信号地和模拟信号地各自汇聚到一个点，接着将两者用最短的导线相互连接在一起。同样需要把电源地和信号地相互分开，然后用最短的导线将它们连接在一起，这样可以避免大电流涌入数字电路而引起数字电路逻辑功能失效。

4. 静电屏蔽

数字电路系统需要做好静电防护工作，否则操作不当将会导致芯片的损毁。

11.1.4 OC/OD 门

一般门电路都是采用图腾柱结构(Push-pull)，可是当需要两个门电路的输出直接相连共同驱动一个负载时，这种结构就不适用了。试想当一个门电路想驱动它的输出为高，另一个想驱动它的输出为低时，会出现什么情况呢？电流会增大，甚至有可能烧坏器件——这样的问题可以通过 OC/OD 门的线与来实现。在 OC/OD 门中，把 TTL/CMOS 门电路输出端的上 BJT 或者上 CMOS 去掉，在芯片外接一个公共上拉电阻，这样就实现了 OC/OD 门(如图 11-4 所示)。如果是 TTL 门电路来实现这样的功能，就是 OC 门(Open Collector，集电极开路)；如果是 CMOS 门电路来实现这样的功能，就是 OD 门(Open Drain，漏电极开路)。

OC/OD 门有很多用途：其一就是实现多门的线与；同时它可以用来直接驱动较大电流的负载；再者因为 OC/OD 门内部所需要的电压和它输出端的电压可以不同，所以它可以实现不同电压之间的转换，在工程实践方面应用得很广泛。

11.1.5 三态门

三态门(Tri-state Logic，TSL)是另外一种在工程实际中应用广泛的门电路。OC/OD 门虽然可以实现多门线与，但是它必须在外面接一个上拉电阻，从而影响到工作速度，三态门集合，继承了 OC/OD 门与图腾柱结构的门电路的优点。

第 11 章 CPLD/FPGA 系统设计

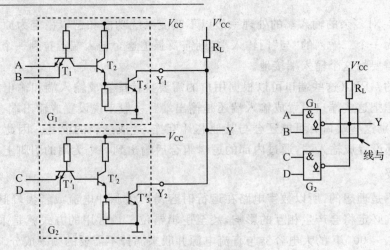

图 11-4 线与逻辑示意图

三态门顾名思义就是有三种状态,通过一个选择信号来实现,如图 11-5 所示。当门电路被选通时,它的工作就像图腾柱结构的门电路,有高、低电平状态。当门电路被禁止时,它的输出为高阻态,也称禁止态。

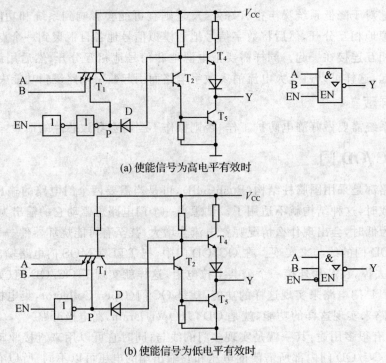

(a) 使能信号为高电平有效时

(b) 使能信号为低电平有效时

图 11-5 三态门内部结构示意图

11.2 信号完整性概述

广义的信号完整性是指由互连设计引起的所有问题,包括:时序、噪声与电磁干扰。

很多工程师对信号完整性设计的理解都有一个误区,以为信号完整性(Signal Integrity,

SI)专属高速信号设计领域。实际上,信号完整性与信号的边沿转换速度有关系。边沿转换速度可以利用上升时间或者下降时间来衡量。上升时间或者下降时间越短,边沿转换得越快,信号完整性问题就越严重。因此,即使低速的 1 MHz 甚至更低频率的信号,只要它的边沿跳变足够快,设计人员也不得不面对信号完整性的问题。有句话比较贴切地形容信号完整性的重要性——"世界上的电子工程师,要么正在遇到信号完整性的问题,要么即将要遇到信号完整性的问题。"

基于此我们可以得知:

① 随着上升时间的减小,信号完整性问题会越来越严重,di/dt 或者 dv/dt 就会越来越大,由此带来的噪声问题势必增加。

② 解决信号完整性的有效办法就是基于对互连网络阻抗的理解。

CPLD/FPGA 的好处在于厂商已经在芯片内部解决了绝大多数的信号完整性问题,然而目前板级上的信号完整性却越来越重要,在进行 CPLD/FPGA 设计时不得不考虑这些问题。

11.2.1 信号完整性的基本原则

信号完整性的问题纷繁芜杂,电路设计者需要认真地去考量。过去的线路只需要考虑信号的连接,现在随着总线频率的不断攀升,更多的设计首先需要考虑信号完整性的满足。信号完整性设计有着它的基本原则:

① 任何一段互连线都有它的返回路径,构成传输线。

② 电压变化时电容上会有电流流动。对于信号的陡峭边,即使是电路 PCB 板边沿与悬空的导线之间构成的电容也会有一个可能很低的电阻。

③ 电流的改变或者磁力线匝数的改变会引起导线两端电压的改变,这样就会产生噪声和串扰。

④ 提高高速信号设计效率的关键是能够充分利用分析工具和测量工具来验证和实现设计过程和对性能的预测。

11.2.2 传输线的基本理论

在低速系统中可以把互连通路建模成集总线路,因为低速信号系统中芯片中的延时会比 PCB 走线延时大得多,这样的设计基本上是从系统设计师的手绘电路板的粗略图开始,然后通过全局性的有依据的推测,得出假想中的输入/输出定时约束。对于 FPGA 的设计来说,设计工程师很少考虑引脚配置问题,通过布局布线软件自动运行得出最后的版图,然后直接交付,因为这些都是可行的。

在高速系统中,芯片之间的延时相对于 PCB 走线延时来说已经小了很多,这样 PCB 走线延时就变得很突出,因而 PCB 上的延时变成了总的时序容量的重要部分。PCB 的结构、PCB 的走线趋势以及 PCB 的叠层都是设计时必须要考虑的。

典型的 PCB 板用铜来作为传输线的基本物质,用 FR4 作为介质。处在 PCB 表层的传输线是微带线(microstrip);为了改善信号完整性,有些设计会在 PCB 表层把传输线潜入到介质中,这种微带线就叫作埋层微带线(Buried microstrip 或者 embedded microstrip),否则就叫作不埋层微带线;在 PCB 内层的传输线叫作带状线(stripline)。图 11-6 为 PCB 叠层和传输线示意图。

第 11 章 CPLD/FPGA 系统设计

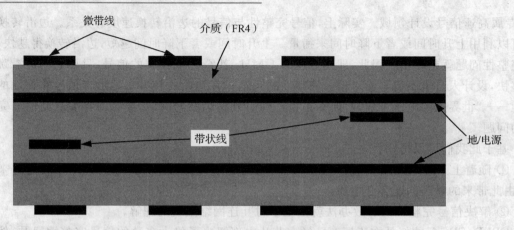

图 11-6 PCB 叠层和传输线示意图

数据在传输线中的传输需要一个过程,相应的参数就是传播延时(Propagation Delay)。当数字信号的边沿变化率小于该传播延时时,传输线效应就会对信号产生明显的影响,而不像低速系统中那样可以把起点和终点看成是一个时刻。从图 11-7 中可以看出,整个数据传输就像水波沿着水管流动一样,当某个时刻电流到达传输线的某个点的时候,便在那里形成了一个电压,在这个点之后到达的信号点的电压依旧会是 0。

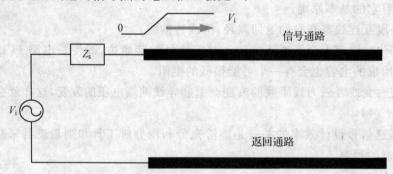

图 11-7 数字信号在传输线网络中的传播

信号在信号通路中流动时,对应信号通路有一条返回通路,一般返回通路是地和电源。信号会寻找最短的路径回到返回通路中,如图 11-8 所示。

电流从信号通路返回到返回通路时就会产生电场,从而形成了电势差。信号传输到某点,某点的电压就为 V_i,返回通路为 0 V。当电流通过导线时,电流又在导线周围产生了磁场,因此传输线周围围绕着电场和磁场。信号在传输线中的传播就是以电磁场的形式在信号通路和返回通路之间进行传播。由于介质并非完全绝缘,导线也并非完全导通,所以传输线上长度为 dz 的横截面微元的等效电路模型如图 11-9 所示,称之为 RLCG 元件。

传输线的特征阻抗表示为传输线上任意点的电压与电流之间的比值,即 $Z_0 = V/I$。传输线的特征阻抗建模可以有两种表示方式:一种就是在 RLCG 元件后端接一个阻抗为 Z_0 的电阻,另一种就是无限长的传输线。通过计算推导,我们可以得出特征阻抗的公式为:

$$Z_0 = V/I = \sqrt{\frac{R + j\omega L}{G + j\omega C}}$$

其中,R 的单位是 Ω/单位长度,L 的单位是 H/单位长度,G 的单位是 S/单位长度,C 的单位是

F/单位长度,ω的单位是 rad/s(弧度每秒)。

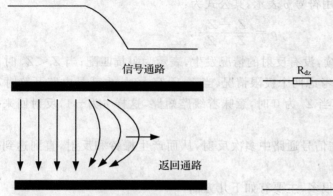

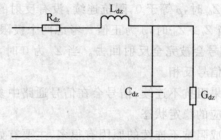

图 11-8 信号的传播与返回通路　　　图 11-9 RLTG 元件示意图

因为 R 和 G 都比较小,所以有时在近似计算中采用公式:

$$Z_0 = V/I = \sqrt{\frac{R+\mathrm{j}\omega L}{G+\mathrm{j}\omega C}} \approx \sqrt{\frac{L}{C}}$$

微带线的特征阻抗的近似计算公式如下:

$$Z_0 \approx \frac{87}{\sqrt{\varepsilon_r + 1.41}} \ln\left(\frac{5.98H}{0.8W+T}\right) \quad 当\ 0.1 < W/H < 2.0\ 且\ 1 < \varepsilon_r < 1.5\ 时有效$$

式中,ε_r 表示介质常数,W 表示传输线的宽度,H 表示传输线的厚度。

对称的带状线的近似计算公式为:

$$Z_0 \approx \frac{60}{\sqrt{\varepsilon_r}} \ln\left(\frac{4H}{0.67\pi(0.8W+T)}\right) \quad 当\ W/H < 0.35\ 且\ T/H < 0.25\ 时有效$$

式中,ε_r 表示介质常数,W 表示传输线的宽度,T 表示传输线的厚度,H 表示参考面之间的距离。

11.2.3 反射与阻抗匹配

图 11-10 表示信号从一个器件传送到另外一个器件的过程中,如果信号经过的路径阻抗不连续就会产生反射。

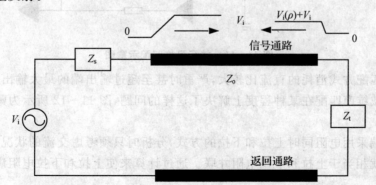

图 11-10 反射示意图

第11章 CPLD/FPGA 系统设计

当信号从特征阻抗为 Z_0 的网络进入到 Z_t 的网络时,由于 $Z_t \neq Z_0$,所以会在阻抗不连续的位置产生反射。反射的强度用符号 ρ 表示,其公式为:

$$\rho = \frac{Z_t - Z_0}{Z_t + Z_0}$$

当 $Z_t = Z_0$ 时,ρ 等于 0,阻抗连续,没有反射的情况发生,表示为阻抗匹配;当 $Z_t < Z_0$ 时,ρ 为负值;而当 $Z_t > Z_0$ 时,ρ 为正值。考虑两个极限情况,当 Z_t 无穷大时,也就是电路开路时,ρ 近似为 1,信号会被完全反射回去。当 Z_t 为 0 时,意味着线路短路,这样 ρ 为 -1,反射回来的信号将与原信号反相。

如果阻抗不连续,信号会在信号通路中多次反射,从而产生振铃和反射,直到达到一个直流解对应的稳定状态。

造成阻抗不连续的原因有很多,主要有如下几方面:
① 线宽改变;
② 走线与参考面的间距改变;
③ 信号换层、过孔;
④ 连接器;
⑤ 回路存在缺口;
⑥ 走线分支。

因此,在 FPGA 的系统设计中需要专门针对阻抗匹配进行设计,尽量满足阻抗连续。一般有两种阻抗匹配的方式:并行匹配和串行匹配。

1. 并行匹配

图 11-11 表示一个最简单的并行匹配,它就是在接收端增加一个与信号在传输线上传输时的特征阻抗大小一样的匹配电阻 R_T 到交流地(Ground 和 Power),就可以实现被接收端完全吸收而不会被反射。

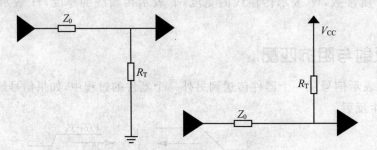

图 11-11 并行阻抗匹配示意图

但是这种匹配方式消耗的直流比较大,严重时甚至超过输出端的最大输出电流,所以一般不推荐采用。戴维南匹配在某种程度上解决了这样的问题,图 11-12 所示为戴维南匹配的基本结构图。

它在接收端采用电阻同时上拉和下拉的方式,分析时只须考虑交流的状况,因此戴维南匹配的等效电路就相当于上拉和下拉电阻并联。通过计算来使上拉和下拉电阻满足阻抗匹配的要求,公式如下:

$$Z_0 \approx \frac{R_{TH} \times R_{TL}}{R_{TH} + R_{TL}}$$

图 11-13 是一种交流匹配示意图，它本质上是另外一种并行匹配，只是它没有直流功耗输出，其原因在于在普通并行匹配的基础上再增加一个电容。在这个匹配中接收端的匹配电阻依旧等于传输线的特征阻抗，而电容值的选择则需要根据实际情况来进行。

2. 串行匹配

如图 11-14 所示，串行匹配不同于并行匹配，并行匹配的电阻会直接接到交流地，而串行匹配的方式则是在发送端串联一个电阻 R_T，其大小加上源端输出阻抗应该等于传输线的特性阻抗。由于串联的关系，信号经过串联电阻 R_T 后幅度便会被消减到一半，信号接着在传输线中传输直到接收端。接收端的输入电阻一般看成是无穷大从而产生全反射，将信号的幅值提高一倍达到正常水平，然后信号在源端被完全吸收。

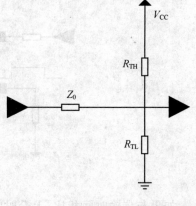

图 11-12　戴维南阻抗匹配示意图

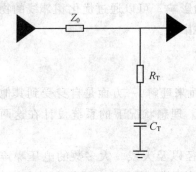

图 11-13　交流匹配示意图

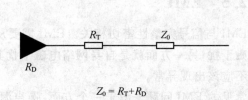

图 11-14　串行匹配示意图

3. FPGA 内部终端阻抗

随着芯片复杂度越来越高，引脚越来越多，给每一个引脚进行外部的阻抗匹配已经不现实。目前很多芯片组已经把终端电阻做到了芯片里面。对于有些 FPGA 来说也不例外，它们包含有 DCI(Digital Controlled Impedance)的功能。

DCI 在输入端和输出端都可以使用，还可以配置成并行或串行方式。更重要的是，这些阻值可以由用户完全自行定义。

11.2.4　串　扰

串扰(CrossTalk)是指两个相邻信号走线之间，一条信号线上的电流发生变化会引起另外一条信号线上的电流跟着发生变化，从而产生噪声电流，如图 11-15 所示。串扰有近端串扰(Near-end crosstalk)和远端串扰(Far-end crosstalk)之分。近端串扰是指在驱动端看到的串扰，而远端串扰则是指远离驱动端看到的串扰。

串扰是相邻导线之间互容和互感的结果，它们之间的噪声幅度取决于互感和互容的值。如果感性耦合噪声处于主导地位，这种串扰就会被归为开关噪声、地弹、SSN 等噪声。

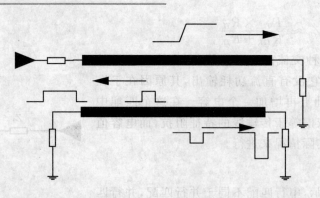

图 11-15 串扰示意图

如果与传输时间相比,上升时间/下降时间较短,那么近端串扰与上升时间无关;而如果上升时间/下降时间较长,则近段串扰与上升时间有关。不过不管怎样,远端串扰与上升时间/下降时间都有关。

串扰可以累加。近端串扰累加的结果就是宽度不断变宽,而远端串扰累加的结果就是幅度不断增加。

要减小串扰的影响就要减小容性耦合和感性耦合的影响。可以通过优化相邻线的物理设计、使用介电常数较小的材料、缩短互连线等方式来减小串扰。

11.2.5 EMI

EMI 与信号完整性密切相关。EMI 需要从两个方面来理解:一方面是自身受到其他网络的电磁干扰;另一方面就是自身网络电磁干扰其他网络。理想状况下的系统设计在这两个方面都不应该出现异常。

常见的 EMI 问题来源于三个方面:噪声源、传播路径以及天线。大多数的电压噪声源来自电源和分配网络,因此需要对电源完整性设计方面有特别的要求。时钟频率越高,EMI 问题就越容易产生。

通过屏蔽等方式可以减弱 EMI 的作用。高速信号远离电源可以有效地防止 EMI 对高速信号的干扰。

11.2.6 芯片封装

芯片封装是集成电路的支架。芯片封装涉及到信号的电气连接、物理连接以及热设计。封装不同,所适合的场所也就不同。

芯片封装可以分为芯片到封装上的连接、封装上的连接以及封装上到 PCB 板上的连接。芯片到封装上的连接一般采用丝焊和倒装焊的方式。丝焊的芯片封装的 I/O 引脚只在芯片的边沿,它的价格低廉、工艺简单,但是会引进大量的串扰,影响信号完整性。而倒装焊芯片的 I/O 引脚在整个芯片的表面,它的串联电感会比丝焊小很多,串扰效应可以忽略,而且可以减小芯片尺寸,但是物理连接和散热设计不会很理想。从芯片上的信号布局连接来看,芯片商的信号布局方式可以分为阻抗受控方式和阻抗不受控方式,高速数字设计一般采用阻抗受控方式。封装到 PCB 板上的连接有很多种,如导线架、BGA、LGA 等。

尽管 CPLD/FPGA 芯片封装在出厂时就已经固定好,但是 CPLD/FPGA 设计者依旧需要了解芯片封装对信号完整性和热设计的影响,从而更好地控制信号完整性和功耗散热方面的设计。

11.2.7 信号完整性的工具

要确保信号的完整性能够符合设计的要求,一般都会要求有严格的测试和仿真。测试通过示波器等仪器(目前世界上主要的示波器厂商有泰克、安捷伦和力科等)来实际测量并显示信号质量,仿真则是通过构建系统模型来观测信号的质量。

对于信号建模一般采用两种方式:SPICE 模型和 IBIS 模型。SPICE 模型是晶体管—电容—电阻级别的,IC 设计公司并不想让客户知道这么多的信息,特别是不想让竞争对手知道;另外 SPICE 模型可能会消耗很多的时间。IBIS 模型则是在行为级建模,制程方面的信息就会被屏蔽,但只有在高速的情况下,其建模结果才是精确的。因此,目前这方面的模型标准一直在进行中——包括 2002 年后期提出来的增强型 IBIS 模型、BIRD75 等。

11.3 高速设计与 SERDES

现代电子系统的信号越来越高速,包括信号完整性在内的高速设计越来越成为一个专门的电子设计课题。FPGA 在追求功能日益丰富的同时,解决高速设计方面也是需要重点考量的内容之一,特别是在现在的网络、视频、存储协议(如 PCIE-3.0、USB 3.0、SAS 等)其信号速度已经达到或者将要达到 10 GHz 水平的情况下。不论对于数字芯片设计者、电路设计者,还是布局布线工程师或者 SI 工程师,这都是一个前所未有的挑战,对仪器仪表厂商也不例外。过去不需要考虑的情形现在必须一一考虑在内。不过本质上,高速设计的主要目标就是满足信号完整性的要求。

11.3.1 高速设计的基本原则和注意事项

高速设计的基本原则就是确保信号能够满足信号完整性的要求,能够将信号准确无误地从源端发送到目的端并且被目的端准确接收。

板级系统的高速信号设计主要涉及到的是高速 PCB 的设计。一般需要从以下几个方面进行考虑。

① 高速信号尽量不要靠近电源模块,防止产生 EMI。

② 高速信号一般以带状线的方式走内层,而系统控制方面比较慢速的信号以微带线的方式走表层。

③ 高速信号尽量不要换层。

④ 高速信号需要有终端匹配的,如果采用并行匹配,则电阻需要放置在接收端引脚附近,如果没有位置可以放置,则可以采用图 11-16 的 fly-by 的方式;如果采用串行匹配,则串行电阻需要靠近源端引脚位置放置;如果有多个接收端的布线就采用 fly-by 的方式。

⑤ 差分高速信号要注意信号平行等距。

⑥ 非高速信号的输出信号斜率可以设置为慢。

⑦ 尽量把不使用的信号设置成输入或者输出信号,除非有特别要求。

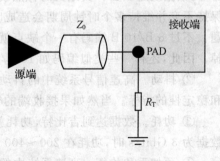

图 11-16 Fly-By 方式

11.3.2 SerDes

在 SerDes 出现之前,大量数据的传输通常采用的是并行传输的方式,这是一个很自然的方式。在同一个时钟的作用下,一组数据通过一个数据总线——或者 8 bit、16 bit、32 bit 甚至是 64 bit——同时传送出去,从而在一个时钟作用下就可以传送 8 到 64 个数据给接收端,比如 PCI、PCIX 等协议。随着时钟信号频率的不断提高,随之而来的就是要确保数据能够正确接收的前提下发送数据。数据要能够正确地接收,其根本就是确保数据的建立时间和保持时间必须满足设计的要求。此时的瓶颈在于随着时钟频率的不断提高,建立时间和保持时间的裕量就越来越小,再加上数据总线上各数据信号之间的偏斜,这样如果时钟频率达到一个极限,数据便无法正确接收。

因此,如果需要进一步提高信号传输速度,就需要重新对基本物理拓扑进行设计——不再采用并行传输的方法而是采用串行传输的方式,传统上采用时钟和数据分开并同步的设计被现在时钟嵌入到数据中的方式所取代,通过源同步的方式把数据发出来,在接收端再解开——采用这种原理来实现的集成电路就是 SerDes,比如 PCIE、SAS 等。SerDes 其实包含了两部分:Serializer 和 Deserializer。发送端通过把并行数据和时钟串行化发送给接收端,接收端通过一个 CDR 的时钟数据恢复器来把时钟和数据分开,并通过一定的解码方式对数据去串行化得出正确的数据。

最早的 SerDes 应用于广域网通信领域(比如 SONET 和 SDH),然后慢慢渗入到了局域网通信,接着随着半导体技术的蓬勃发展,计算机领域也在不断进步,原先基于 PCI 的计算机架构也开始进入了 PCI-E 架构的时代,而 PCI-E 协议的物理层采用的正是 SerDes 原理。目前 PCI-E 得到了蓬勃发展,PCI-E 3.0 的速度甚至达到了每通道 8G 的速率水平。

图 11-17 是 SerDes 的基本结构原理图。

在发送端对并行的数据进行 8 B/10 B 编码,然后和时钟发生电路产生的时钟一起串行化,最后通过一个差分发送器把数据发送出去;在接收端串行的数据通过一个解串器和时钟恢复电路来实现数据和时钟的分离,同时通过一个 8 B/10 B 解码器最后得出纯粹的数据。

在 SerDes 中,需要注意几个方面的设计要求。

① 8 B/10 B 编码。所谓的 8 B/10 B 编码就是将一个 8 bit 的数据采样编码法则变成 10 bit 的数据发送出去。其最大的特点就是没有连续的 5 个 0 或者 5 个 1。在高速信号中,1 和 0 保持不变并维持多个时钟周期会造成时钟抖动或者时钟偏斜等问题,而且容易产生 EMI 的问题。不过 8 B/10 B 编码有一个缺点就是它的最大数据利用只有 80%,另外 20% 被白白浪费掉。因此,还有一些类似编码如 10 B/12 B、64 B/66 B 等方式进行改进。

② 抖动。高速信号系统中的抖动是一个不容忽视的重要参数,它是衡量系统发送一致性和稳定性的指标。当然如果接收端的容忍度越高,那么可以存在一定的抖动。

③ 功耗。数据达到吉比特,功耗就不能不考虑,数据速率越快,功耗越高。一般单通路的数据为 3 Gbit/s 时,功耗在 200~400 mW 之间。

④ 预加重和均衡。高速系统中的数据传输会导致高频分量的衰减,甚至会导致接收端无法正确接收数据。为了解决这一问题,在数据的发送端通过预加重的方式来实现对高频分量的补偿。这样数据到达接收端时能够保持高频和低频均衡,信号失真度小。预加重要有个度,否则就会过犹不及。同时预加重会加大功耗。均衡则是在接收端通过数字处理的方式来校正

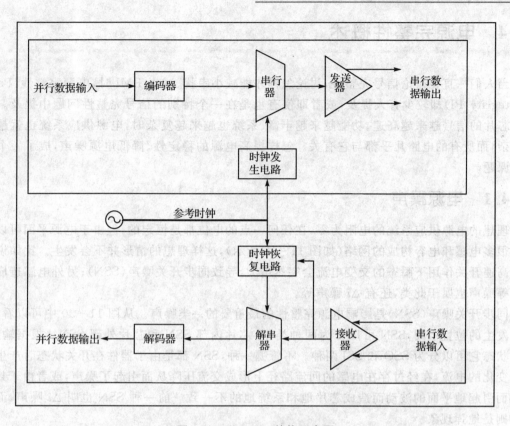

图 11-17 SerDes 结构示意图

失真。

⑤ 眼图。图 11-18 是一个典型的高速信号眼图。眼图因为长得像人的眼睛而得名,它是测试高速信号的一个基本模块。通过眼图可以看出信号的基本参数,比如抖动、幅值等。

眼图一般要求腰细,因为这一部分表示信号的抖动,越细信号的稳定性就越强。另外眼睛要睁开,这样表示信号的差分幅值比较好。通常是眼睛睁得越开,信号就越好。

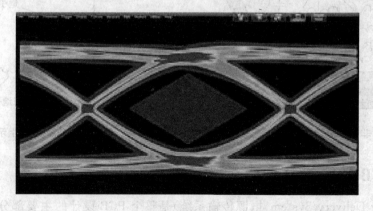

图 11-18 眼 图

目前几乎所有中高端的 FPGA 都集成了 SerDes,FPGA 设计者可以自行调用它们进行设计。

11.4 电源完整性概述

当人们一直在讨论信号完整性,讨论怎样才能减小串扰、减小 EMI 时,电源完整性(Power Integrity,PI)却较少有人提及,或者即使有也是在一个特别的信号完整性问题中提及。但是当芯片的信号越来越高速、功能越来越丰富、系统也越来越复杂时,电源供应系统也就越来越复杂,而所有的电路几乎都与它有关。怎样提高电源的稳定性、降低电源噪声,成了一个专门的课题。

11.4.1 电源噪声

理想的电源供应系统的电阻为零,在任何一点的电位都是恒定的,但由于电源平面可以看成是很多电感和电容构成的网络(如图 11-19 所示),这样理想的情形并不会发生。比如说在器件高速开关作用下瞬态的交变电流会突然增大,导致同步开关噪声(SSN);另外电感造成的地弹等噪声也属于此类,还有 Δi 噪声等。

同步开关噪声(SSN)是影响电源完整性的最重要的一类噪声。从图 11-20 中可以看出,由于发生的位置不同,SSN 可以分为两种类型:芯片内部 SSN 和芯片外部 SSN。根据输入/输出状态它可以分为 SSO 和 SSI 两种。不管哪一种,SSN 都是由于器件在开关状态时产生了瞬间变化的电流,在经过存在电感的回流路径上形成交流压降从而引起了噪声,或者由于封装电感而引起地平面的波动而造成芯片地和系统地的不一致。前一种 SSN 也叫 Δi 噪声,而后一种则是地弹现象。

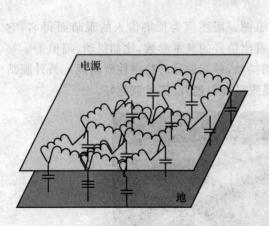

图 11-19 非理想电源系统等效模型

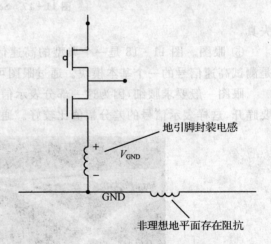

图 11-20 SSN 产生示意图

11.4.2 PCB PDS 设计技巧与挑战

PDS(Power Delivery System,电源传输系统)是整个 PCB 设计的主要部分之一。从频域的角度来看,PDS 要求在低于目标阻抗频率下工作时的阻抗不能高于目标阻抗,否则就会引起电压波动,如图 11-21 所示;从时域的角度来看,PDS 的特征在器件的规则书中已有清楚的说明,如 V_{CC} 的最大偏移值是 10%,也就是说如果 V_{CC} 为 1.8 V,那么 V_{CC} 容许在 1.62 V 和

1.98 V 之间漂移。

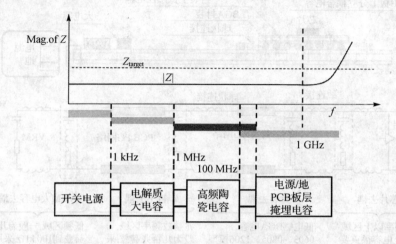

图 11-21　PDS 特征阻抗示意图

　　高速电路系统中的 PDS 通常分为芯片、集成电路封装结构和 PCB 这 3 个物理子系统。芯片上的电源栅格由交替放置的几层金属层构成，每层金属由 X 或 Y 方向的金属细条构成电源或者地栅格，过孔则将不同层的金属细条连接起来，一些高性能的芯片的内核和 I/O 的电源供应都集成了许多的去耦电源；图 11-22 为典型的集成电路封装结构的示意图，它恰如一个缩小了的 PCB 系统，有几层形状反复的电源或地平板，在封装结构的上表面通常会留有去耦电容的安装装置；图 11-23 则是整个 PDS 的基本示意图，可以看出 PCB 通常含有连续的面积较大的电源和地平面、大大小小的分立去耦电容元件以及电源调整模块（Voltage Regulator Module，VRM）。

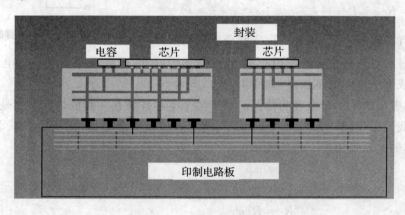

图 11-22　封装的基本结构

　　由于 CPLD/FPGA 的芯片结构及其封装结构在出厂之前就已经固定，所以本节我们主要讨论 PCB 对 PDS 的影响。PCB 对整个 PDS 的影响主要有如下三个方面：去耦电容、过孔以及 PCB 本身堆叠的厚度。
　　去耦电容是整个 PDS 系统中必不可少的部分，它的容值大小、在 PCB 板上的位置摆放以及被使用的数量都直接影响到整个 PDS 系统的稳定。从图 11-21 中我们可以看到，整个 PDS 中的电源需要在 DC 直流到几百、几千赫兹的频率下保持恒定，甚至需要在几百兆赫兹下

第 11 章 CPLD/FPGA 系统设计

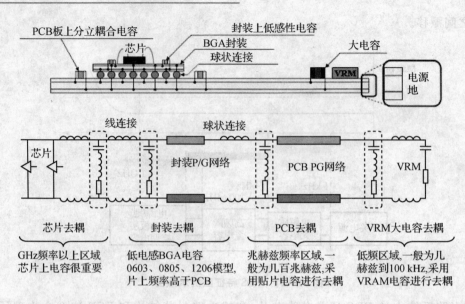

图 11-23 PDS 基本结构示意图

同样稳定。低频的情况下去耦电容基本上保持容性,而一旦进入高频阶段,电容就需要采用等效电容来进行 PDS 分析。从图 11-24 中可以看出,整个电容就等效成了一个理想电容、ESL(Equivalent Series inductance,等效电感)和 ESR(Equivalent Series Resistor,等效电阻)的串联,其表现形式如图 11-25 所示。整个特征阻抗 Z 就可以用如下公式表示:

$$Z = R + j\omega L + \frac{1}{j\omega C} \quad (\omega = 2*\pi*f)$$

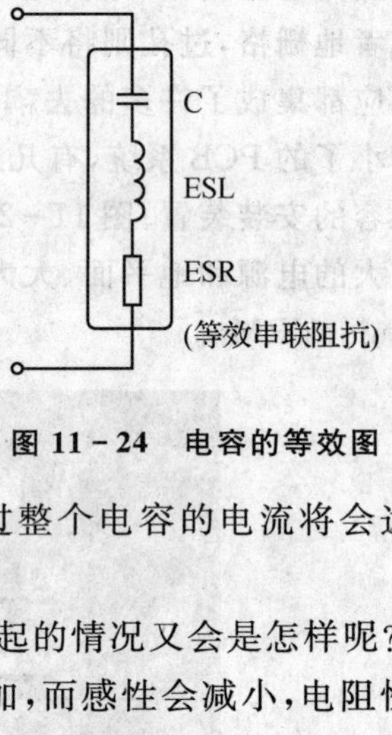

随着频率的增加,一旦 $\omega L = 1/j\omega C$ 就会出现共振,整个电容就呈现纯阻性,也就是整个特征阻抗就直接等于 ESR,这样流过整个电容的电流将会达到最大,从而造成整个电源的不稳定,如图 11-26 所示。

图 11-24 电容的等效图

以上我们考虑的是单个电容的情况。对于多个电容并联在一起的情况又会是怎样呢?为了简单起见,我们采用同样大小的电容。并联的电容的容性会增加,而感性会减小,电阻性也会减小。具体的关系可用如下公式表示:

$$C = nC$$
$$L = L/n$$
$$R = R/n$$
$$Z = R/n + j\omega L/n + 1/j\omega nC$$

通过对公式的化简,我们知道共振频率一直没有变化。从图 11-27 中可以看出,相对于单个电容来说,整个 PDS 中的电容性增加了,而电感性和 ESR 都降低了,这样整个阻抗响应曲线相对于单个电容来说就显得更加平坦。

现实中的电容因为工艺或者制程等原因不可能所有参数都是相同的,我们可以观察图 11-28 所示的一种情形即 $C_1 > C_2$、$L_1 > L_2$ 来看整个电容的阻抗响应曲线。

从图 11-28 中我们可以看出阻抗的实部和虚部的分布情况。令虚部为零,也就是共振产

第 11 章 CPLD/FPGA 系统设计

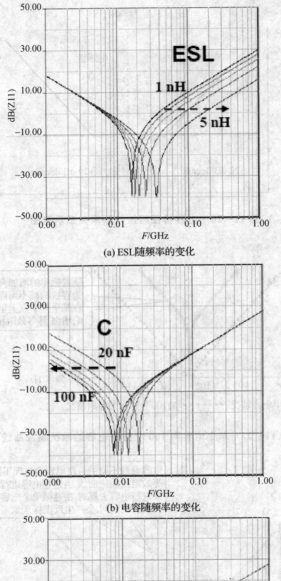

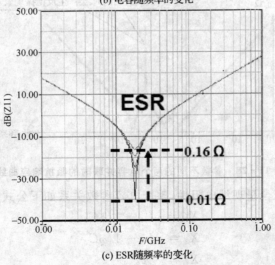

图 11-25 ESL、电容和 ESR 随着频率的改变示意图

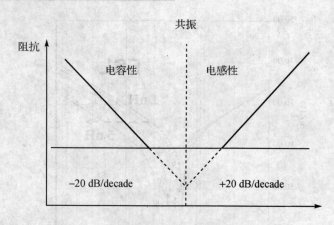

图 11-26 电容特征阻抗与频率关系示意图

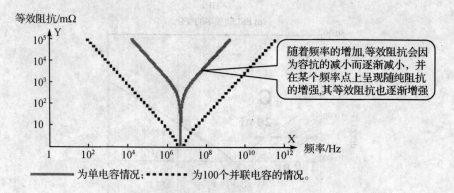

—— 为单电容情况; ---- 为100个并联电容的情况。

图 11-27 单个电容和 100 个并联电容的阻抗响应曲线

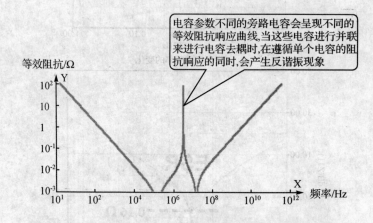

图 11-28 参数不同的两个电容并联时的阻抗响应曲线

生时,整个特性阻抗就完全呈现纯电阻性,整个电容参数关系如下公式所示:

$$X_1 = \omega L_1 - 1/\omega C_1$$
$$X_2 = \omega L_2 - 1/\omega C_2$$
$$X_1 = -X_2$$
$$R^2 = X_1 X_2$$

R 永远都不会为负值,如果 R 为零,那么 $X_1 = -X_2$ 就代表了两个电容共振频率的一个极点。而第二个表达式如果需要被实现,则表明 X_1 和 X_2 的极性相反,大家可以具体进行分析。

去耦电容在整个 PDS 系统中的位置不同则需要不同的设置。由于电源调整模块 VRM 输出的电流一般都是通过金手指或者电源总线连接到 PCB 主板上的,这些总线的噪声一般都在几赫兹(Hz)到 30 kHz 之间,因此在电源调整模块 VRM 端去耦电容的大小一般考虑在 100~1 000 μF 之间。为了使整个电源阻抗低到能够满足整个主板的提取电流 ΔI_{TB} 和最大的电压噪声容限 $\Delta V_{maxnoise}$,所以需要先确定这两个参数,然后采用如下公式来计算出最大的阻抗:

$$X_{max} = \frac{\Delta V_{maxniose}}{\Delta I_{TB}}$$

同时为了计算出 PDS 上需要的电容的数量和大小,我们也可以估算出整个电源的电感 L_{PS},它也可以被用来计算整个电源的有效频率。

PDS 的终端就是各种数字或者模拟元器件。数字元器件维持和转换各种数字状态或者 I/O 引脚驱动时会有较高的频率要求,根据电容的计算公式我们可以得出电容的大小如下:

$$C = \frac{1}{2 f_{pB} Z_{max} \pi}$$

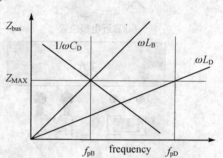

图 11-29 特征阻抗与去耦示意图

结合图 11-29,我们的目的就是使电容能够在 f_{pB} 和 f_{pD} 之间的任何频率下工作。比如给 74LVC04 芯片设计耦合电容,我们先从 74LVC04 的数据手册可以看出在 $V_{CC} = 2.7$ V 的时候,在最坏的情况下 74LVC04 的每个输出最大有 12 mA 的电流输出,因此整个 $\Delta I = 12$ mA$\times 6 = 72$ mA。假设整个 ΔV 从 10%~90% 是 2.16 V,而且整个切换时间为 1 ns,那么最小的去耦电容容值就是:

$$C_{min} \approx \Delta I \times \frac{\Delta t}{\Delta V} \approx 72 \text{ mA} \times \frac{1 \text{ ns}}{2.16 \text{ V}} \approx 3.3 \text{ pF}$$

但是实际上我们考虑的电压降或者说是噪声是由驱动电流引起的,因此 ΔV 应该采用 $\Delta V_{maxnoise}$,通过查询数据手册可知为 50 mV,那么重新计算后得出的电容为:

$$C_{min} \approx \Delta I \times \frac{\Delta t}{\Delta V} \approx 72 \text{ mA} \times \frac{1 \text{ ns}}{50 \text{ mV}} \approx 1.44 \text{ nF}$$

如果我们仅仅采用 33 pF 的电容来去耦,那么当 6 个输出同时切换时,电流会直接通过电容从而使整个电压拉到地,而如果采用 1.44 nF,整个电压只会抖动 50 mV 左右。

主板上会有许多的芯片,我们需要明确知道每一个芯片引脚的电流驱动,上升时间 Δt 和 $V_{maxnoise}$。一旦我们得到了这些数据,我们就可以计算出电容大小,从而确保整个系统的特征阻抗不会超过共振点时的 Z_{max}。

以上主要讲述了源端和目的端去耦电容的设计。在传输路径中整个 PDS 就是在一个很大的 PCB 上进行,这一个级别基本可以考虑采用中频(10~100 kHz)去耦电容来实现去耦。去耦电容的计算不再像在目的端时需要考虑每一个元器件的驱动,而需要考虑整个芯片层级,比如 PCI-X 处理器芯片有核心模块、存储模块和 PCI-X 工作模块,不同的模块都有不同 Δt 和不同的工作频率。计算去耦电容容值需要考虑的是最大的那一个 Δt 和不同的工作频率。

去耦电容在 PDS 系统中的摆放是一个很重要的课题。摆放不当,即使计算出来的结果是正确的也不能满足设计的要求。图 11-30 所示为几种不同的电容摆放的方法和注意事项。

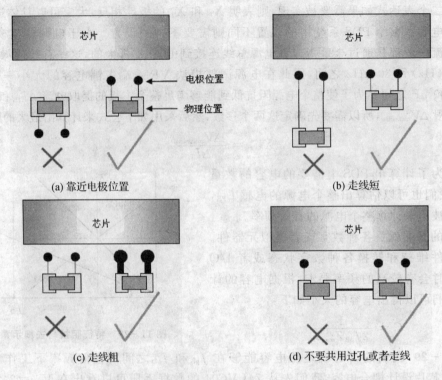

图 11-30 电容设计时候在 PCB 的摆放要求

图 11-31 是过孔(Via)的基本示意图,过孔是 PDS 系统中另一个重要的因素,目前几乎没有不过孔的 PCB 板。随着工艺的发展,PCB 的面积越来越小,集成度越来越高,PCB 的叠层也就越来越厚,信号从一层到另外一层就需要通过过孔来进行连通。另外,目前很多的芯片都是 BGA 封装,信号从芯片绕出来或者把外界的信号输入到芯片中都需要直接通过过孔传送。

图 11-31 过孔示意图

过孔由三个方面组成:一个是围绕着钻孔的圆柱状的传导物质,我们称之为 Barrel;一个用来连接 Barrel 到元器件、PCB 叠层或者 PCB 中走线的传导物质,我们称之为 Pad;还有一个就是用来隔离过孔与不要相连的金属层之间的绝缘物质,我们称之为 Antipad。过孔可以用来连接不同的金属层,比如 10 层的 PCB 堆叠中采用 4 层地,那么这些地就可以通过过孔直接连接起来,从而使整个 PCB 的地平面维持在同一个水平位置;过孔也连接不同层之间的信号线,比如 BGA 芯片上的数据总线通过过孔直接进入内层,然后通过内层走线到达目的端芯片,再次通过过孔直接连接到目的端的 BGA 芯片;同样,过孔可以直接连接元器件。

从图 11-32 中可以看出,过孔有很多种形式,如直接从顶层穿越到底层的过孔、有完全埋在内层的过孔、也有没有穿过整个 PCB 的过孔。

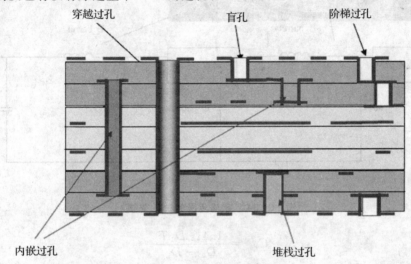

图 11-32 过孔的不同形态

如果信号在过孔的延时大于信号上升时间的 1/10,则过孔需要采用图 11-33 和图 11-34 的方式建模。

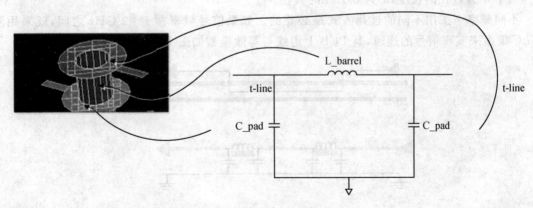

图 11-33 过孔在相邻两个金属层中的建模

过孔的电容性过大会造成信号的斜率变缓;信号的电感性变强,会直接导致信号完整性的降低。如果不注意处理过孔本身的电容性和电感性,就会对整个 PDS 的稳定产生影响,过孔的寄生电容和寄生电感的经验计算公式如下:

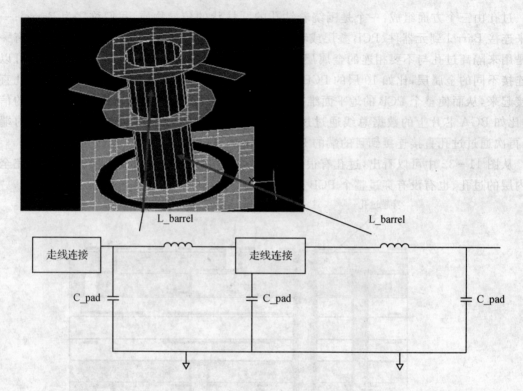

图 11-34 穿越多层的过孔建模

$$C_{\text{via}} = \frac{1.41\varepsilon_r D_1 T}{D_2 - D_1}$$

其中 D_1 是指过孔 pad 的直径,D_2 是指过孔 anti-pad 的直径,T 是指 PCB 的厚度。

$$L_{\text{via}} = 5.08h\left[\ln\frac{4h}{d} + 1\right]$$

其中 h 为过孔的长度,d 为 barrel 的直径。

不同频率下采用不同的过孔方式是必要的。如果信号频率在 1~2 GHz 之间,就采用阶梯 LC 模型来实现信号的连通,其 PCB 上走线与等效模型如图 11-35 所示。

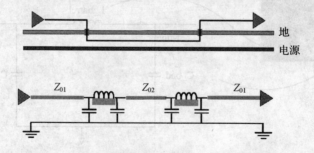

图 11-35 高频工作下的过孔形式及等效模型

如果信号速度低于 200 MHz,就可以采用如图 11-36 所示的过孔方式来实现。

过孔的孔径会直接决定所能承载的电流的大小,其经验公式如下:

$$D_{\text{rill\_Size}} = I/0.36$$

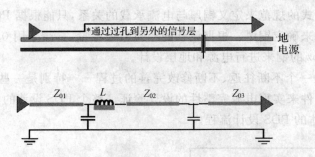

图 11-36 低于 200 MHz 的过孔形式及其等效模型

例如要设计一个能够承载 0.45 A 电流的过孔,那么其孔径大约为 12 mil(0.304 8 mm)。

FPGA 等芯片的电源和地部分的每个引脚都需要有一个满足其电流要求的过孔。如果由于 PCB 板的限制,也可以采用两个引脚共用一个过孔,但是需要做仿真。

还有一个最重要的会影响到整个 PDS 的因素就是 PCB 的堆叠及覆铜厚度。基本原则有以下三点:一是地层面积应该比电源层大;二是地层和电源层必须相对应;三是信号走线应该比电源层小。多层 PCB 的堆叠可以设计成各式各样,但是基本上不会把电源层和地层设计成在外层;有些 PCB 会根据信号的走向和多少把电源层和地层分别设计为一个完整的金属层,也有些根据具体的设计要求让信号和电源层设计在同一层。不同的设计会有不同的电流承载能力。

PCB 的载流能力取决于线宽、线厚以及温升。线越宽载流能力就越大,但是并不是代表在同样的情况下 10 mil(0.254 mm)的走线能够承受 1 A,那么 50 mil(1.27 mm)的走线就能承受 5 A 的电流。表 11-2 是来自国际权威机构提供的数据(MIL-STD-275 Printed Wiring for Electronic Equipment)。

表 11-2 PCB 载流能力与各因素之间的关系

温升	10 ℃			20 ℃			30 ℃		
覆铜厚度/oz[1]	1/2	1	2	1/2	1	2	1/2	1	2
线宽/inch[2]	最大的电流承载能力/A								
0.010	0.5	1.0	1.4	0.6	1.2	1.6	0.7	1.5	2.2
0.015	0.7	1.2	1.6	0.8	1.3	2.4	1.0	1.6	3.0
0.020	0.7	1.3	2.1	1.0	1.7	3.0	1.2	2.4	3.6
0.025	0.9	1.7	2.5	1.2	2.2	3.3	1.5	2.8	4.0
0.030	1.1	1.9	3.0	1.4	2.5	4.0	1.7	3.2	5.0
0.050	1.5	2.6	4.0	2.0	3.6	6.0	2.6	4.4	7.3
0.075	2.0	3.5	5.7	2.8	4.5	7.8	3.5	6.0	10.0
0.100	2.6	4.2	6.9	3.5	6.0	9.9	4.3	7.5	12.5
0.200	4.2	7.0	11.5	6.0	10.0	11.0	7.5	13.0	20.5
0.250	5.0	8.3	12.3	7.2	12.3	20.0	9.0	15.0	24.5

注:
1. 在 PCB 设计中,通常采用 oz(盎司)为单位来度量 PCB 覆铜厚度。
2. 在 PCB 设计中,通常采用 mil(密耳)和 inch(英寸)为单位来度量 PCB 布线的长度和宽度,其与米制长度单位之间的转换关系如下:1 mil=0.025 4 mm,1 mm=39.37 mil,1 inch=1 000 mil。

第11章 CPLD/FPGA 系统设计

目前没有一个正式的规范来定义铜厚与电流承载的关系,只能根据 PCB 设计工程师的经验和大体的设计规范来确定铜厚。根据设计的经验值来考量,一般采用 0.5 oz 的铜来进行信号走线设计,采用 1 oz 的铜来进行电源和地层设计。

PDS 设计往往是一个不断往返、不断修改完善的过程——特别是一些复杂的系统更是需要采用专门的仿真软件来实现电源完整性的设计验证。整个 PDS 设计的流程分为四大部分,图 11-37 所示为具体的 PDS 设计流程。

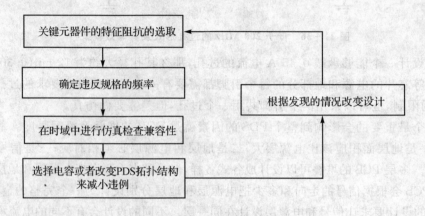

图 11-37 PDS 设计流程

11.4.3 电源完整性的基本原则和注意事项

电源完整性的基本原则就是保持电源供应系统的稳定,降低电源及 SSN 等噪声,实现低阻电源分配系统。这是信号完整性的基础,也是分析问题的前提。

要实现一个好的电源完整性设计,首先需要降低 SSN,可采取以下措施:

① 电源和地采用独立的平面实现,在 PCB 堆叠设计中,尽量做到面积相等,或者地平面的面积比电源平面面积大,同时尽量保持电源平面和地平面在堆叠中互相对应。

② 将同步翻转的信号尽量散开,不要集中在一个 bank。

③ 不用的 I/O 可以考虑作为可编程的电源和地,这样增加了参考平面,降低了电感。

④ FPGA 驱动电流设置尽量小,这样可以减小 di/dt 值,从而减小交变电压。

⑤ FPGA 输出斜率设置为 Slow,同样可以减小 di/dt 值。

⑥ 在每个电源引脚上增加去耦电容,并要尽可能地放置在电源引脚附近。去耦电容可以减少低频噪声,并且可以把平面的固有谐振频率点移到几百兆赫兹以上,这样可以确保电源的稳定。

现实中板级和芯片级的电源完整性设计都是非理想状况,也就是电源电阻无法为零。特别是有时候在设计中因为布局布线和工艺方面的原因需要切割电源,从而造成信号的参考平面出现较大的不连续的区域。根据信号完整性的基本原则,每个信号都会有一个回路,如果不合理划分电源就会造成回路长,从而导致电感增加,SSN 增大。因此如果需要切割电源,那么就必须在电源边沿增加一些去耦电容来提供跨电源平面的高速信号的一个最短回路,如图 11-38 所示。

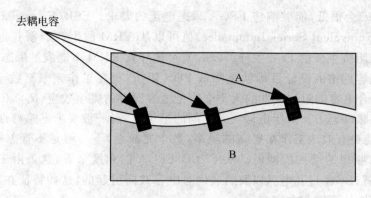

图 11-38 电源切割设计示意图

11.4.4 实例15：采用 Altera PDN 工具的电源耦合电容设计

PCB 设计者在进行布局布线之前需要进行一系列广泛的仿真。而在仿真开始之前，PCB 设计者必须估算出用来满足 PCB 电源设计的耦合电容的数量、种类以及大小等。Altera 的电源分布网络工具(Power Delivery Network,PDN)可以对所有 Altera 公司的 CPLD/FPGA 产品提供这些关键的信息。

这款工具基于 Microsoft Excel 表格而开发，根据用户提供的数据迅速地提供阻抗信息。对于一个给定的电源，PDN 工具只需要设计者提供一些基本的设计信息(例如 PCB 板的堆叠 (Stack-Up)、瞬态电流(Transient Current)和纹波(Ripple)规格)，就可以计算出它的阻抗特性(Impedance Profile)，以及为了满足目标阻抗(Z_{TARGET})而需要采用的最优化的电阻数量。这款软件同样还提供芯片级和电源级的 PCB 耦合的截止频率(Cut-off Frequency, $F_{EFFECTIVE}$)。当然，设计者需要注意的是这款工具只能提供一些最基本的估算信息，不能就此当成准确的规格。如果需要一个精确的阻抗特征，则需要通过使用一些 EDA 工具(如 Sigrity PowerSI、Asoft SIWave、Cadence Allegro PCB SI 等)进行布局布线后仿真来得到。

PDN 工具基于图 11-39 所示的电源网络拓扑进行开发。从拓扑图上可以比较清楚地看出整个电源分布网络由电源以及电源耦合电容网络两大部分组成。PDN 通过分析这个网络拓扑结构来计算得出 Z_{TARGET} 和 $F_{EFFECTIVE}$ 两个关键参数，从而得出耦合电阻的优化组合。

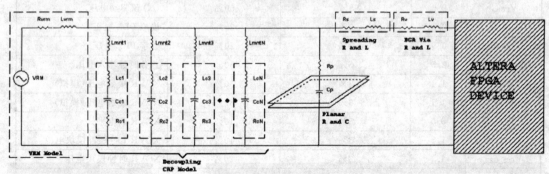

图 11-39 PDN 网络拓扑图

电源部分的电源调整模块(Voltage Regulator Module,VRM)可以被简化成一个串联电阻和串联电感加一个理想电源的模型。根据电感的特性，VRM 的特性阻抗在低频情况下(不

第 11 章 CPLD/FPGA 系统设计

超过大约 50 kHz)会很低,能够响应 FPGA 瞬态电流的要求。ESR(Equivalent Series Resistatnce)和 ESL(Equivalent Series Inductance)值可以从 VRM 的生产厂家获得。在高频情况下,VRM 的特征阻抗主要由 ESL 主导。ESL 有可能导致 VRM 不能满足瞬态电流的要求。

PCB 耦合电容网络的设计目标就是降低 PDN 阻抗,提高工作频率至数十兆赫兹。PCB 板上的分布式耦合电容的阻抗特性的大小取决于电容固有的寄生效应(R_{CN},C_{CN},L_{CN})以及电容引脚和安装电感(L_{mntN})。对于电源与地之间的平坦电容,一般要求电感特性比分布式电容网络更低,从而能更有效地工作在更高的频率(数十兆赫兹)下。但是不管怎样,PCB 的耦合电容容性会随着频率的增加而减弱。从 CPLD/FPGA 的角度来看,这是由于引脚和安装电感、PCB 分布电感、BGA 过孔电感以及封装固有电容共同引起的,这些特征在 PDN 工具中都被建模用来精确地计算耦合电容。

根据欧姆定律(Ohm's Law),电压降与相对应的电路上流过的电流大小成正比。PDN 网络电流的瞬态部分会引起电压波动,从而有可能导致逻辑和时序方面的问题。因此,需要有效减小目标阻抗 Z_{TARGET},从而使电压波动控制在规格以内。

Z_{TARGET} 通过计算规格范围之内最大的电压纹波除以瞬态电流而得出,其基本公式如下:

$$Z_{TARGET} = \frac{电压值 \times 可容许的波纹系数}{最大的瞬态电流值}$$

例如:3.3 V 的供电模块,最大的 AC 纹波为 5%,最大的电流为 2 A,其中瞬态电流为它的 50%,那么得出来的 Z_{TARGET} 是:

$$Z_{TARGET} = \frac{3.3 \text{ V} \times 0.05}{2 \text{ A} \times 0.5} = 0.165 \text{ }\Omega$$

从上述公式可以看出,要精确计算每一个电压的目标阻抗,我们需要得到两个方面的基本信息——系统中采用本电压的所有器件的最大瞬态电流要求以及电源的最大交流纹波。这些条件可以从每个器件的数据手册或者直接从生产厂商中得到。表 11-3 所列为 Altera 公司的 Stratix IV GX 系列器件在不同电压下的纹波和瞬态电流的规格。

表 11-3 Stratix IV GX 器件纹波与瞬态电流规格表

电源	电压/V	可容许的纹波百分比(±)	瞬时电流百分比	注 释
V_{CC}	0.9	5%	50%	核心电压
V_{CCIO}	1.2~3.0	5%	50%	I/O 电压
V_{CCPD}	2.5	5%	50%	I/O 预驱动电压
V_{CCA_PLL}	2.5	3%	20%	模拟 PLL 电压
V_{CCD_PLL}	0.9	3%	20%	数字 PLL 电压
V_{CC_CLKIN}	2.5	5%	50%	差分时钟输入电压
V_{CCR}	1.1	3%	30%	XCVR 接受电压(模拟)
V_{CCT}	1.1	3%	30%	XCVR 发送电压(模拟)
V_{CCA}	3.0	5%	10%	XCVR 高电平
V_{CCH_GXB}	1.5	3%	10%	XCVR I/O 缓冲模块电源
V_{CCL_GXB}	1.1	3%	20%	XCVR 时钟模块电压
V_{CCHIP}	0.9	5%	50%	PCIE 硬核电压(数字)
V_{CCPT}	1.5	3%	20%	可编程侦测电压
V_{CCAUX}	2.5	3%	20%	可编程侦测辅助电压

PCB 的容性效应通常会比耦合电容和片上电容要高,因此在高频的情况下采用 PCB 容性效应进行退耦处理不仅无效,不能改善 PDN 的性能,而且还会增加物料(Bill Of Materials,BOM)成本,这样 PDN 设计中就需要采用截止频率来作为设计的另外一项指标——与 PCB、包装以及封装效应都有关系。有一个比较简单的方式来确保设计能够满足它的要求,就是在截止频率下保持 PDN 的 Z_{EFF} 比 Z_{TARGET} 低即可。

对于 Altera 公司的 PDN 工具来说,它包括 9 个方面:Release Notes、Introduction、Decap Selection、Library、Plane Cap、BGA Via、Cap Mount、X2Y Mount 和 BOM 表。设计者在布局布线之前可以先不看 Plane Cap 和 Cap Mount 这两页而直接进入 Library,如图 11-40 所示。在标记的 1、2、3、4、5 处输入所设计的电容、VRM 的 ESR、ESL、L_{mnt} 等值,然后保存。

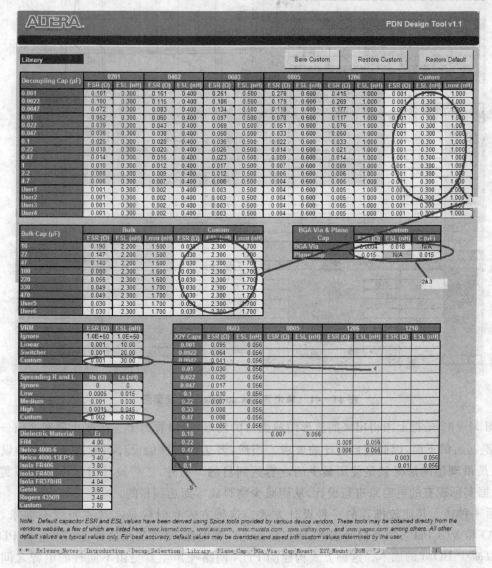

图 11-40 Library 界面

下面来分析两种不同条件下 PDN 的情况:一种是 CPLD/FPGA 的不同种类的电源引脚连接到不同的电源上;另一种是 CPLD/FPGA 的不同种类的电源引脚连接到相同的电源上。

第11章 CPLD/FPGA 系统设计

前一种情况 PDN 噪声由电源的瞬态电流引起，目标阻抗和截止频率仅仅取决于所选择的电源参数，因此设置完 Library 后直接进入 Decap Selection 界面，在图 11-41 中从上往下依次选择你所设计的 CPLD/FPGA 器件型号以及电源，设定 PDN 元件的参数，输入设计中所需要的目标阻抗和截止频率，然后生成 PCB 退耦图表。

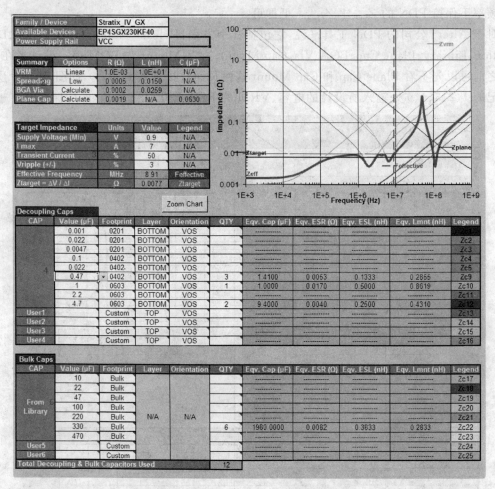

图 11-41 单电源 DeCap Selection 设置图

图 11-42 是把上图得出来的波形图放大后的情形，可以看出 Z_{EFF} 在截止频率之前一直保持在 Z_{TARGET} 的下面，因此满足设计的要求。当然，要达到这样的设计目标还有很多种设计组合，但是最理想的情况就是使用最少的电容达到目的。另外，工程设计时也需要考虑实际情况，根据实际现有的电容来进行设计，从而减少物料成本而达到目的。

后一种情形是比较推荐的一种设计方式。这种方式有时候是芯片本身就有要求，比如 VCCIO 和 VCCPD 必须是同时供电，而且必须是同种电源；另外采用这种方式来进行 PDN 设计可以减少 BOM 的成本。这种方式构建的 PDN 网络噪声主要是由不同种的电源之间的瞬态电流造成的，因而与前一种情况相比，它的设计流程不同。

如图 11-43 所示，首先通过设置电源电压、纹波等来生成 Z_{TARGET}，然后决定选择要设计的 CPLD/FPGA 器件和电源，接着选择和设置 PDN 器件的参数从而生成 PCB 退耦的图表。

第 11 章 CPLD/FPGA 系统设计

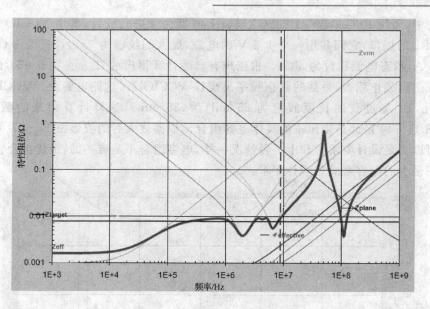

图 11-42　单电源 Z_{EFF} 波形图

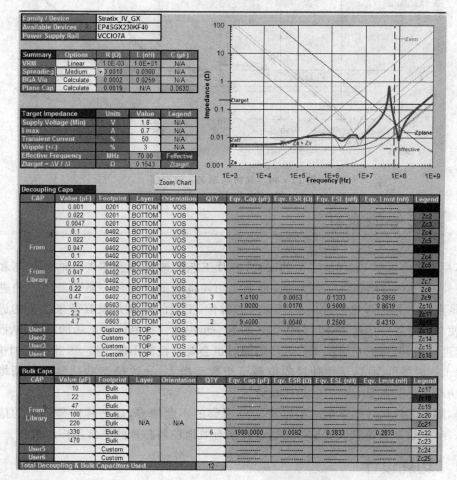

图 11-43　共用电源 DeCap Selection 设置图

第 11 章　CPLD/FPGA 系统设计

在本例中,采用 FPGA 器件 EP4SGX230KF40 器件来进行设计,其中 VCCIO 7A/7B/7C 用来作 DDR2 的接口,它们共用一个 1.8 V 的电源,最大的纹波为 3%,这三个 I/O 组的最大电流为 0.7 A,瞬态电流比设为 50%。根据现有参数计算得出的 Z_{TARGET} 为 0.154 Ω。然后检查三种电源引脚截止频率,最高的截止频率出现在 VCCIO 7A 这路电源上。VCCIO 7A 有 4 个电源过孔,BGA 过孔的长度假定为 25 mil(0.635 mm),这样计算出来的截止频率为 70 MHz,图 11-44 是计算得出来的具体电容组合。根据放大后的波形图 11-27 可以看出本电容组合可以满足设计要求。和上一种情况一样,电容组合不是唯一的,最优组合就是根据工程实际采用最少的电容来满足设计要求。

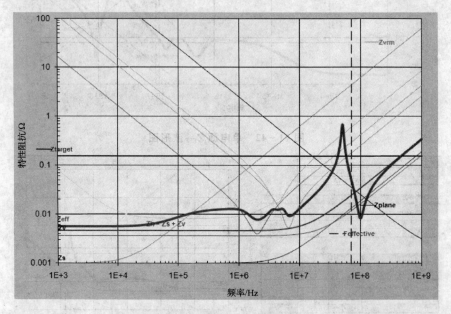

图 11-44　共用电源 Z_{EFF} 波形图

11.5　功耗与热设计

在芯片工艺停留在 130 nm 之前的时代,芯片工艺的改进就意味着性能的提高和成本的降低。另外,由于内核电压的不断降低,带来的功耗也就随之降低。而随着工艺的进一步发展,特别是现在的 FPGA 已经进入了 28 nm 的时代,工艺的提高并没有带来功耗的进一步降低,反而使功耗增加——这主要是因为工艺的进一步提高使得晶体管电场的减弱,从而使得电子移动速度减慢,但人们在追求工艺进步的同时也会要求性能不能改变,因此只有加快晶体管的开关速度同时降低 V_{TH},从而使泄露电流呈指数型增大,导致静态功耗呈指数型增加。因此,要使功耗减小就需要有专门的功耗设计。

另外,随着芯片尺寸的不断减小以及 I/O 引脚的不断增多,而芯片内部处理的信号速度也是越来越快,设计者需要认真地考虑热设计来有效地控制芯片的正常工作的温度。

11.5.1　功耗设计

FPGA 不同于 ASIC,它的上电瞬间电流比较大,这是因为在上电瞬间 FPGA 内部逻辑处于未定状态,有可能会发生电流冲突的现象。

功耗一般由三部分组成:静态功耗、动态功耗和I/O功耗。I/O功耗一般相对固定。动态功耗是指内部电路翻转时候所消耗的功耗。随着内核电压的不断降低,电压摆幅也在缩小,从而使得动态功耗也相应的降低。因此,对于目前的FPGA来说,解决静态功耗、降低静态功耗值是主要问题。

静态功耗主要受两个方面的影响:一个就是泄露电流;另一个就是器件结温。结温越高意味着功耗越大,否则越小。因此,在设计开始时就需要考虑功耗的影响。

要减小静态功耗需要从多方面考虑。首先,元件本身就需要重点选择。每一类型的FPGA的功耗不一样,不同的I/O标准也会影响到功耗本身,有些FPGA带有休眠的引脚,通过它可以使器件休眠从而降低整体功耗,而这些在设计之初就要考虑。其次,在逻辑设计时可以采用数据使能的方式来实现寄存器在空闲的状态停止跳转;采用BUFGMUX的方式来禁止处于非活动状态的功能模块停止翻转;采用优化的编码法则(如独热码)来减小状态跳转时状态位翻转频率等。但是所有的设计需要符合代码原则和时序功能要求,否则就会出现错误,如在高速时钟系统中采用门控时钟来实现功耗的降低,因为组合逻辑的不确定性导致时钟信号的偏斜,从而影响整个系统时钟的错位而使FPGA工作错误。

不同的公司都会给出一些功耗工具来使用户评估FPGA工作时的功耗。如:Xilinx就有两种功耗估算公式即基于Web的Web Power Tools的设计前工具和Xpower的设计后工具,Lattice公司采用Power Calculator功耗设计工具、Altera公司采用Powerplay Power Analyzer Tool功耗设计工具等。图11-45为基于Web的功耗估计,它可以在设计流程早期就开

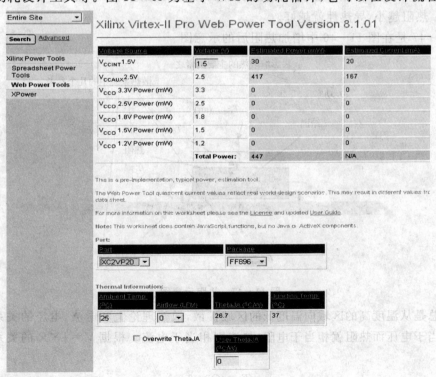

图11-45 Xilinx Web Power Tools界面

始计算器件的功耗,无须下载即可直接使用。Xpower需要在映射或者布局布线后才能对器件的功耗进行估算。

11.5.2 热设计

图11-46是芯片的散热模型。在这个模型中没有显示散热片,从图中我们可以看到芯片散热不仅与芯片本身的功耗有关,而且与芯片的封装都有关系。

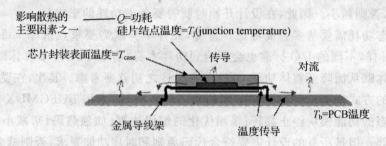

图11-46 基本散热模型示意图

芯片散热一般有三种方式来实现。第一种就是通过诸如散热片之类的方式进行散热。散热片表面积通常会比较大——有利于和空气接触而加快散热,这种方式叫作传导(Conduction);另一种方式就是通过风扇的转动等方式来加速热的传播,这种方式叫作对流(Convection);最后一种方式就是通过电磁波的方式辐射出去,这种方式的作用比较小,可以忽略。

要了解散热系统,首先需要了解热阻的概念。热阻是描述物体导热的一种能力,和电阻的定义相似。热阻越小,导热性就越好。

图11-47是在图11-46中增加热阻后的示意图。

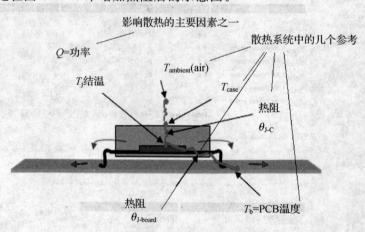

图11-47 热阻示意图

散热总是从温度高的区域向温度低的区域扩散,散热理论上和电流、电压的关系很相似,即温度相当于电压而热阻就相当于电阻,热流则相当于电流。根据$V=I\times R$的关系,我们很容易得出:

$$T = Q \times \theta$$

这样:

$$T_j - T_{case} = Q \times \theta_{J-C}$$
$$T_j - T_{board} = Q \times \theta_{J-board}$$
$$T_j - T_{ambient} = Q \times \theta_{J=ambient}$$

芯片的结温和封装温度可以从芯片手册上查到,而环境温度也可以确定,热设计的根本要求就是实际上硅片的温度不能超过硅片最大的结温。一旦大于最大的结温,设计者就需要考虑给芯片加合适的散热装置以降低实际的结温。

1. 传 导

传导是一种很常见的散热方式。只要打开自己的电脑机壳就可以看到 CPU 上面有一个厚厚的金属块,那就是所谓的散热片。散热片所采用的传热方式就是传导。

传导方式的传热效率取决于散热物质的传导率 K。散热总量还取决于散热物质的体积——芯片和环境之间的相对温度以及散热物质的形状。如果散热片采用长方体的方式(如图 11-48 所示)进行散热,则散热效率可以采用下面的公式来表示:

$$Q = (T_{hot} - T_{cold}) \times K \times \frac{\text{Area}}{L}$$
$$Q = \frac{T_{hot} - T_{cold}}{\theta}$$
$$T_{hot} = Q \times \theta + T_{cold}$$
$$\theta = \frac{L}{X \times W \times K}$$

如果采用图 11-49 所示的圆柱体散热片进行散热,则它的功耗计算公式如下:

$$\theta = \ln\left(\frac{D_0}{D_i}\right)(2 \times 3.14 \times K \times X)$$
$$T_i = Q \times \theta + T_0$$

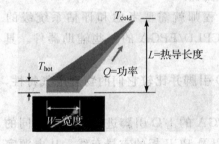

图 11-48　长方体传导模型

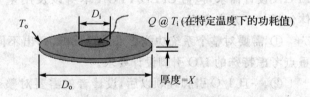

图 11-49　圆柱体传导模型

2. 对 流

图 11-50 是对流的一个基本模型。对流是另一种散热的方式,它一般采用主动的方式(如提供风扇来增加空气流动的速度)通过空气的流动带走芯片的温度来实现散热。

对流的散热效率与空气流动的速度以及相对温差成正比,一个比较简单的公式可以大致计算出它的散热功耗,其中 h 为热传导系数。

$$Q = h \times \text{area} \times (T_W - T_{ambient})$$

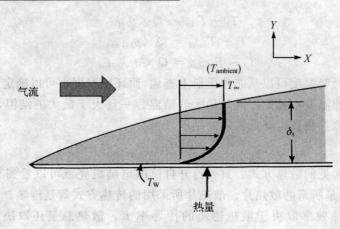

图 11-50 对流模型

11.6 PCB 设计与 CPLD/FPGA 系统设计

前面讲述了进行 CPLD/FPGA 系统设计时应该考虑的因素。当系统设计者决定要把系统的一些功能采用 CPLD/FPGA 来实现时,设计者和项目主管需要认真选择和确定每一款 CPLD/FPGA 的厂商/型号以及具体的料号,同时需要对设计的可行性进行分析,另外还需要适当地考虑 FPGA 在 PCB 板级上的线路与布局布线设计。在进行 CPLD/FPGA 可行性分析时,各家厂商的最新的 CPLD/FPGA 数据手册和应用文档是最好的老师,它可以给出每一款 CPLD/FPGA 的特征,包括电气物理特性。另外也可以联系当地的销售或者 FAE 工程师来获得必要的帮助。

图 11-51 是进行系统级的 CPLD/FPGA 设计的基本流程。

一旦选型完毕,系统工程师和 CPLD/FPGA 开发工程师就需要考虑和评估系统级的 FPGA 设计需求,包括 CPLD/FPGA 本身以及用来支援 CPLD/FPGA 的一些辅助器件。具体包括如下几个方面:

① 需要对整个系统功能要求进行分析,列出不同 I/O 引脚并比较它们的物理电气特性,重点考虑特殊的 I/O 引脚设计要求。

② 一旦 I/O 引脚理顺以后,设计者就需要对整个 FPGA 的 I/O 引脚进行划分。不同的 I/O 引脚分布会直接影响到 FPGA 内部信号的布局布线以及 PCB 板的布局布线。从电源完整性角度来看,欠考虑的 I/O 引脚分布会导致同步开关噪声等问题;从封装的角度来看,目前很多的 FPGA 芯片都是采用 BGA 封装,一般 FPGA 的引脚都有几百个,在有限的 BGA 区域中要能够很好地实现布局布线就需要很好地进行引脚分布,否则对于板级工程师来说这将会是一件费时又乏味的事情——尽管目前已经有了许多 EDA 工具来帮助他们解决这样的问题。

③ 除了 I/O 分布以外,还需要估算时钟在板级的生成分布,这些信号很容易成为 EMI 源和串扰源。从板级角度来说,为了减少这些效应可以采用带状线来进行布线;而从 CPLD/FPGA 的角度来说,可以充分利用 DCM、PLL 等内置的时钟管理模块来实现时钟信号的最优化。CPLD 一般都不具有 DCM、PLL 等时钟管理模块,因此就需要充分利用 CPLD 上专用或者复

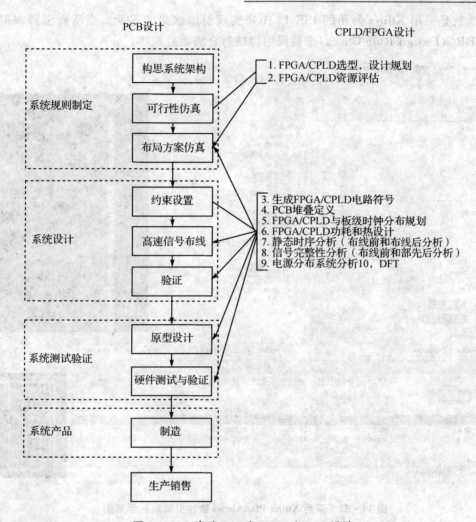

图 11-51　高速 PCB 与 CPLD/FPGA 设计

用的时钟引脚实现 CPLD 与板级时钟的互连。如果时钟信号多到没有足够的 PLL/DCM 等时钟管理模块或者时钟专用引脚而不得不采用普通的用户 I/O 时，设计者需要对相关时钟信号进行严格的约束。

④ 需要估算 CPLD/FPGA 的 DC 电源种类和电源供应情况。目前 CPLD/FPGA 越来越复杂，整个芯片需要的电源可能不止一种，如 I/O 电源、核心电源、时钟管理模块电源、配置模块电源、辅助电源、参考电源、终端电源等，同时还会涉及不同电源之间的时序要求。

⑤ 需要对整个 CPLD/FPGA 的功耗进行估算。这就需要了解整个 FPGA 核心以及外围逻辑、I/O 引脚的工作频率，通过计算得出最合适的功耗组合，从而决定是否需要有散热系统。

CPLD/FPGA 设计需求评估需要认真、仔细、详尽地考虑周全才能事半功倍。当 CPLD/FPGA 设计需求评估完毕后，CPLD/FPGA 工程师就需要开始与 PCB 工程师合作规划引脚设置，特别是电源信号、地信号、参考电压信号和配置信号等专用信号引脚。对于 PCB 工程师来说，这些工作的尽快完成有利于他们进行 PCB 的合理布局。而专用信号引脚是固定的，因此 CPLD/FPGA 工程师的主要工作就是通过采用各家公司图形化的软件或者采用 Synplify 等综合软件来实现 CPLD/FPGA 内部逻辑 I/O 引脚和 CPLD/FPGA 物理引脚的一一连接。

第 11 章 CPLD/FPGA 系统设计

图 11-52 就是采用 Xilinx 公司的 ISE 11.1 来实现引脚映射的界面。当所有引脚映射完毕后,运行 DRC(Design Rule Check)来确保引脚映射合法而且成功。

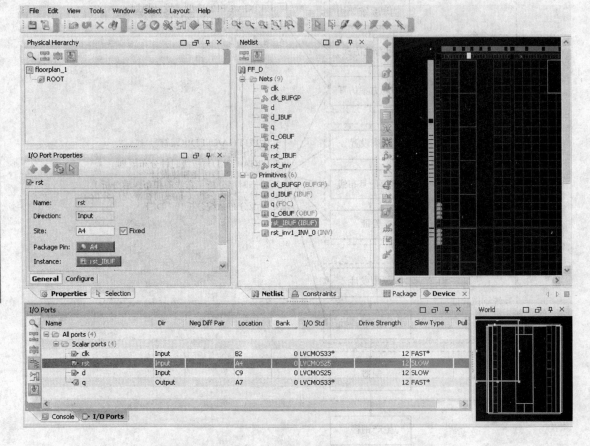

图 11-52 采用 Xilinx PlanAhead 软件引脚映射示意图

CPLD 的 I/O 引脚分配相对简单,相应的 PCB 布局布线也会比较容易。而 FPGA 在 PCB 板上的布局布线需要认真设计,特别是整个 PCB 堆叠的设计,这是关系到整个设计的成败以及成本的关键。PCB 堆叠设计需要考虑如下几个方面:

① 决定 PCB 堆叠和信号走向的主要因素是芯片的封装类型以及整个 I/O 引脚的数量以及分布,因此需要从成本和性能上整体考虑 PCB 的堆叠。采用大封装的芯片可以降低对整个 PCB 板制造的约束,从而可以得到比较便宜的 PCB 板。

② 芯片之间的数据速率和数据的上升时间会影响到 PCB 板的材质的选择,同时也会影响到这些信号在整个 PCB 板上的走线方式。

③ 电源层需要有一个相对应的参考层,这是影响 PCB 堆叠的一个很重要的因素。

④ 采用 CPLD/FPGA 的 breakout 技术,通过盲点、埋孔、过孔等方式可以减少 PCB 的层数,从而减少 PCB 成本。

⑤ 不管是基于上述的何种考虑,最基本的也是最重要的就是,我们都必须综合考虑整个 PCB 板的设计裕量以及设计的性能,方能决定整个 PCB 堆叠的设计。

堆叠设计完毕后,需要考虑的是整个 PCB 板的布局布线,特别是一些高速的关键信号必须先进行布线。在布线之前,系统工程师需要给出 PCB 走线的指导文档,特别是关键信号的线长、线宽等。

CPLD 一般不需要考虑功耗,但是复杂的 FPGA 系统必须要考虑。每家 FPGA 厂商都会提供相应的计算功耗的工具来估算整个 CPLD/FPGA 在运行时需要多大的功耗,从而让 CPLD/FPGA 工程师来确定是否需要进行散热设计,采用何种散热系统进行散热——这样不仅可以确保整个产品的安全和稳定,同时也可以延长整个产品的寿命。

现代的 CPLD/FPGA 越来越复杂,采用单纯的功能仿真和时序仿真不仅费时,而且就目前的 PCB 板级发展趋势来看,PCB 板上的元件数量已经呈指数型增长,因此需要更多的测试用例来验证程序的正确。而采用静态延时分析可以联系整个 PCB 板级设计,减轻仿真中时序违例时的检查。

设计者需要在 FPGA 内部布线前和布线后分别进行静态延时分析,各家 FPGA 厂商都提供相关的软件生成静态延时模型,可以采用第三方软件(如 Mentor 公司的 Tau™ 软件)或者直接使用 FPGA 厂商提供的软件对延时模型进行解析,检查是否有时序违例的情况。

同样对于 PCB 板的设计,需要从始至终进行信号完整性分析。在布局布线之前,首先要对整个系统中的信号进行分类,高速信号、差分信号、关键的全局信号、时钟信号需要进行优先布线;初步布线后就需要进行信号完整性仿真以确保最佳组合应用于产品的设计。布线完毕以后同样需要进行信号完整性仿真,同时要进行 DRC 检查以确保信号连接合法。PCB 被制造后,相关硬件测试工程师需要进行信号完整性测试——需要采用高精度的信号完整性测试工具(如泰克、安捷伦等公司的示波器、逻辑分析仪等)来进行信号完整性验证,确保信号质量。

ASIC 一旦成型,那么它的电源系统就已经固定,因此系统工程师和电路设计工程师或者电源工程师只需要拿到 ASIC 的数据手册就可以确定 ASIC 的整个电源情况。即使采用相同型号的 CPLD/FPGA 进行不同的产品设计,也会根据具体的产品情况采用不同的电源设计。要从 FPGA 数据手册中得出器件的瞬态电流会比较困难,因此 CPLD/FPGA 工程师就不得不进行 PDS(Power Distribution System)或者 PDN(Power Delivery Network)设计,如图 11-53 所示。

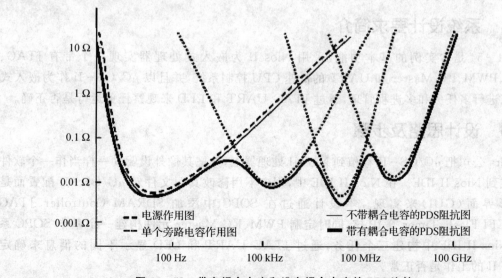

图 11-53　带有耦合电容和没有耦合电容的 PDS 比较

第11章 CPLD/FPGA 系统设计

各 CPLD/FPGA 厂商通常都会提供 PDS/PDN 设计的软件。CPLD/FPGA 工程师首先要检查整个 FPGA 的利用率和使用情况,包括时钟域、时钟管理模块、IP、开关逻辑和 SSO 等,然后采用各厂商提供的 PDS/PDN 工具计算得出合适的电源耦合电路和耦合电容的数量和大小——当然不要忘了测试。

最后,不要忘记在 PCB 板和 CPLD/FPGA 设计时注意尽量增加 DFT 的内容。

11.7 实例16:基于 μC/OS-II 的 FPGA 系统设计

11.7.1 μC/OS-II 简介

μC/OS-II 是美国人 Jean J. Labrosse 于 1972 年编写的一个嵌入式多任务实时操作系统,是一个完整的、可移植的、固化和裁剪的占先式实时多任务内核(Kernel)。从 1972 年发布至今,μC/OS-II 已经有了上百个成功的商业应用案例,在 40 多种处理器上成功移植。本书不准备讲述 μC/OS-II 的具体内容和使用,读者可以参阅英文版的 MicroC/OS-II-The Real-Time Kernel 或中文版的《嵌入式实时操作系统 μC/OS-II(第 2 版)》。Nios II 系统支持 μC/OS-II、Nucleus Plus、μLinux、eCOS、Free RTOS 等嵌入式实时操作系统。其中 Altera 提供了对 μC/OS-II 的完整支持,非常便于使用。

μC/OS-II 提供以下系统服务:

① 任务管理(Task Management);
② 事件标志(Event Flag);
③ 消息传送(Message Passing);
④ 内存管理(Memory Management);
⑤ 信号量(Semaphores);
⑥ 时间管理(Time Management)。

在应用程序中,用户可以方便地使用这些系统调用来实现目标功能。

11.7.2 系统设计要求简介

图 11-54 是本实例的基本功能,采用 Nios II 为嵌入式处理器实现一个带有 JTAG、SDRAM、PWM、I²C Master 和 UART 的低速 CPU 控制系统,并且以 μC/OS-II 作为嵌入式操作系统进行多任务和多进程管理,通过 JTAG UART 和 LED 来观察任务运行是否正确。

11.7.3 设计思路及步骤

Altera 公司把 μC/OS-II 移植到 Nios II 处理器上,并把其像外设驱动一样当作一个软件模块集成到 Nios II IDE。在 Nios II IDE 中,用户不用修改其源文件对 μC/OS-II 配置而是通过图形界面(GUI)来实现。本设计通过在 SOPC 中添加 SDRAM Controller、JTAG UART、CFI Flash、Timer 等 IP 核,同时定制 PWM、I²C Master 元件构建一个基本 SOPC 系统。在 Nios II IDE 中构建三个任务,通过 JTAG UART 和 LED 显示不同的消息来确定 μC/OS-II 的工作是否正常。

在系统设计之前,设计者需要对整个系统的要求全面考量。本实例中,由于没有任何高速

第11章 CPLD/FPGA 系统设计

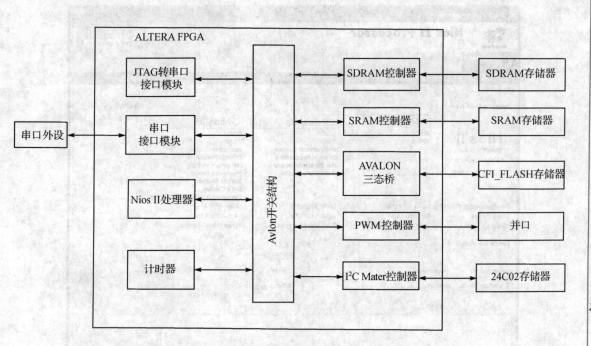

图 11-54　实例系统设计要求

信号,所以不需要考虑高速信号方面的设计。另外需要预估算逻辑使用量,整个设计中由于调用了比较多的 IP 核,实际使用的可编程逻辑比较少。基于此,采用 Altera 公司比较经济的 Cyclone 系列 EP1C12Q240C8 来进行开发。

系统设计需要分两部分进行:一部分是 FPGA 内部功能的实现;另外一部分是 FPGA 外部设计,包括引脚映射、PCB 布局布线等。

首先,构建 FPGA 的硬件和软件系统。硬件部分的 SDRAM、SRAM、UART 都可以直接使用 IP 核来进行设计,而 PWM 和 I^2C Master 部分则需要通过自定义模块来实现。在前面的章节中已经有相关模块的设计,这里不再重复。

另外,我们需要构建一个嵌入式处理器的环境。考虑到本设计中所有总线的速度都不是很快,因此采用经济型的 Nios II 软核处理器,这样既可以节省逻辑资源,又可以降低成本,如图 11-55 所示。

当配置完 Nios II 以后,设计者开始构建整个硬件系统,按照嵌入式处理器的方式来添加设计中所需要的 IP 核——包括 Altera 公司自带的 IP 核和我们自己开发的 PWM 和 I^2C Master 模块,具体操作如下:

① JTAG UART 的配置如下:
② 设置 SDRAM 控制器。图 11-57 所示为 SDRAM 控制器的配置,读者可以根据实际情况来设置。除此处配置外,还得用 PLL 生成 SDRAM CLOCK(很多新手在刚开始学习 Nios II 时没有使用 SDRAM CLOCK,导致 SDRAM 无法使用)。
③ 添加 Avalon-MM Tristate Bridge。由于 Flash 的数据是三态的,所以 Nios II CPU 在与 Flash 进行连接时需要添加 Avalon 总线三态桥,如图 11-58 所示。
④ 添加自己定制的 sram,如图 11-59 所示。

第 11 章　CPLD/FPGA 系统设计

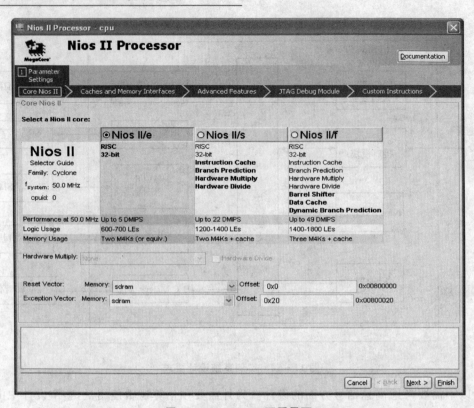

图 11-55　Nios Ⅱ 配置界面

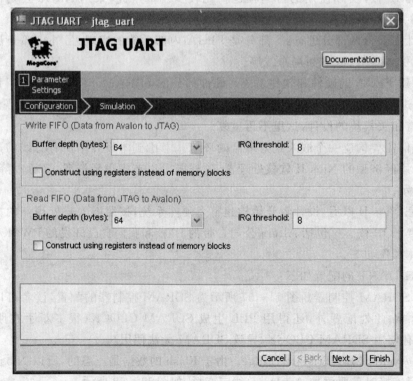

图 11-56　JTAG UART 配置

第 11 章　CPLD/FPGA 系统设计

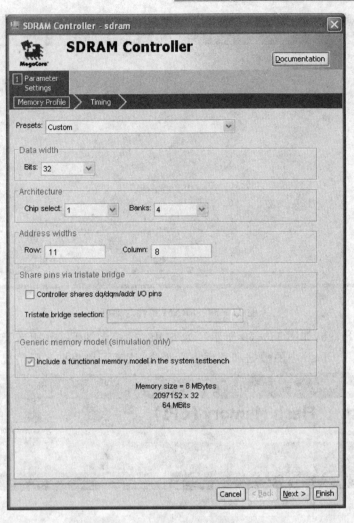

图 11-57　SDRAM Controller 配置对话框

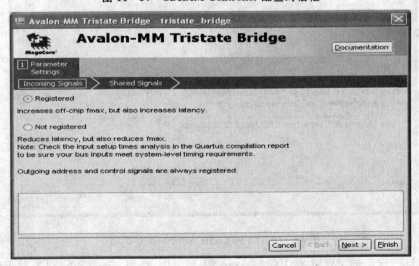

图 11-58　Avalon-MM Tristate Bridge 设置

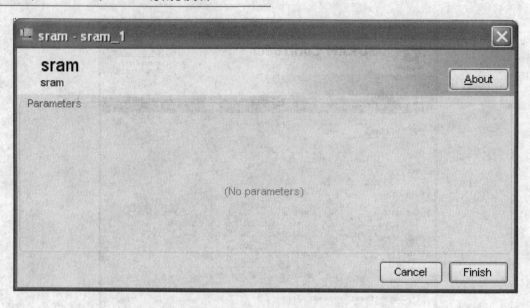

图 11-59　SRAM 属性对话框

⑤ 添加 CFI Flash，如图 11-60 所示。为 SOPC 系统添加 Flash 相当于 PC 接入硬盘，当系统掉电时，存储于 Flash 中的数据和程序不会消失，读者可以根据实际情况来设置。

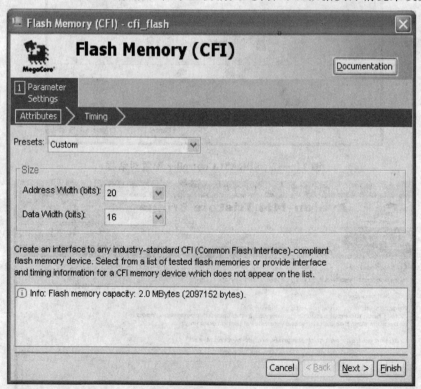

图 11-60　CFI-FLASH Attributes 对话框

⑥ 添加自己定制的 PWM 和 I^2C Master，图 11-61 和图 11-62 分别为对 PWM 和 I^2C Master 进行的配置。

第 11 章 CPLD/FPGA 系统设计

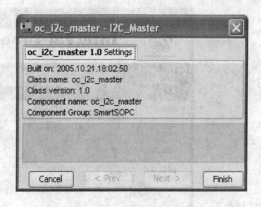

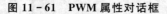

图 11-61 PWM 属性对话框　　　　图 11-62 I²C Master 属性对话框

⑦ 添加 UART 和 Interval Timer 以及 System ID，图 11-63、图 11-64 和图 11-65 分别表示它们的配置过程。

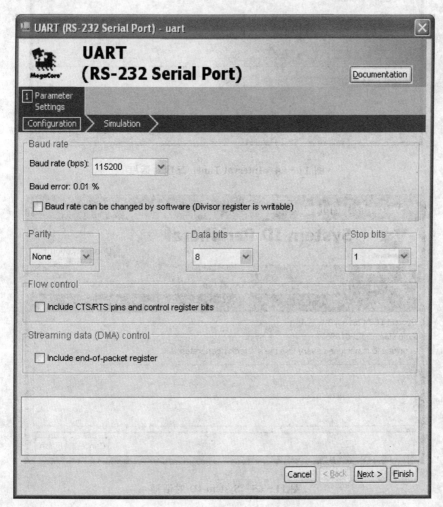

图 11-63 UART 配置对话框

第11章 CPLD/FPGA 系统设计

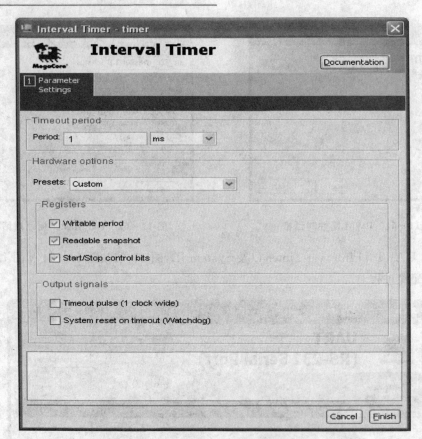

图 11-64　Interval Timer 配置对话框

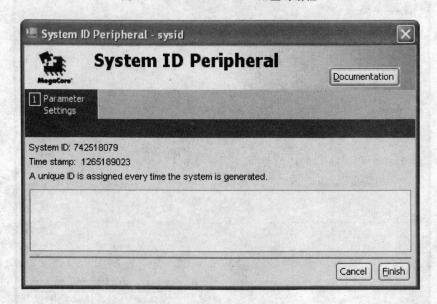

图 11-65　System ID 对话框

至此,本实例所需要的 CPU 及 IP 模块均添加完毕并分配自己的地址,完成后将出现如图 11-66 所示的情形。

第11章 CPLD/FPGA系统设计

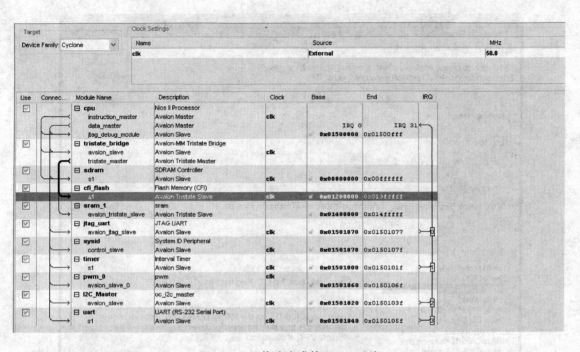

图 11-66　构建完成的 SOPC 系统

生成整个系统模块，如图 11-67 所示。

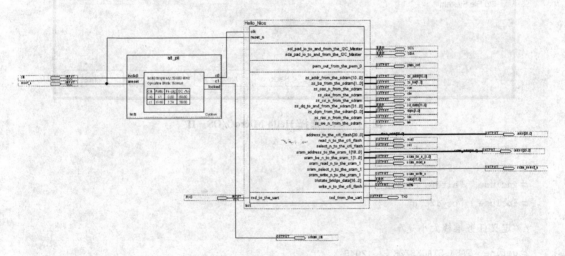

图 11-67　硬件系统模块图

硬件系统配置完毕以后，开始进行软件部分设计。和基本的 Nios IDE 设计一样，按照图 11-68 的方式打开 IDE 的编程环境，选择 Hello MicroC/OS-II。

完成工程的创建后，修改"Hello_ucos_II_syslib"的属性，如图 11-69 所示。

system timer 选择 timer，单击选择 RTOS Options 选项卡对 μC/OS-II 进行配置，如图 11-70 所示。

当这些配置完成以后，添加自己编写的 PWM 和 I²C Master 的 HAL 程序到工程中，打开 hello_ucosii.c 文件，修改如下：

第11章 CPLD/FPGA 系统设计

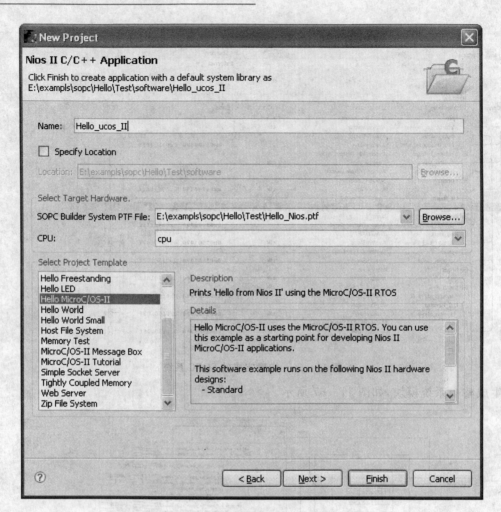

图 11-68　选择 Hello MicroC/OS-II

```
#include    <stdio.h>
#include    "system.h"
#include    "altera_avalon_pwm.h"
#include    "oc_i2c.h"
```

/*定义任务堆栈大小*/

```
#define   TASK_STACKSIZE    2048
OS_STK    task1_stk[TASK_STACKSIZE];
OS_STK    task2_stk[TASK_STACKSIZE];
OS_STK    task3_stk[TASK_STACKSIZE];
```

/*定义任务的优先级*/

```
#define   TASK1_PRIORITY    1
#define   TASK2_PRIORITY    2
#define   TASK3_PRIORITY    3
```

/*定义 PWM 的寄存器的值*/

第 11 章 CPLD/FPGA 系统设计

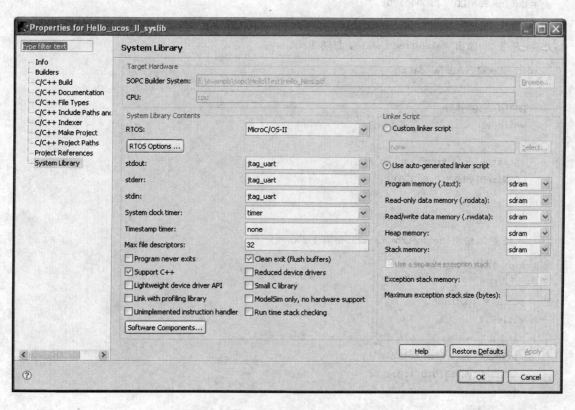

图 11-69 Hello_ucos_II_syslib 的属性界面

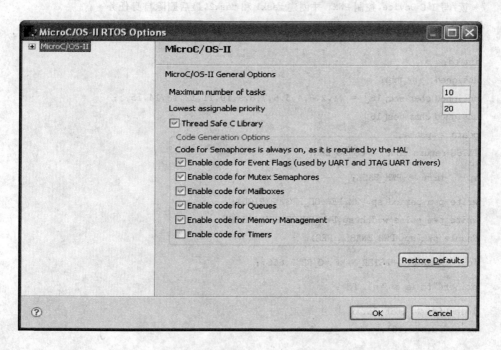

图 11-70 RTOS Options 界面配置

```c
#define PERIOD   0x0000270f
#define PULSE    0x00001388

/*任务1,输出"Hello from task1",每隔3 s*/
void  task1(void * pdata)
 {
  pdata = pdata;
  while(1)
   {
   printf("Hell from task1\n");
   OSTimeDlyHMSM(0,0,3,0);
   }
  }
/*任务2,输出"Hello from task2",每隔1 s*/
void  task2(void * pdata)
{
 pdata = pdata;
 while(1)
   {
   printf("Hell from task2\n");
   OSTimeDlyHMSM(0,0,1,0);
   }
  }

/*读/写I²C Device,控制PWM,并创建task1和task2,最后删除自身任务*/
void PWM_Control(void * pdata)
 {
  int fd;
  unsigned   int tmp;
  unsigned char src[16] = {1,2,3,4,5,6,7,8,9,10,11,12,13,14,15}};
  unsigned char des[16];
  pdata = pdata;
  INT8U return_code = OS_NO_ERR;
  sp->base = PWM_BASE;
  write_pwm_period(sp,PWM_PERIOD_REG, PERIOD);
  write_pwm_pulse_width(sp,PWM_PULSE_REG,PULSE);
  Enable_pwm(sp, PWM_ENABLE_REG);
  fd = open(I2C_MASTER_NAME, O_RDWR,666);
  printf("fd is %d\n", fd);
  lseek(fd, 0, SEEK_SET);
  write(fd,src,16);

  for(tmp = 0;tmp < 200000;tmp++ )
     read(fd,des,16);
```

```
    for(tmp = 0;tmp<16;tmp++)
     printf("des[ %d] = %d;", tmp,des[tmp]);

    printf("\n");
    printf("End of writing and reading...\n");
    OSTASKCreateEXT(task1,
                    NULL,
                    (void * ) &task1_stk[TASK_STACKSIZE],
                    TASK1_PRIORITY,
                    TASK1_PRIORITY,
                    task1_stk,
                    TASK_STACKSIZE,
                    NULL,
                    0);
    OSTASKCreateEXT(task2,
                    NULL,
                    (void * ) &task2_stk[TASK_STACKSIZE],
                    TASK2_PRIORITY,
                    TASK2_PRIORITY,
                    task2_stk,
                    TASK_STACKSIZE,
                    NULL,
                    0);
    return_code = OSTASKDel(OS_PRIO_SELF);
    while(1);
}
/* 主函数创建 PWM_Control 任务,然后开始多任务调度 */
int   main(void)
    {
    OS_TaskCreateExt(PWM_Control,
                    NULL,
                    (void * )&PWM_stk[TASK_STACKSIZE],
                    TASK3_PRIORITY,
                    TASK3_PRIORITY,
                    PWM_stk,
                    TASK_STACKSIZE,
                    NULL,
                    0);
    }
```

代码修改完成后,对整个工程进行编译,可执行的配置文件就可以生成了。将配置文件下载到 Demo 板上的 FPGA 中,然后在 Nios II IDE 中选择 RUN→RUN AS→Nios II Hardware 运行 Nios II 系统,从 Nios II 的 Console 中可以看到 I²C 从 24C02 读到的数据,挂起任务 2 的次数是挂起任务 1 的 2 倍,同时在 FPGA 开发板上 LED0 由暗变亮再由亮变暗,μC/OS-II 嵌入式操作系统正常运行。另外,需要对 SDRAM、Flash、SRAM 等接口进行测试验证。对 SDRAM 和 SRAM 的验证比较简单,设计测试用例不停地读/写外挂的 SDRAM、SRAM、Flash 等并进行比较。

当验证测试完毕以后,需要采用开始 FPGA 的板级设计,当然这项工作也可以并行做。

首先,考虑信号完整性问题。因为没有高速信号,所以我们不需要考虑高速部分的问题。因此我们需要主要从协议方面来进行板级信号完整性设计,这个可以参考各自具体的协议来确定整个信号完整性的问题。在此主要讲述怎样考虑 I^2C 总线的信号完整性问题。各位可以自行参考相关的总线协议和设计手册对其余的总线进行设计。

本设计 I^2C master 只采用 7 位地址,不兼容 10 位地址。由于 I^2C 总线在空闲状态的时候会呈现高电平状态(因为外部上拉以及 I/O 引脚被设置为高阻状态),而总线在高电平的时候最容易受到串扰和干扰的影响。为了使总线线路的串扰和干扰最小,考虑 PCB 板的总线长度超过了 10 cm,所以布局和布线方式采用如图 11-71 所示的方式,

图 11-71 I^2C 总线布局布线方式示意图

从而使 SDA 和 SCL 线的电容负载一样。另外在走线时,必须注意 SDA 和 SCL 要尽量等长、等距。

其次,考虑功耗设计。利用 Quartus II 软件自带的功耗计算工具 PowerPlay Power Analyse,我们大概可以计算出整个设计的功耗为 700 多毫瓦(mW),具体见图 11-72。这样的功耗在器件的承受范围之内,另外因此而产生的热损耗也在器件的承受范围之内,所以不需外部有专门的散热装置如散热片等来辅助散热。

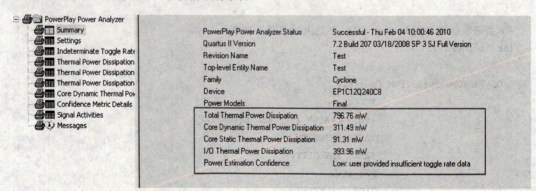

图 11-72 采用 PowerPlay Power Analyse 计算的功耗结果

再者,需要考虑电源完整性设计。如图 11-73 所示,为了使设计更加简单,我们先考虑整个设计中的器件电压情况。几乎所有的器件都可以采用 3.3 V 电压供电,除了 FPGA 的核电压需要 1.5 V 以外。因为市面上比较多的是 5 V 供电器,因此权衡利弊之后决定采用 5 V、2 A 的电源供电,5 V 通过两个线性电压转换器来生成 3.3 V 和 1.5 V。

为了保证芯片电压稳定,基本原则是在芯片的电源引脚附近放置一颗 0.1 μF 和 0.01 μF 的电容滤波,有多少个电源引脚就放置多少颗这样电容,如图 11-74 所示。

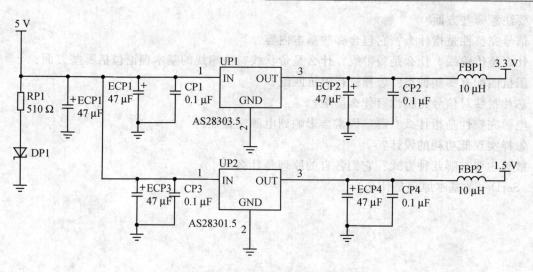

图 11-73 电源转换电路

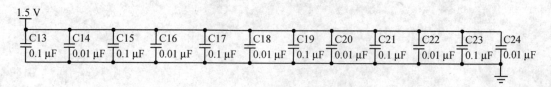

图 11-74 1.5 V 的滤波电路

需再次强调的是，在 PCB 布局布线的时候需要考虑电容的摆放位置，所有的电容一定要放置在相对应的芯片引脚附近，否则会没有任何滤波效果。

这样整个设计过程基本宣告完毕，余下的过程就是生产制造过程以及系统调试过程。这个过程需要认真、仔细地测试，才能正式成为产品。其中包括信号完整性测量、电源完整性测量、FPGA 内部调试过程等。需要用到一些常用的工具，特别是逻辑分析仪、示波器、万用表等等仪器设备。作为一个产品，在开始这些测试和调试之前需要有一个完整的测试规划，结束之后需要有完整、详细的测试报告。所有测试项目都通过才能正式上市。

11.8 本章小结

本章主要从系统层面讲述了怎样实现一个 FPGA 的完整设计，包括接口电平标准设计、信号完整性设计、电源完整性设计、功耗设计与热设计。随着设计复杂度的增加和工艺标准提高以及人们对低功耗、多功能的不断追求，这些设计越来越重要，甚至是影响到设计成败的关键。这些设计也需要与实际项目相结合，并不断总结，才能够真正体会到这些设计的重要性。

11.9 思考与练习

1. CPLD/FPGA 信号的电平接口主要哪些？怎样实现接口的抗干扰？
2. OC/OD 门有什么样的特点？三态门与 OC/PD 门有什么样的不同？使用 OC/OD 门是需

要注意哪些方面？
3. 信号完整性是指什么？它包含哪些基本内容？
4. 什么是传输线？什么是微带线？什么是带状线？传输线的基本理论包括哪些方面？
5. 阻抗匹配有哪些种类？怎样进行阻抗匹配？
6. 芯片封装对信号完整性有什么影响？
7. 电源完整性是指什么？哪些因素会影响到电源完整性？
8. 怎样实现低功耗的设计？
9. 散热主要有哪几种方式？它们各自的原理是什么？
10. SerDes 的基本原理是什么？

参考文献

[1] 吴继华,王诚. 设计与验证 Verilog HDL[M]. 北京:人民邮电出版社,2006.

[2] 吴继华,王诚. Altera CPLD/FPGA 设计(基础篇)[M]. 北京:人民邮电出版社,2005.

[3] 吴继华,王诚. Altera CPLD/FPGA 设计(高级篇)[M]. 北京:人民邮电出版社,2005.

[4] 王晓迪,张景秀. SOPC 系统设计与实践[M]. 北京:北京航空航天大学出版社,2008.

[5] 马彧,王丹利,王丽英. CPLD/FPGA 可编程逻辑器件实用教程[M]. 北京:机械工业出版社,2006.

[6] 康华光,邹寿彬. 电子技术基础——数字部分[M]. 4 版. 北京:高等教育出版社,2000.

[7] Janick Bergeron. 编写测试平台——HDL 模型的功能验证[M]. 张春,陈新凯,李晓雯,等译. 2 版. 北京:电子工业出版社,2006.

[8] Alfred L. Crouch. 数字集成电路与嵌入式内核系统的测试设计[M]. 何虎,马立伟,等译. 北京:机械工业出版社,2006.

[9] Eric Bogatin. 信号完整性分析[M]. 李玉山,李丽平,等译. 北京:电子工业出版社,2008.

[10] Stephen H. Hall, Garrett W. Hall, James A. McCall. 高速数字系统设计互连理论与设计实践手册[M]. 伍微,等译. 北京:机械工业出版社,2006.

[11] Srikanth Vijayaraghavan, Meyyappan Ramanathan. SystemVerilog Assertions 应用指南[M]. 陈俊杰,等译. 北京:清华大学出版社,2006.

[12] Clive "Max" Maxfield. FPGA 设计指南器件、工具和流程[M]. 杜生海,邢闻译. 北京:人民邮电出版社,2007.

[13] 王松武,蒋志坚. 电子测量仪器原理及应用(I)通用仪器[M]. 哈尔滨:哈尔滨工程大学出版社,2002.

[14] Pavi Budruk, Don Anderson, Tom Shanley. PCI Express 系统标准结构教程[M]. 田玉敏,王崧,张波,译. 北京:电子工业出版社,2005.

[15] Jan M. Rabaey, Anantha Chan Drakasan. 数字集成电路——电路、系统与设计[M]. 周润德,等译. 2 版. 北京:电子工业出版社,2005.

[16] 薛小刚,葛毅敏. Xilinx ISE 9.X CPLD/FPGA 设计指南[M]. 北京:人民邮电出版社,2007.

[17] Texas Instruments Corp. Metastable Response in 5 - V Logic Circuits. http:// focus. ti. com/lit/an/sdya006/sdya006. pdf,1997(2).

[18] NXP Corp. THE I2C - BUS SPECIFICATION (v2.1). http://www. nxp. com/acrobat_download/literature/9398/39340011. pdf ,2000(1).

[19] IEEE-SA Standards Board, Verilog® Hardware Descriptn Language,2001(3).

[20] Lattice Corp. Input Hysteresis in Lattice CPLD and FPGA Device. http://www. latticesemi. com/documents/TN1112. pdf,2006(9).

[21] Intel Corp. Intel Low Pin Count (LPC) Interface Specification(v1.1). www. intel. com/design/chipsets/industry/25128901. pdf, 2002(8).

[22] Lattice Corp. SERDES Handbook. http://www. latticesemi. com/lit/docs/handbooks/serdes_handbook. pdf ,2003(4).

[23] Lattice Corp. AN8068 Using Source Constraints in Lattice Devices with ispLEVER Software. http://www. latticesemi. com/lit/docs/appnotes/an8068. pdf,2002(5).

[24] Lattice Corp. MachXO Family Data Sheet (v2.9). http://www. latticesemi. com/lit/docs/datasheets/

cpld/DS1002.pdf,2010(7).

[25] Lattice Corp. MachXO Family Handbook (v2.3). http://www.latticesemi.com/lit/docs/handbooks/HB1002.pdf,2010(3).

[26] Lattice Corp. DS1020 ispMACH 4000V/B/C/Z Family. http://www.latticesemi.com/lit/docs/datasheets/cpld/DS1020.pdf 2009(5).

[27] Xilinx Corp. Spartan-3 Generation FPGA User Guide(v1.7). http://www.xilinx.com/support/documentation/user_guides/ug331.pdf ,2010(8).

[28] Xilinx Corp. Spartan-3 Generation Configuration User Guide(v1.6). http://www.xilinx.com/support/documentation/user_guides/ug332.pdf, 2009(10).

[29] Xilinx Corp. XAPP480-Using Suspend Mode in Spartan-3 Generation FPGAs(v1.0). http://www.xilinx.com/support/documentation/application_notes/xapp480.pdf, 2007(5).

[30] Xilinx Corp. Virtex-6 FPGA Data Sheet: DC and Switching Characteristics (v2.8). http://www.xilinx.com/support/documentation/data_sheets/ds152.pdf, 2010(7).

[31] Xilinx Corp. Constraints Guide (v10.1). http://www.xilinx.com/itp/xilinx10/books/docs/cgd/cgd.pdf , 2008.

[32] Xilinx Corp. ChipScope Pro 11.1 Software and Cores User Guide(v11.1). http://www.xilinx.com/support/documentation/sw_manuals/xilinx11/chipscope_pro_sw_cores_11_1_ug029.pdf, 2009(4).

[33] Xilinx Corp. AccelDSP Synthesis Tool User Guide(V11.4). http://www.xilinx.com/support/documentation/sw_manuals/xilinx11/acceldsp_user.pdf, 2009(11).

[34] Xilinx Corp. MATLAB for Synthesis Style Guide(V11.4). http://www.xilinx.com/support/documentation/sw_manuals/xilinx11/acceldsp_style.pdf, 2009(11).

[35] Altera Corp. 理解 FPGA 中的亚稳态(白皮书). 第1.2版. http://www.altera.com.cn/literature/wp/wp-01082-quartus-ii-metastability_CN.pdf,2009(7) .

[36] Altera Corp. H51014-3.4 Quartus II Support for HardCopy Stratix Devices. http://www.altera.com/literature/hb/hrd/hc_h51014.pdf,2008(9).

[37] Altera Corp. Nios II Hardware Development Tutorial(v3.0). www.altera.com/literature/tt/tt_nios2_hardware_tutorial.pdf, 2009(11).

[38] Altera Corp. Nios II Software Developer's Handbook. http://www.altera.com/literature/hb/nios2/n2sw_nii5v2.pdf, 2010(7).

[39] Altera Corp. DSP Builder Handbook Volume 2: DSP Builder Standard Blockset(v1.0). http://www.altera.com/literature/hb/dspb/hb_dspb_std.pdf,2010(6).